植物的
成功秘诀

植物的
成功秘诀

探究植物的形态多样性和生存之道

［英］斯蒂芬·布莱克莫尔　编著

何毅　译

重庆大学出版社

本书编者

前言，第八章和本书主编

斯蒂芬·布莱克莫尔（Stephen Blackmore），CBE 勋章获得者，维多利亚勋章获得者，博士，爱丁堡皇家学会会员

英国爱丁堡皇家植物园

斯蒂芬·布莱克莫尔博士在英国雷丁大学获博士学位。之后，他曾在印度洋的阿尔达布拉环礁工作，后担任马拉维大学生物学讲师、国家标本馆和植物园主任。1980 年，他被任命为伦敦自然博物馆孢粉学负责人。1999—2013 年，他担任英国爱丁堡皇家植物园第 15 位钦定主管，并于 2010 年被任命为皇家植物学家。

第一章

安德鲁·德林南（Andrew Drinnan）博士

澳大利亚墨尔本大学生命科学学院

安德鲁·德林南博士是一位澳大利亚植物学家，在墨尔本大学植物学院获硕士和博士学位。在美国芝加哥菲尔德博物馆工作了几年之后，他于 1990 年回到墨尔本大学任教，现任该校生命科学学院副教授。他的研究方向为古植物学和植物化石（特别是澳大利亚和南极洲区域范围内），以及现存植物的结构和发育。他为本科生和研究生讲授各类植物科学课程。

第二章

塔林·鲍尔（Taryn Bauerle）博士

美国康奈尔大学综合植物科学学院

塔林·鲍尔博士在宾夕法尼亚州立大学获博士学位，目前为康奈尔大学副教授、慕尼黑工业大学奥古斯特-威廉·舍尔教授以及阿特金森中心（Atkinson Center）的可持续发展研究员。鲍尔博士的研究重点为气候变化引起的植物体内水分关系的改变，主要是根和根际对水分胁迫的反应。

第三章

贾米拉·皮特曼（Jarmila Pittermann）博士

美国加州大学生态与演化学系

贾米拉·皮特曼博士在犹他大学获博士学位，目前是加州大学圣克鲁斯分校副教授。她的研究方向是植物的水分关系、生理生态学，以及从生态学、演化和气候变化角度研究维管组织结构和功能。

第四、六、七章

蒂摩西·沃尔克（Timothy Walker）硕士

英国牛津大学萨默维尔学院

蒂摩西·沃尔克在牛津大学获得植物学专业硕士学位后，在牛津植物园工作了 34 年，曾担任植物园主任一职 26 年，现任教于牛津大学，对植物保护、演化、传粉和大戟属植物有浓厚兴趣。

第五章

弗雷德里克·B. 埃西格（Frederick B. Essig）博士

美国南佛罗里达大学坦帕植物园

弗雷德里克·B. 埃西格博士在加州大学河滨分校获得植物学学士学位，在康奈尔大学获得博士学位。他研究了棕榈树、铁线莲和苔藓的系统发育。他担任南佛罗里达大学坦帕（Tampa）植物园主任和教员，直到 2010 年退休。他对佛罗里达州苔藓植物的分类很感兴趣，并定期在自己的博客上发表有关植物学和野花的知识。

目录

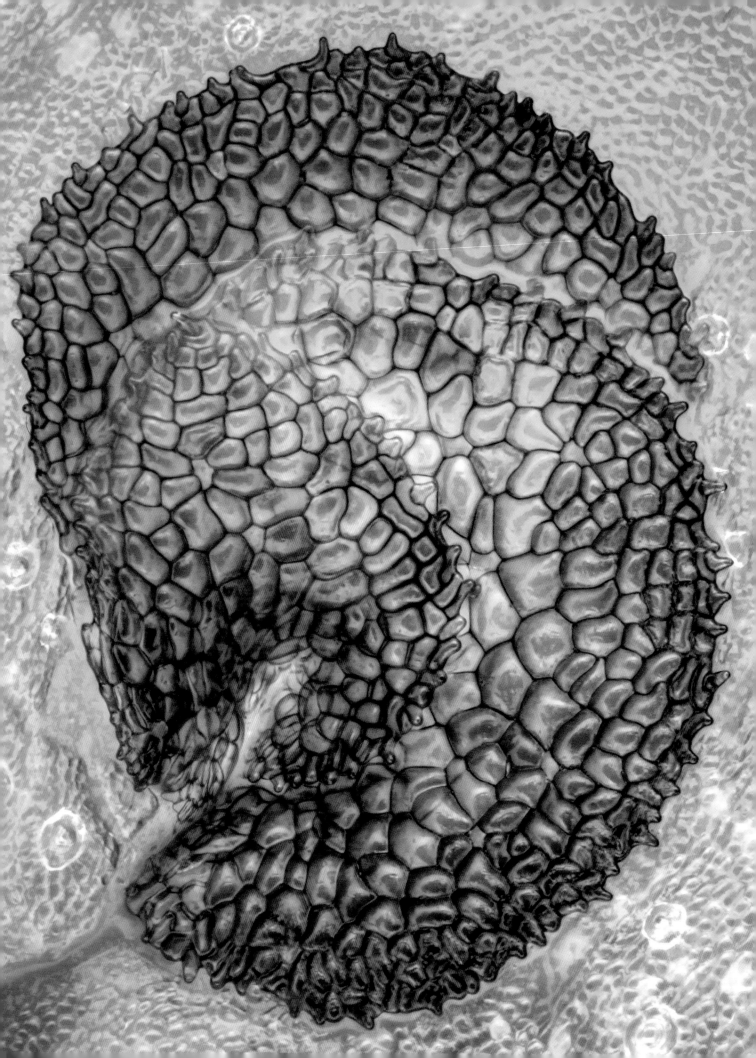

前言

彼得·克雷恩爵士（Sir Peter Crane），英国皇家学会会员

植物是人类赖以生存的基础。在浩瀚的宇宙中，它们是我们在这颗奇异星球上不可或缺的伴侣。人类是在不断变化的森林和草原背景下演化而来的，而我们的身体是在数百万年间与植物相互作用的过程中形成的。今天，植物仍然是我们日常生存所依赖的所有化学能的根本来源。毫无疑问，人类的现在和未来都取决于光合作用所创造的持续不断的奇迹，它为我们所有人提供食物。

然而，悄无声息的植物很容易被人们忽视。人类和植物之间的直接联系曾经塑造了所有人类的生活，但现在却因现代性的崛起而被掩盖了。我们特殊的生活方式让植物退到了幕后，超过半数的人生活在城市里，而植物似乎也离我们的日常生活很遥远。

这本极具吸引力和图示丰富的书向我们重新介绍了植物世界和它们的复杂精妙之处，包括它们如何生活、生长和繁殖。本书犹如一幅惟妙惟肖的特写肖像，加深了我们对身边常见的以及异域植物的了解。同时，它以崭新的方式呈现了植物之美，众多的范例和富有启发性的文字让植物多样性更加栩栩如生。拾达尔文牙慧："植物如是之观，何等壮丽恢弘"。我相信您会喜欢这本书。

⊙ 即使是最小的植物，放大后也会惹人注目。最常见的地钱（*Marchantia polymorpha* ssp. *ruderalis*）通常生长在人工或受外界干扰的生境中，其五颜六色的鳞片为其生长的顶端提供保护。

ⓛ 蕨类植物的叶以一种独特的形状生长展开，与天主教大主教作为职位象征的权杖头十分相似，覆盖在它表面的小鳞片为其生长提供保护。

编者按：植物的世界

在 当今快节奏的生活喧嚣中，人们常常对身边发生的奇迹视而不见，而这时植物正在无声无息地施展它们的魔法——捕捉太阳的能量，为地球上的生命提供能源。乍一看，只是在微风中轻轻摇曳的植物似乎什么都没做，但如果你能像这本书中提到的那样仔细观察，很快就会发现植物一直在努力工作。它们从土壤中吸收矿物质和水分，从空气中吸收二氧化碳，利用光合作用的产物促进自身生长。

光合作用的奇迹

这个产生碳水化合物和氧气的非凡过程，始于数十亿年前海洋中第一个单细胞藻类。光合作用使海洋和大气中充满了氧气，为包括人类在内的数百万种动物的演化创造了条件。动物和植物面临着同样的挑战——对食物或能源的需求，以及对生存和繁殖的安全场所的需求。通过

利用太阳能，植物解决了能源问题，但与动物不同的是，它们不能从扎根的地方迁移，不得不在同一地点应对其他挑战。

通过许多巧妙的手段，植物显然挑战成功了。世界上已发现的植物物种超过40万种，每年还有更多的新物种被陆续发现，遍布地球上几乎各处有液态水的环境。只有最干燥的沙漠、永久冰冻的极地地区和最高的山脉上没有植被。植被的多样性极高，从热带雨林到稀树草原、北方森林、苔原、红树林沼泽和高山草甸，它们塑造并定义了我们这颗星球的景观，它们的绿意让我们的世界看起来生机勃勃。

本书将带领读者一览植物从最初的陆生植物随着时间的推移不断多样化的过程，以及了解它们如何利用千变万化的外在结构适应环境得以生存的故事。本书阐释了从微小短命的物种到这个星球上存在的最大最古老的有机体巨杉（*Sequoiadendron giganteum*）的演变。从植

⊙ 蒜叶婆罗门参（*Tragopogon porrifolius*）的花序只在早上开放，显露出其明亮的橙色花粉，在下午早些时候关闭。

◁ 产自热带的猪笼草属（*Nepenthes* spp.）的植物叶片高度特化，形成充满液体的陷阱，内含各种酶，可以捕捉和消化昆虫。

植物的成功秘诀

物演化的故事开始，我们将一个器官接着一个器官地探索，以了解植物内部的解剖结构和外部形态是如何精确地应对环境和生物挑战的。

根系的生长揭示了植物与土壤、岩石等物理环境的动态相互作用，这些远远超出了单纯的固定和吸收水分的功能。许多生物的相互作用是看不见的：一些根与真菌结合，帮助植物从土壤中吸收养分；另一些植物则利用细菌的能力从空气中获取氮，使其生长的土壤更加肥沃。从根往上，茎使植物向光的方向生长得更高，而枝干则具有复杂的结构，有助于增加吸收光线的面积。借助特化的细胞和组织，水可以被运送到最高的树枝顶端，糖分也得以在树叶和根系之间上下转移。叶是进行光合作用的最基本的动力工厂，但它的外形多种多样，有些浮在水面，有些则特化成了捕捉和消化昆虫等小动物的致命陷阱。

接下来将探讨植物的生命周期和繁殖过程。在许多方面，植物的有性生殖过程都比动物更加多样化：有些植物的精细胞（即雄配子）可以在水中自由游动，另一些植物则需要通过花粉管将精细胞输送到卵细胞处。通常情况下，植物可以通过营养繁殖（vegetative propagation）增加个体数量，仅靠单个个体就可以建立一个新的种群。植物的生殖器官，例如球花和花表现出了极大的多样性，反映出其演化历史和有性生殖方式的复杂性——风、水和动物（从昆虫、鸟类到哺乳动物）都被用作传粉媒介。令人眼花缭乱的种子和果实揭示了植物适应传播以及与动物进一步相互作用的多样性和复杂性。

最后，本书探讨了我们人类在日常生活中利用和依赖植物的方式。植物的驯化、人类的定居和农耕的产生标志着文明的诞生。然而，在今天这个拥挤的星球上，许多植物正面临灭绝。

本书的编者们希望借此书增进读者对植物的了解，并启发读者更仔细地思考人类与植物的关系。人类应该将植物视为自身生命的维持系统，并倍加珍惜它们，这也是对植物生命及其丰富多样性的赞美。在园艺和艺术创作中，植物给予我们灵感，我们还喜欢把植物带进家门，一束鲜花就是最温暖的礼物……所以，请静下心来，深吸一口气，记住氧气是从哪里来的，然后继续读下去！

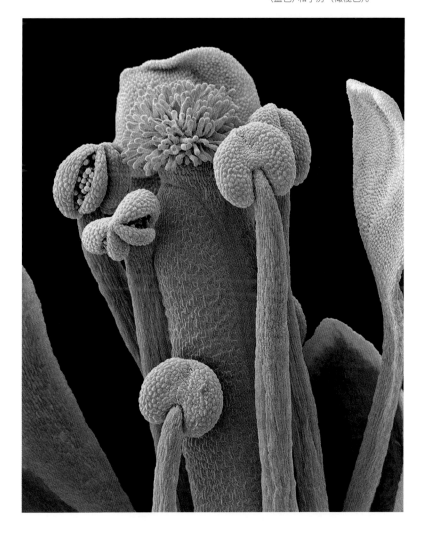

⌄ 拟南芥（*Arabidopsis thaliana*）的花。拟南芥是植物发育研究中的模式生物，也是第一种完成全基因组测列的植物。图片经人工上色，以区分花瓣（淡紫色）、雄蕊（黄色的花药和棕色的花丝）、柱头（蓝色）和子房（橄榄色）。

植物形态学概论

植物是日常景观中不可或缺的一部分，以至于我们通常都会觉得它们的存在理所当然。尽管我们都知道它们作为食物、材料和药品来源的重要性，却往往忽视了植物对地球上的生命是多么重要。通过光合作用的过程，绿色植物捕捉太阳光中的能量，并利用这些能量将二氧化碳和水分转化为有机分子。当植物被其他有机体吃掉时，这些有机分子和能量就会进入它们的体内。植物不仅通过生产有机分子和能量发挥作用，还将它们的根深深扎入土壤中，几乎吸收了所有进入生物圈的矿物质。通过与阳光、空气和土壤的亲密接触，植物将地球生态系统中的生物和非生物成分紧密联系了起来。

植物并不总是地球陆地环境的一部分。然而，它们在陆地上的"殖民扩张"超过4亿年，并且成为"游戏规则"的改变者，让动物跟随它们走出水面，最终成为我们今天看到的复杂的生物类群。本章将介绍是什么植物，它们来自哪里，如何描述它们的结构以及有哪些不同类型的植物，并为本书随后详细介绍的植物的各个部分做好知识准备。

什么是植物？

（植）物是适应陆生生活的可进行光合作用的多细胞有机体。它们特化的细胞构成组织和器官，植物体表有角质层（cuticle）保护，生殖器官外有一层营养细胞保护性细胞。在其有性生殖过程中，卵细胞受精后发育成胚，继续留在亲本植株上获得营养，这一特征使陆生植物有了正式的术语——有胚植物（embryophyta）。

⊘ 乔木状的木贼类植物曾经是统治着地球的植被，但现如今只有问荆（Equisetum arvense）这样的草本种类尚存。

⊙ 蛇苔属（Conocephalum）是最大的苔类植物之一。

苔藓植物

最原始的植物是苔类、角苔和藓类，三者统称为苔藓植物（bryophytes）。这些植物缺乏水分传导组织，因此通常也被称为非维管束植物。它们通常生活在潮湿的环境中，体型很小，生长在靠近基质的地方，以便能够随时吸收水分。苔藓植物通过向环境中散布孢子进行

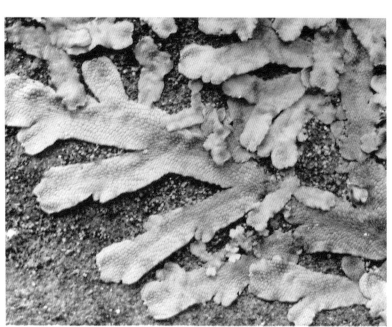

繁殖。

一些苔类植物是简单的扁平状，如地钱属（Marchantia）和半月苔属（Lunularia）这类常见的庭院杂草，它们由一团毛发状的根状突起固定在土壤上；另一些苔类植物小而多叶。从外表上看，角苔类就像扁平的苔类。相比之下，所有的藓类都是多叶的，但它们缺乏专门的支持组织，而且通常身材较小，不过有些藓类植物相当挺拔且强壮，比如生长在澳大利亚东南部的桉树林中的巨藓（Dawsonia superba），可以长到40厘米高，它是最大的藓类植物。

拟蕨类

另一类植物也通过自由散布的孢子繁殖，但具有专门传导水分的组织，因此可以生长得更高大，结构也更复杂，这类植物被称为拟蕨类（fern allies）。石松类植物，包括石松、水韭和卷柏，化石记录表明它们最早出现在大约4亿年前，是现存维管植物中最古老的谱系。

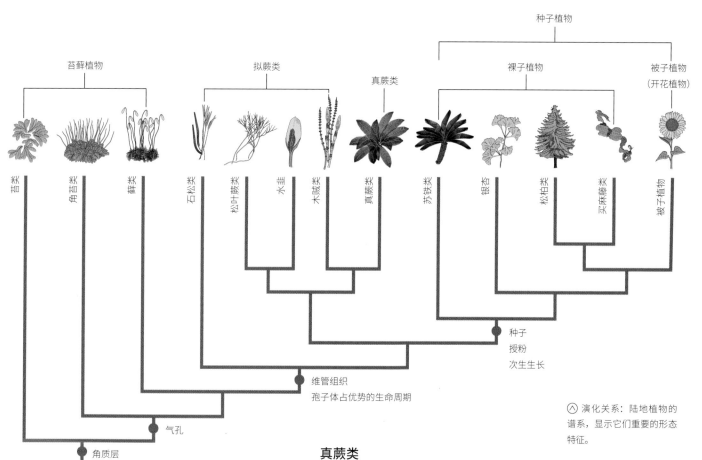

种子植物

苔藓植物　　　　　　　拟蕨类　　　　真蕨类　　　　裸子植物　　　　被子植物（开花植物）

苔类　角苔类　藓类　　石松类　松叶蕨类　水韭　木贼类　真蕨类　　苏铁类　银杏　松柏类　买麻藤类　被子植物

种子
授粉
次生生长

维管组织
孢子体占优势的生命周期

气孔

角质层

松叶蕨目（Psilotales）和瓶尔小草目（Ophio-glossales）也是古老的谱系，但它们在现代植物区系中种类极少。木贼属（*Equisetum* spp.）是另一类蕨类植物，常见于北半球，其化石记录可以追溯到大约 3 亿年前。与真蕨类（ferns）植物一起，这些植物被非正式地称为蕨类植物（pteridophytes）。

真蕨类

真蕨类植物是最多样、最引人注目的孢子植物（spore-producing plants）。它们广泛分布在世界各地，在雨林和潮湿阴凉的环境中很常见。它们的体型差异较大，大到高达 20 米、长着巨大树冠的乔木，小到叶片只有几厘米长的小型匍匐草本。除了在野外常见之外，真蕨类植物也是很受欢迎的园艺观赏植物。

△ 演化关系：陆地植物的谱系，显示它们重要的形态特征。

◁ 真蕨类植物是孢子繁殖的陆地植物中分布最广、最引人注目的一类。

裸子植物

产生种子的植物被称为种子植物（spermatophytes）。种子植物分为两大类，裸子植物（gymnosperms）和被子植物（angiosperms）。被子植物又被称为开花植物（flowering plants）。裸子植物包括苏铁类、银杏、买麻藤类和松柏类。

现存的苏铁类仅有 3 个科，约 70 个物种，外观上看起来像小棕榈树，但它们代表了一个曾经辉煌一时的类群，那还是在 2.52 亿—6600 万年前属于恐龙的中生代。银杏属（*Ginkgo*）是另一个孑遗类群，只有一种幸存至今。它的近亲在中生代植被中也很繁盛，但现存的野生种群仅保留在中国一小部分地区。它的另一个俗名是鸭脚木，因其美丽的树叶而得名，长期以来银杏也是一直备受瞩目的观赏树种。买麻藤类也出现在中生代，现存 3 个属：买麻藤属（*Gnetum*），只有一个种的百岁兰属（*Welwitschia*）和麻黄属（*Ephedra*）。

松柏类大约有 630 种，是最常见的不开花的种子植物，主要通过木质球果产生种子。松属、云杉属（*Picea* spp.）、冷杉属（*Abies* spp.）和落叶松属（*Larix* spp.）占据了北方森林的主导地位，其他松柏类分布在热带雨林至干旱地区。美国加利福尼亚州的巨杉是所有植物中最高的，有些个体高度超过 100 米。同样来自美国加利福尼亚州、内华达州和犹他州的狐尾松（*Pinus longaeva*）是所有植物中寿命最长的。经树木年轮计数确定，一些个体的年龄在 5000 岁左右。松柏类植物是一种重要的林业资源，提供了工业用材和造纸所需的原料。

松属植物（*Pinus* spp.）被广泛种植，用于工业用材和造纸生产。

被子植物是陆生植物中种类最多、数量最大的一类。这个类群有超过 25 万个物种，构成了世界上最令人瞩目也最主要的植被。它们从微小的草本植物到木本灌木到最高的乔木［产自澳大利亚塔斯马尼亚的杏仁桉（*Eucalyptus regnans*）］，应有尽有。如此巨大的多样性帮助被子植物统治了世界上大多数的栖息地，甚至包括海洋环境。它们的繁殖策略多种多样，通过风、水以及与动物的一系列互动完成授粉和种子传播。植物与动物间还有许多奇特的奖励和欺骗案例。

Ⓛ 无油樟（*Amborella trichopoda*）是一种产于新喀里多尼亚的小型热带雨林乔木，是最原始的被子植物。

▷ 杏仁桉是最高的被子植物，主要分布在澳大利亚东南部广阔的山地森林中，树高近 100 米，略低于巨杉。

重新评估亲缘关系

　　传统上，确定植物亲缘关系和分类的方法往往依赖于容易观察的形态特征，如气孔、维管组织、木质组织和花。然而，自 20 世纪 90 年代以来，人们越来越重视 DNA 序列数据，如今大多数系统学研究都依赖于此。DNA（deoxyribonucleic acid，脱氧核糖核酸）是细胞中的遗传物质，在植物细胞中有 3 套 DNA，分别存在于细胞核、叶绿体和线粒体中，这 3 套 DNA 都可以用来评估不同植物类群之间的亲缘关系。过去 20 年来，科学家们利用 DNA 数据对一些植物类群关系进行了重新评估，并做了一些重大改动，例如，确认了石松类为最原始的维管植物，明确了松叶蕨类与真蕨类植物、买麻藤类与松柏类植物的亲缘关系，还发现产自新喀里多尼亚的无油樟是最原始的被子植物。

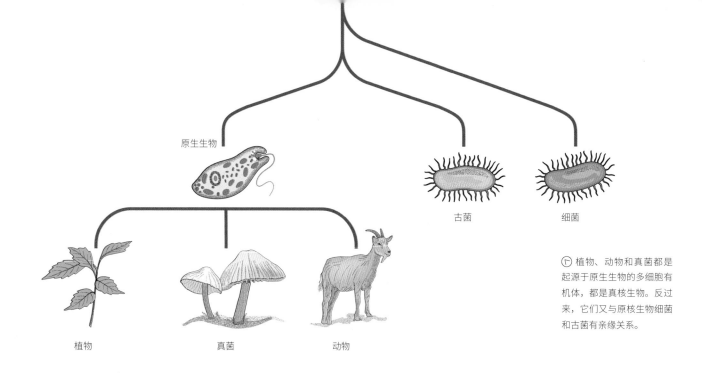

原生生物

古菌　　　　　细菌

植物　　　　　真菌　　　　　动物

植物、动物和真菌都是起源于原生生物的多细胞有机体，都是真核生物。反过来，它们又与原核生物细菌和古菌有亲缘关系。

植物来自何方？

植物是我们环境中无处不在的一部分，很难想象没有它们的世界会是什么样子，但是，地球上曾经有很长一段时间没有植物。在距今大约 4.85 亿年的寒武纪末期以前，地球上的生命形式要简单许多，主要存在于海洋中，或者至少存在于水中。动物们开始它们的演化之旅后，其形态多样性在海洋中得以迅速丰富，而植物演化起步较晚，落后动物数亿年之久。

六界系统

所有现存有机体都被归类为 6 个界。细菌和古菌这两个原核生物界与原生生物、植物、真菌和动物这些真核生物界之间存在一个主要的区别：原核生物的细胞简单，缺乏明显的细胞核，而真核生物的细胞更复杂，细胞核具有核膜，也有错综复杂的细胞内结构。所有真核细胞的一个重要特征是具有线粒体。这些特化的细胞器从食物分子中获取能量，而它们自身曾是细菌，通过内共生过程被整合到真核细胞中。

原生生物

真核生物中最简单的是原生生物，这是一种主要由单细胞生物体组成的差异很大的异质类群。它们主要生活在水生或潮湿环境中，也包括一些最重要的致病寄生虫，还有一些种类可以进行光合作用。硅藻和甲藻是进行光合作用的原生生物，它们所捕获的太阳能是生物圈所吸收太阳能总量的主要部分。甲藻是引发有毒赤潮的罪魁祸首，而它们的近亲顶复门虫类是一类可以导致疟疾和弓形虫病等疾病的寄生虫。不进行光合作用的原生生物包括阿米巴虫、纤毛虫和鞭毛虫，其中一些也是引发人类疾病的元凶。大多数原生生物都是单细胞有机体，体型微小，通常在池塘或潮湿的地方以黏液的形式出现。仅靠肉眼能观察到的只有大型多细胞海藻，如褐藻、红藻和绿藻的一些种类。

高等生物

剩下的 3 个真核生物界，真菌界、动物界和植物界都是从原生生物界中独立演化出来的，各自发展出了引人注目的复杂的多细胞有机体。动物和真菌起源更近，表现在一些相似的特征上，如真菌的细胞壁和一些动物的外壳含有几丁质。

植物起源于由红藻和绿藻组成的原生生物谱系。这个谱系被称为初级光合类群（primary photosynthetic group），它们是大约 9 亿年前捕获原始叶绿体的有机体的后代（见第 145 页）。绿藻与陆地植物有许多共同之处：如光合色素均为叶绿素 a 和叶绿素 b，碳水化合物储存物同为淀粉，细胞壁均由纤维素构成。

◁ 绿藻是原生生物，植物由此演化而来。

远亲

轮藻目和鞘毛藻目的淡水绿藻，尤其是鞘毛藻属（Coleochaete）的成员被认为是与现代陆生植物最近缘的类群。它们有许多重要的相似特征：包括大多数其他藻类中没有的特殊类型的细胞分裂，形状相似的精细胞，以及一些类似的酶。对鞘毛藻 DNA 序列的研究证实了这一密切关系。因为轮藻目和鞘毛藻目是水生的，所以人们认为它们与植物的差异早在登陆前就已经发生了。

▷ 轮藻 [如右图中这种球状轮藻（Chara globularis）] 是与植物亲缘关系最密切的绿藻之一，在淡水环境中很常见。

植物为什么是绿色的？

也许植物和它们构成的植被最明显的特征就是它们一致的颜色。虽然色调有一些变化，从森林的深绿色到草地的亮绿色和沙漠植被的灰绿色，但植物的本质性颜色都是绿色。奇怪的是，我们能看到如此重要的绿色恰恰是因为绿色对植物来说并不重要。

反射出来的颜色

植物与动物有着根本的不同，因为它们会制造自己的营养分子，合成出可作为所有细胞能源的糖类。包括人类在内的动物通过吃植物或吃以植物为食的生物来获取食物分子。

植物制造这些食物分子的过程被称为光合作用，在光合作用中它们捕获阳光中的能量，并利用这些能量将空气中的二氧化碳与水一起转化为糖。

植物含有许多不同的色素分子，它们可以捕捉阳光并获取能量。叶绿素就是这些色素中最重要的一种，也是能捕捉绝大多数光线的一种。

太阳光整体是白色的，但这个可见光谱实际上是许多不同波长光的组合，每个波长都有自己的颜色。这些不同的波长光可以分开，就像阳光透过雨滴形成彩虹一样。红色、橙色和黄色光在长波末端；蓝色、靛蓝和紫色光在短波末端；绿色光介于两者之间。当涉及对光的吸收时，叶绿素是有选择的，它们吸收光谱的红色和蓝色区域的光，但不吸收处在中间的绿光。由于绿光不被植物吸收，它就会被反射回来，这就是为什么植物看起来是绿色的。

叶绿体是植物细胞中的小细胞器，含有具光合色素的膜状结构。

对比叶绿体的不同

红藻的叶绿体具有与蓝藻细胞相似的结构和色素。膜系统上的一个个小凸起，是一种被称为藻胆蛋白的特殊的红色和蓝色捕光色素，藻胆蛋白的出现既表明了蓝藻和叶绿体之间的联系，也表明了红藻中叶绿体的原始状态。绿藻和植物的叶绿体与红藻中叶绿体的不同之处在于，它们的膜折叠成煎饼状的堆叠，捕光色素以叶绿素为主导。

不同的叶绿素

植物中有两种类型的叶绿素，分别为叶绿素 a 和叶绿素 b，它们吸收的光波长略有不同。在弱光环境中，植物的叶绿素 b 含量高于叶绿素 a，因而看起来颜色更深；而在明亮环境中的植物正好相反，它们含有更多的叶绿素 a，颜色看起来更浅。干燥环境中的植物看起来是灰绿色的，因为它们厚厚的蜡质角质层会影响光线的反射。

叶绿素在健康叶片的色素组成中占主导地位，因此这些结构几乎总是呈现出绿色。但树叶中还有其他不同颜色的色素——黄色的叶黄素、橙色的类胡萝卜素和紫色的花青素。当落叶树的叶在秋天停止功能运作时，叶绿素就会分解，其他色素的颜色就会显露出来。

▽ 到了秋天，绿色的叶绿素分解，树叶中其他色素的颜色就会显露出来。。

光合作用的起源

光合作用并不是植物最先发明的，而是发生在 25 亿多年前的蓝藻中。在近 10 亿年前，一个蓝藻被另一个细胞吞噬，被整合成了一种特殊的细胞器——叶绿体，这是生物历史上最重要的事件之一。这一过程创造了一个全新的进行光合作用的生命体系，由此衍生出后来的红藻、绿藻和植物，所有这些生命都从一个共同祖先那里继承了叶绿体。

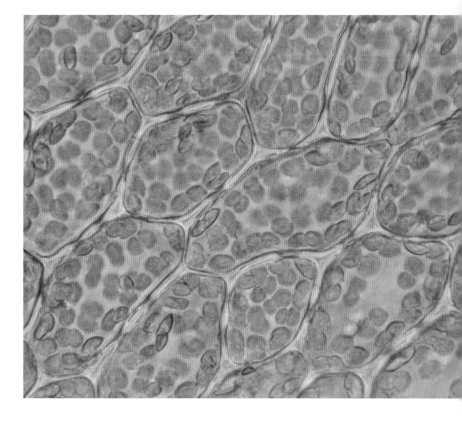

▷ 近缘匐灯藓（Plagiomnium affine）的细胞含有大量的叶绿体，这些叶绿体被压在细胞壁上，从而暴露在阳光下。

陆生与水生

绝大多数植物是陆生生物，生活在陆地上，但它们与绿藻的亲缘关系表明它们起源于水中。陆地上的生活与水中的生活截然不同，为适应陆地生活，植物的转变面临许多挑战。本质上，这些转变涉及四个主要功能，分别是水分的平衡和运输、结构支撑、气体交换以及繁殖。

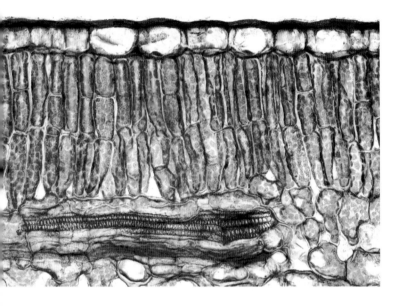

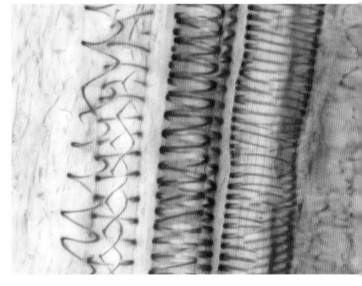

⋀ 角质层是位于叶表面的蜡状层，可以防止下层细胞向环境流失水分。

⋂ 木质部形成的导管系统在整个植物体中输送水分。单个细胞的壁用螺旋状木质素骨架加固，以防止它们坍塌。

水分平衡与运输

绿藻这样的水生海藻终生被水包围。因此，它们不需要特殊的吸水结构，不需要内部专门运输水分的组织，也不需要防止它们干燥的结构。相比之下，陆生植物生活在缺水的环境中，被限制在它们生长的土壤中无法移动。它们需要专门的器官——根，从土壤中提取水分，需要复杂的组织将这些水分输送到植物的地上部分，它们还需要一层保护性的防水外层，最大限度地减少向大气中流失的水分。这些需求在植物的发育中很大程度上决定了它的生长形式和生态耐受性。

木质部是整个植物中运输水分的传导组织，它们形成一个由细长的中空细胞组成的连续管道系统。这些细胞的壁明显地被木质素加固，形成了结实的框架，可以防止它们在水分充盈时被胀破。由于需要向植物体内的每个部分供水，植物的体积受到其维管系统的限制。

结构支撑

水生植物利用浮力获得结构上的支撑。例如，美国太平洋沿岸的巨藻（*Macrocystis pyrifera*）森林可以长到 50 米高，但如果水被移走，它们就会坍塌到海床上。在陆地环境中，如果植物想通过长高的方式与邻居竞争阳光，它们

叶片内部错综复杂的叶脉系统含有的木质部为所有的叶细胞提供水分。

必须给自己提供结构支撑。木质素是一类复杂的有机聚合物。植物的木质部含有大量木质素，使木质部维持极高的硬度以承受整株植物的重量。

繁殖

藻类在水中繁殖，许多藻类将雄性的精细胞释放到水中，它们必须游来游去才能找到卵细胞。在陆地环境中，依靠液态水进行繁殖是有风险的。原始的陆地植物，如地钱、苔藓和蕨类植物就必须有液态水才能繁殖，因此它们只能生存在能够定期、规律提供水分的环境中。种子植物通过演化出授粉系统，克服了繁殖过程对水的依赖，它们的精细胞是由萌发的花粉粒产生的，但只有在这些花粉粒被运送到卵细胞所在的位置之后才能产生，而花粉管可以直接生长到卵细胞所在之处，并将精细胞准确地运送到正确的位置上。

重新转变为水生

许多被子植物是水生植物，但这些物种均从陆生祖先演化而来，只是这些祖先又回到了水中。它们中的大多数都栖息在淡水中，但也有少数海草生活在海洋中。水生植物不得不把一系列已经适应陆地生活的形态特征重新转变为适应水生生活。其实，在很大程度上，它们只是恢复了原状：沉水植物不会产生角质层或气孔，它们的导水组织退化，结构支撑是由浮力提供的，而不是强化的维管组织。但它们不得不在一个繁殖领域进行创新。显然，开花和授粉系统太复杂（或太高级）而不能舍弃，于是它们就在水面以上开花，并以常规方式授粉。

海菖蒲（*Enhalus acoroides*）的授粉。雌花有 3 个柱头，漂浮在水面上，在那里它们与同样漂浮的产花粉的独立雄花接触。

陆生植物的演化

────（随）着植物逐渐在陆地上站稳脚跟，植物的植物性、繁殖特征的复杂性和特化程度不断提高，这也是理解地球上植物多样性的关键。我们最好在植物生命周期的背景下进行探究。

⑦ 苔类植物小叶苔属（Fossombronia）的配子体，具有雄性生殖器官。这些精子囊（antheridia）会爆裂，并释放游动的精子。

ˇ 苔类的孢子体自配子体上长出来，完全依赖配子体生存。它们由一个透明的蒴柄和一个末端产生孢子的孢蒴组成，如小叶苔属的孢子体。

陆生植物的生命周期

陆生植物的生命周期描述了有性繁殖的过程。这涉及一种特殊的细胞分裂，在生命周期的一段时间内，染色体数目减半（减数分裂，meiosis），随后生殖细胞的产生和融合（配子配合，syngamy）使染色体数目重回之前的水平。

陆生植物的生命周期中有两个不同的阶段，它们被称为不同的世代（generation）。这是从苔藓到被子植物的一致特征，是任何植物多样性比较研究的基础。配子体世代（gametophyte generation）是单倍体（每个细胞一套染色体），产生两种类型的性细胞（配子，gametes）。其中一种配子（通常被称为雄配子或精子）会脱落扩散，而另一种配子（雌配子或卵细胞，egg cell）则保留下来。雌雄配子随后融合，使染色体数目加倍。这个新的细胞被称为合子（zygote），它分裂并生长成多细胞的孢子体世代（sporophyte generation），即二倍体（每个细胞有两套染色体）。

孢子体经过减数分裂产生孢子（spores），又变回单倍体，这些孢子反过来又发芽形成新的配子体。因为孢子体和配子体世代不断轮流产生对方世代，所以它们在生命周期内呈现轮换交替的状态——被称为世代交替（alternation of generations，见第 185 页）。以苔类植物这种最原始的陆生植物为例：在其生命周期中，占优势的绿色植物体是配子体世代，孢子体仅为白色的蒴柄连同末端的一个黑色球形孢蒴。孢子在孢蒴中通过减数分裂而产生，孢蒴开裂后传播孢子。配子和产生配子的器官只能用显微镜观察才能看见。

植物生命周期的演化

为了探究陆生植物生命周期的演化，我们必须采取比较的方法。最明显的比较对象是绿藻中近缘关系最近的鞘毛藻属。鞘毛藻是一类小圆盘状多细胞绿藻，生长在淡水中。它的植物体是单倍体配子体，它产生的卵细胞被保留下来，而精子则分散开来，需要通过游动，定位找到卵细胞并使其受精。这个受精过程的融合产物是一个二倍体合子。到目前为止，一切顺利。但鞘毛藻合子不能发育成多细胞孢子体。相反，它立即进行减数分裂形成 4 个单倍体孢子，又再次回到配子体世代。

假设鞘毛藻的生命周期是陆生植物生命周期演化历程中的原始类型，我们便可以认为多细胞孢子体的产生是陆生植物所特有的特征，那么其发育阶段就是位于合子和减数分裂之间的生命阶段。为什么这一阶段很重要呢？在陆地植物演化的最高级阶段，例如巨杉或高大的杏仁桉，这些我们观察到的植物体都是多细胞的孢子体世代。这些巨大乔木所处的生命阶段与苔类植物微小的孢蒴和蒴柄所处的阶段并无区别。所有与陆生植物成功登陆相关的复杂结构，例如裸子植物和被子植物的多样性，都发生在孢子体世代中，而孢子体世代是陆生植物所特有的。

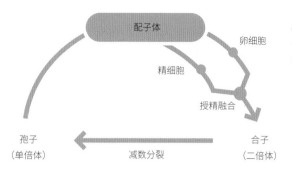

◁ 鞘毛藻生命周期。单倍体配子体是唯一的多细胞阶段。

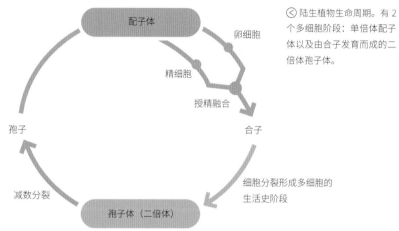

◁ 陆生植物生命周期。有 2 个多细胞阶段：单倍体配子体以及由合子发育而成的二倍体孢子体。

▷ 巨杉是世界上最高的植物。我们看到的树是其孢子体世代。

陆生生活的演化适应

（植）物的一些主要形态特征对其登陆成功至关重要。其中一些特征在前文已经有所提及，例如防水的角质层和专门的导水细胞。但这些特征并不是一下子全部同时出现的——它们是在几亿年的演化过程中，在前一种特征的基础上逐渐形成的。奇怪的是，虽然其中一些特征被不同的植物类群多次尝试，但也有一些停滞不前或早已消失在地质历史长河中，而另一些则保留下来并成功地延续至今。

成功的特化

角质层是所有植物共有的一个特征，也是第一个出现的关键特征。虽然苔类和藓类植物的表皮非常薄，但是没有它植物就不能生存。气孔（stomata，二氧化碳进入植物的专门通道）紧随其后，它们在苔类中不存在，首先出现在藓类和角苔的孢子体中。专门的输导组织或维管组织首先出现在石松植物中，这也是植物演化的一个阶段。在这个阶段，我们可以看到孢子体开始在植物生命周期中占优势，分枝

开始出现，并且在解剖学和形态学结构上变得更加复杂。在石松类植物，尤其是真蕨类中，我们也能看到植物分化出专门的器官，如茎、根和叶。随着结构愈发复杂，体积不断增大，植物对输导组织的需求也越来越大，茎中演化出一个维管形成层（vascular cambium）的特殊生长区域解决了这个问题。维管形成层产生木材，形成了灌木和乔木。

关于繁殖的改造

苔藓和蕨类植物都是直接释放孢子进行繁殖，随后便让它们自谋生路。但在苏铁以后的植物——换句话说，所有的种子植物——孢子都被一层保护性的覆盖物包围住，并保留在母体植物上。在这里，孢子发育成配子体，产生一个卵细胞，完成受精，形成下一代孢子体幼苗的胚，在此过程中胚由母体孢子体滋养，直到它以种子的形式脱落。种子植物也产生了授粉过程，可以将精子直接送到卵细胞处，繁殖过程不再依赖液态水的帮助。

⊙ 东北石松（*Lycopodium clavatum*）。石松是最早发育出维管组织的植物，其孢子体在生命周期中占主导地位。

石炭纪之王

⌂ 这处封印木（*Sigillaria*）化石展示了如今已灭绝的石松类乔木的巨大体型。

石松类植物是地球上最早出现的维管植物，虽然它们如今只占现存世界植物区系的一小部分，但它们曾经是最成功的，当然也是最具创新性的植物类群之一。正如历史是由胜利者书写的一样，种子植物获得了大部分的赞誉，被认为是现代植物演化的顶峰。实际上，石松类也对植物早期演化作出了重要贡献。

石松的孢子体分枝复杂，分化出了茎和叶。虽然它们不像其他植物的真叶那样各自独立发育，但它们已经在长达 4 亿多年的时间里成功地履行了光合作用器官的功能。

石松类植物也是最早有根的植物。在大约 3 亿年前的石炭纪时期，它们甚至通过自身特有的维管形成层发展出了木质组织，使它们能够长成拥有粗壮树干的高大乔木。由这些石松类植物组成的森林占据了沼泽环境，并在欧洲和北美洲形成了大量的煤矿。

⌄ 计算机模拟绘制的一片长满石松类乔木的沼泽森林，外形看上去颇为奇怪。

遗憾的是，尽管在早期取得了成功，石松类植物仍然受到孢子繁殖的生物学限制，受精过程离不开水。在这无情的陆地生境上，这些石炭纪的统治者们最终被解决了这个问题的后来者取代。

古植物学和植物化石记录

从 4 亿多年前的志留纪植物出现到现在，植物留下的化石记录十分广泛，并向我们讲述了一个复杂的故事。虽然通过观察现存的植物，我们也可以推断出许多有关植物演化的信息，但化石记录为我们了解过去提供了一个独特的窗口。它为我们揭示了已经灭绝的植物类群，不同植物类群和主要特征出现的时间，以及与我们今天所见不同的地理分布模式。

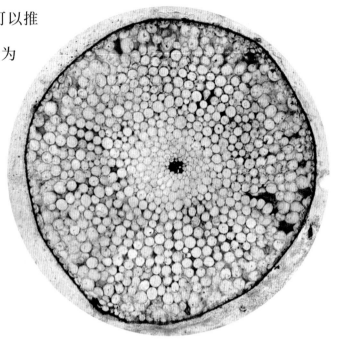

▽ 莱尼蕨（*Rhynia gwyn-nevaughanii*）茎的横切面展示了莱尼燧石中保存的细胞细节。

最早的化石

陆生植物最早的化石证据是分散的孢子，但我们对产生这些孢子的植物一无所知。由于早期原始植物如苔藓般的柔软质地和微小体型，它们不太可能形成化石并保存下来。我们发现的最早的化石实际上都是来自更加健壮挺拔的维管植物。

最令人印象深刻的化石层之一是莱尼燧石层（Rhynie Chert），位于苏格兰莱尼村附近。大约 4.1 亿年前，这些生长在泉水边的植物被埋藏进富含矿物质的水晶中，形成了化石。将这些化石切得很薄，置于显微镜下观察，细胞

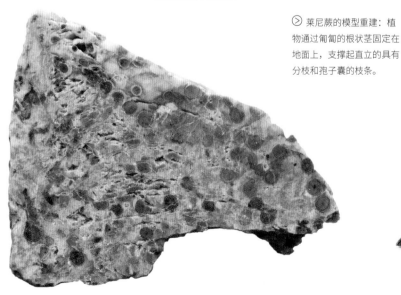

▽ 一块经过抛光的莱尼燧石，显示出许多植物的茎，当它们被埋藏在岩层中时，仍然保存着它们的生活状态。

▷ 莱尼蕨的模型重建：植物通过匍匐的根状茎固定在地面上，支撑起直立的具有分枝和孢子囊的枝条。

其实是一种

世界上许多地方都发现了距今约 3.8 亿年的泥盆纪晚期的古羊齿属（Archaeopteris）植物的化石。它们有巨大的蕨叶状叶片，最初被认为是蕨类植物，因为它们有裸露的孢子囊，孢子囊裂开，孢子脱落。在同一时期的沉积物中还发现了美木属（Callixylon）的木材化石，这种木材形态上类似裸子植物，很明显是由具有维管形成层的茎产生的。在 20 世纪 60 年代，人们发现了一些保存特别完好的古羊齿叶，这些叶的茎中含有美木的木材。事实证明，这两种不同的化石其实属于同一种植物。所有现存产生木材的植物都产生种子，反之亦然。然而，这里的化石中有木材，却没有种子。我们现在发现许多不同的古羊齿属或美木属的植物，它们被归为一类被称为原裸子植物（progymnosperms）的已灭绝类群。这些发现表明，木质结构的生长和乔木的演化时间早于种子植物的演化 —— 我们不可能仅从现存植物中得到这些重要的知识。

⋀ 古羊齿属植物是最早的乔木植物之一。它的树干和木质像裸子植物，但叶像蕨类植物的叶，上面有孢子囊。

的所有细节清晰可见，其结构得到充分展示，从而提供了丰富的生物学信息。莱尼化石群带给科学界两个特别重要的新发现：一是孢子体在维管组织演化之前就已出现了分枝，在现存植物中，这些特征总是同时出现；二是在陆生植物早期演化过程中，配子体可以像孢子体一样具有复杂的分枝，有气孔，很可能还有输导组织，这些特征在现存维管植物的配子体中是没有的。

舌羊齿目化石和冈瓦纳超大陆

在 3 亿—2.5 亿年前，也就是所谓的二叠纪时代，世界与今天的情况大不相同。在南半球的大陆上，这个时期沉积下来的沉积岩含有大量的煤——这是沼泽植被的化石遗迹。这些沉积物主要由现已灭绝的舌羊齿目植物组成，包括舌羊齿属（Glossopteris）和脊椎蕨属（Vertebraria）。这些高大的树木有许多独有的特征，它们的化石很容易辨认。最重要的是，它们的叶是很宽的舌状（其属名中"glosso"是希腊语"舌头"的意思，"pteris"

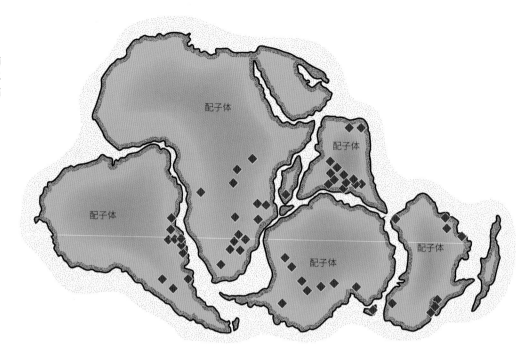

> 统一的冈瓦纳陆块中南半球大陆的排列，显示了二叠纪沉积物中舌羊齿目化石的分布。

∨ 罗伯特·福尔肯·斯科特和他的同伴在南极的自拍。在长途跋涉中，他们在横贯南极山脉发现了舌羊齿属植物的叶片化石。

是"蕨类"的意思），具有非常典型的网状脉。它们的根中含有大量的气腔，以应对栖息沼泽中水淹的威胁，当它们变成化石时，这些气腔看起来就像连在一起。舌羊齿目植物的化石分布在南美洲、非洲、印度和澳大利亚，这一现象启发了地质学家，他们在 19 世纪末首次提出这些现在分开的大陆在很久以前曾经连接在一起，形成了冈瓦纳超大陆。

探险家斯科特

在 1912 年那次悲剧性的南极之旅中，英国探险家罗伯特·福尔肯·斯科特（Robert Falcon Scott）在横贯南极山脉发现了舌羊齿化石。爱德华·威尔逊（Edward Wilson）是探险队中的队医，也是一位博物学家，他意识到这些化石对于解释南极洲与冈瓦纳超大陆关系的争论具有重要意义，因此这些化石一直被团队保留到最后，直到营救队在第二年夏天找到了这些标本，它们现在保存在伦敦自然博物馆中。人们在南极洲发现了二叠纪舌羊齿目植物和煤层，以及其他距今数百万年前的植物化石，这些证据均表明这块大陆只是在最近才变成我们今天所看到的冰冻模样。

舌羊齿植物的舌状叶广泛分布于二叠纪时期冈瓦纳超大陆的化石沉积物中。

脊椎蕨根的横切面。木材间的楔形气腔可以维持根部的气体循环。

花和花粉化石

被子植物超过 25 万种，在数量和形态多样性上主宰着地球现代植被。英国博物学家查尔斯·达尔文（Charles Darwin）于 1859 年出版了他的开创性著作《物种起源》，为我们提供了第一个完整的演化论，但他却无法解释被子植物从何而来。在 1879 年写给同事约瑟夫·胡克（Joseph Hooker）的信中，他将被子植物的起源问题称为"讨厌之谜"。在接下来的 150 年里，大量的研究将这些重要植物的演化历史和亲缘关系联系在一起，古生物学在其中发挥了关键作用。

虽然从近 2 亿年前的三叠纪沉积物中发现的罕见花粉非常有趣，但是最早确定的被子植物的化石证据是大约 1.45 亿年前的白垩纪早期的花粉颗粒。被子植物花粉可以通过其独特的细胞壁结构来识别，但是对于产生这种早期花粉的植物我们一无所知。到了白垩纪中期，大约 1 亿年前，被子植物就已经非常普遍，它们的叶子和花粉在植物化石中都有很好的保存。但是植物之间的关系很大程度上是基于它们花的特征，而不是叶，而且因为花粉由花产生，花化石可以提供最准确的信息。不幸的是，花化石很少被发现。

来自北美东海岸的白垩纪中期沉积物恰好集齐了保存早期花化石的所有合适条件——

非常细的粉砂质黏土沉积在静水中，并没有受到挤压和极端温度等地质作用的改变。人们在这些沉积物中发现了不同发育阶段的花朵残片，如完整的小花蕾、仍含有花粉的雄蕊、柱头上有花粉粒的幼果，以及显示花朵及其部分排列方式的枝条。这些发现不仅可以帮助重建花朵模型并确定它们之间的关系，还可以确定花与花粉之间的联系。花粉广泛分布在各种化石记录中，但其与花的对应关系在这之前鲜为人知。

植物的结构和功能

从 最原始的苔类植物到最复杂的被子植物，植物的形态多种多样，我们不可能概括出所有植物的共同结构。然而，我们日常与植物打交道的过程大部分涉及被子植物和裸子植物，形态上巨大的多样性可以被总括到一个广义的基本方案中，植物的每个组成部分或器官都被赋予特定的功能。

地下和地上的区别

大多数植物的根都向地下生长，第一个明显的区别是根系（固定植物并从土壤中吸收水分和养分）和茎轴系（植物地上与大气相互作用的部分）。茎轴系主要由茎和叶组成，间断性地产生生殖结构，如被子植物的花和裸子植物的球花。尽管植物种类繁多，但根和茎扮演着始终如一的基本角色，它们的生长、结构和形状等基本特征也相对统一。事实上，我们在植物中发现的大多数变化都体现出不同器官的适应性，以帮助它们在特定的环境中更好地发挥作用。

⊘ 这个幼苗的根部有一层很细的根毛，这大大增加了从土壤吸收水分的表面积。

⊽ 连香树（*Cercidiphyllum japonicum*）部分露出地表的根系显示出它在寻找水分和养分时占据土壤的程度。

扎根原地

根生长在严酷的物理环境中。它们的尖端柔软细腻，但必须穿透坚硬、研磨性很强的土壤才能生长。它们的生长尖端由一层嵌在黏液中的细胞构成的帽状结构（根冠）保护，当它们受到破坏时，这些细胞会不断被替换。在根尖后面几毫米的地方，是长有根毛的吸收水分和营养物质的区域。根只在根尖吸收水分，其余部分形成了一层厚厚的保护层，将水分从根尖输送回茎轴系。

叶

叶是进行光合作用的主要场所。它们的细胞富含吸收光线的叶绿素色素，因此它们主要呈绿色。它们通常扁平且薄，以使它们的体表面积比最大化，并提供最大的面积来捕捉阳光。叶的表面覆盖有蜡质角质层以防止水分流失。它们的表面有气孔，可以从空气中吸收二氧化碳，它们有海绵状的内部结构，可以保持空气流通。不同物种的叶片在大小、形状和质地上有很大差异，但这些差异通常与优化光合作用效率，以及防止不必要的水分流失有关。

茎

茎是连接叶和根的运输网络。它们将光合作用产生的富含能量的糖分从生产它们的叶转移到植物的其他部分，要么储存起来，要么用于生长。此外，它们还将根吸收的水分输送到叶片，以补充不可避免地通过气孔流失的水分。老茎变成木质，形成树干和树枝，为乔木和灌木提供结构支撑，但它们也继续发挥着基本的运输作用。

生殖器官

球花或花承担着繁殖的功能。在裸子植物中，花粉和种子在不同的球花中产生，花粉由风力传播。在被子植物中，产生花粉的器官（雄蕊，stamen）和产生种子的器官（心皮，carpel）可以聚集在同一朵花上，也可以生长在单独的花上，通常被一轮漂亮的五颜六色的花瓣和保护性的萼片包围。一般来说，结构复杂、五颜六色、芳香且产蜜的花是由昆虫和鸟类授粉的，而结构简单、颜色暗淡的花是由风授粉的。

△ 云杉等裸子植物的种子生于木质球果中。

◁ 夏栎（*Quercus robur*）下垂的柔荑花序内含有无数的小花，释放出大量由风传播的花粉。

↳ 澳洲沙漠豆（*Swainsona formosa*）靠色彩鲜艳的花来吸引传粉者。

植物形态学简史

我们十分熟悉植物及其外观：它们扎根于地面，茎上长有叶和花朵。但我们常常没有意识到，我们描述形态的方式只是按照一种惯例；我们也常常没有意识到，这一惯例其实可以追溯到几千年前，而且它并不是唯一的观点。

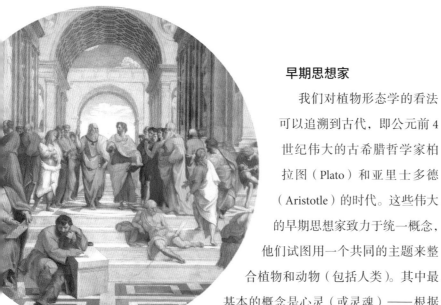

△ 柏拉图（红衣）和亚里士多德（蓝衣）正在深入讨论。早期的古希腊哲学家也精通科学，例如生命的本质。

早期思想家

我们对植物形态学的看法可以追溯到古代，即公元前4世纪伟大的古希腊哲学家柏拉图（Plato）和亚里士多德（Aristotle）的时代。这些伟大的早期思想家致力于统一概念，他们试图用一个共同的主题来整合植物和动物（包括人类）。其中最基本的概念是心灵（或灵魂）——根据其理论，植物有营养的心灵，动物有感官的心灵，人类有推理的心灵。事实上，植物的根被认为与动物的嘴相对应。

正是亚里士多德的学生泰奥弗拉斯托斯（Theophrastus）第一次反对这种僵硬的植物-动物类比理论，他首先提出了一个主要基于植物的认知框架。这位哲学家将植物分为永久部分（根和茎）和暂时部分（叶、花和果实）。他认识到植物的不确定性和模块化生长，以及每年不断地产生新芽和新叶，这与动物自始至终的生长形成对比，在这种生长中，器官是固定的，数目也是确定的。与其他古人一致，他认为根是植物最主要的器官，可能是因为它在医学上比较重要，也可能因为许多植物的枝叶在冬天枯萎，但第二年春天又从根上重新发芽。而叶子几乎没有引起人们的注意，当时人们还不知道它们的功能，它们被认为只是果实结出的一种附属品。

常用术语

古希腊哲学家对植物和动物的直接类比是我们现在使用的一些术语和概念的来源。例如，把树叶分成组织和器官，用"神经"来表示树叶的叶脉（左），用"心材"来表示树干的中部。我们甚至把植物的配子称为精子（活动的）和卵子（不动的），并在产生它们的结构上区分出雄性和雌性。

一切都是叶

以上这种植物形态的概念延续了近 2000 年。1790 年，约翰·沃尔夫冈·冯·歌德（Johann Wolfgang von Goethe）写了一篇关于植物形态学的文章，为一种新的范式奠定了基础。歌德最著名的身份是哲学家和诗人，以及伟大的诗剧《浮士德》的作者，但他对自然和物理世界也特别感兴趣，并创作了涵盖从博物学到色彩理论的许多重要科学著作。在一次意大利之行中，他参观了帕多瓦植物园，在那里他观察到了欧洲矮棕（*Chamaerops humilis*）。他对茎上不同形状叶子的渐变以及它们过渡到开花部位的现象感到着迷，由此他提出这些结构都是叶的变体，他用了一个短语来描述——"Alles ist Blatt"，即"一切都是叶"。他真正指出了"叶"的本原是最重要的概念，所有的可变器官都是这个本原性的叶的不同表现形式。这反映了自柏拉图以来一直占主导地位的哲学思想，并强调了歌德深刻的形而上学方法。

歌德的思想产生了深远的影响，它至今仍影响着植物形态学。在过去的 200 多年里，人们对根不太感兴趣，而把兴趣集中在枝条和花朵上，很大程度上是基于歌德的叶状和茎状器官二分法的概念。这反映在最常用的植物结构模型——经典的叶茎模型中。

◁ 约翰·沃尔夫冈·冯·歌德既是一位政治家、作家和科学家，也是现代植物形态学发展的重要人物。

▽ 歌德的植物器官等价性的概念，即子叶、叶和花的各部分与茎具有相同的本原——一切都是叶。

◁ 欧洲矮棕。在这种植物中，幼苗叶片向成熟扇形叶的转变是歌德关于植物"变形"想法的灵感来源。

植物形态模型的应用

植物结构经典的茎叶模型是歌德思想的现代表达形式（见第35页）。植物主要分为根和枝条，枝条又分为叶性器官和茎性器官。枝条可以是营养枝（如长叶的茎），也可以是生殖枝（如球花或花），但它们的各部分之间的关系相同。

枝条顶端

腋芽

腋生枝条

ⓐ 在典型植物中，茎长有叶，叶腋处又长出芽。芽发育成枝条，枝条再长出叶。植物以这种迭代的方式不断生长。

ⓐ 木兰（*Magnolia* spp.）的花有伸长的花轴，被用作可育枝条的典型例子，其花的部分是叶性器官的变形。

叶性器官和茎性器官

我们将茎的枝条分类为叶性器官（phyllome）和茎性器官（caulome），每一类器官都有各自的结构特征。最重要的标准是器官在植物上的位置，这反映了器官的形成方式。在生长的茎的尖端附近，在顶端分生组织的侧翼上形成了叶性器官。茎性器官形成于叶性器官的腋部，即叶性器官与叶轴之间的夹角。因此，叶性器官为侧生结构，茎性器官为腋生并被叶性器官所包围。

这种位置关系是大多数植物固有的重复结构的核心——茎上长有侧生的叶性器官，而叶状体的腋部又长有新的枝条。这些枝条再发育成茎性器官，茎又产生自己的叶子，以此类推。这种不断重复的枝条赋予了植物模块化的结构，使它们区别于动物的生长形式，动物的生长形式通常是从胚胎直接发育到成体。

其他相关特征

除了位置，还有其他几个特征与叶性器官和茎性器官有关，但这些特征是可变的。叶性器官是典型的两侧对称结构（扁平），生长往往是有限的。茎性器官通常呈辐射对称（圆形），生长没有固定的限制。大多数叶明显符合叶性器官的定义范畴，而且大多数茎无疑是茎性器官。然而，当一些特征发生冲突时，如

圆柱状的叶子或扁平的茎，我们就会通过它们究竟是侧生还是腋生来判断它们真正的身份属性。

在经典理论中，花被认为是可育的枝条，花轴为茎性器官，萼片、花瓣、雄蕊和心皮为叶性器官。事实上，花本身是腋生结构，通常被一个真正的侧生结构（叶或苞片）所包围。

刺的问题

根据它们所处的位置，刺既可以是叶刺也可以是枝刺。有些植物的刺生长在侧面并取代叶的位置：这些便是由叶性器官发育来的刺，即叶刺，在它们的腋部甚至有新的芽。还有一些物种的刺形成在叶腋：这些是特化的茎性器官，即枝刺。荆豆（*Ulex europaeus*）的叶和腋芽都形成了外观相似的刺，但可以根据它们的位置来区分。

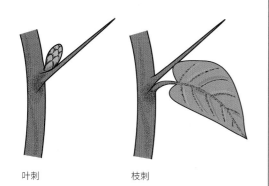

叶刺　　　　枝刺

细节决定一切

假叶树属（*Ruscus*）与天门冬属（*Asparagus*）植物的亲缘关系很近，它们之所以吸引了泰奥弗拉斯托斯的注意，是因为假叶树似乎在叶子中央开花。但如果我们仔细观察这片"叶"，很明显，每一个部分——绿色、扁平、生长也有限——实际上位于一个小的纸质苞片的腋部。因此，这片"叶"是腋生的，从它的位置上看是茎性器官；苞片是真正的侧生结构，因此是叶性器官。还要注意的是，这种花位于由"叶"产生的苞片的腋部。假叶树的这些假叶结合了叶片（扁平且有限生长）和分枝（腋生位置）的特征，但在结构上它们是腋生的茎性器官，被改造为光合器官。

⌵ 假叶树（*Ruscus aculeatus*）扁平的光合器官产生于苞片的腋部并开花——它们是特化的茎，而不是叶子。

观察植物的另一种方式

茎叶模型很好地解释了大多数植物，尤其是被子植物，甚至像假叶树的叶状枝这样不寻常的结构。然而，这对尚未演化到能够区分出茎叶的复杂程度的原始陆生植物来说并不适用，甚至在被子植物中也有茎叶模型并不适用的例子。为了克服这些局限性，人们提出了其他的植物结构模型。

植物性模型和体节模型

不同的植物形态模型之间的差异在很大程度上取决于它们如何解构植物。经典模型主要区分树叶和树干，当然树叶和树干是连续的，我们把它们分开的想法有些武断。例如，澳大利亚的翅金合欢（*Acacia alata*）的枝条从茎到叶的确切位置还并不很清楚——实际上，"叶"和"茎"这样的术语在这种情况下并不太适用。

以不同方式解构植物的两种可供选择的模型是植物性模型（phytonic model）和体节模型（metameric model）。植物性模型将枝条纵向分成几个区域，每个区域包括一片叶子和紧邻的茎，一直到正下方的下一片叶子。这是描述翅金合欢枝条的一个很好的模型。相反，体节模型将植物水平分成若干节段，每个节段包括节和节间，侧生器官由节处发生。对于合轴生长的植物来说这是一个很好的模型，其中轴的每一段都是由不同的顶端分生组织产生的。

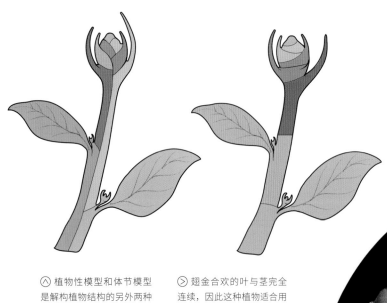

⋀ 植物性模型和体节模型是解构植物结构的另外两种方式。

▷ 翅金合欢的叶与茎完全连续，因此这种植物适合用植物性模型来解释。

连续体模型

第三种模型采取了不同的方法，被称为连续体模型（continuum model）。它摒弃了叶和茎等非此即彼的类别，转而提倡一种连续的形态空间。在这个空间中，大多数器官倾向于基于一些特征组合聚集在一起，要么是叶性器官，要么是茎性器官，或者是例如毛被等其他类别，但中间器官可以占据它们之间的任何空间。

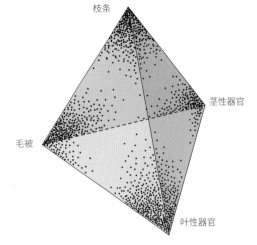

茎性器官

毛被

叶性器官

○ 连续体模型能够灵活地解释植物的结构

互补意见

这 3 种模式都可以在不同程度上适用于所有植物——换句话说，它们是互补的，而不是排他性的。它们中没有一个是完全对的，没有一个是完全错的，甚至没有一个比另一个更对或更错；它们只是看待植物的另一种方式。当然，对于特定的植物，一种模型可能比另一种模型更合适，但了解这些不同的观点可以让人从不同的角度来看待植物。

整体性方案

　　猪殃殃（*Galium aparine*）是茜草科（Rubiaceae）中的一种小型草本植物，也是一种常见的花园杂草。除了黏人的茎和果实，最具特色的特征是它的叶子：六片相同的叶子轮生，沿着茎规则间隔排列。但第一印象可能具有欺骗性。每轮顶端分生组织只会形成两片叶原基，它们才有资格发育成"真正的叶"或叶性器官。另外 4 片发生较晚，在"真叶"原基两边各有两枚，被认为是与叶基相连的托叶。事实上，仔细观察发现，芽只在两片真叶的叶腋处出现，而不是在"托叶"附近。

　　相比之下，连续体模型会强调叶片和托叶的相似性，因此这些结构的地位是相同的；但经典模型就会根据它们的位置来区分它们。因此，能够从两个角度来看问题可以更有启发性，也能更全面地欣赏这种植物。

○ 猪殃殃看上去每轮有 6 枚叶片，但实际上是两片叶和 4 枚托叶。分枝只会从真叶的叶腋处发出。

演化发育

在过去的二十年里，我们见证了演化发育研究领域的巨大进步，这也加深了我们对有机体发育遗传学的理解。特别是在医学研究的推动下，人类和动物生物学领域取得了许多进展。与此同时，我们也越来越多地了解了控制植物发育的基因和遗传过程，这为植物结构的观察提供了一种新的方式。

花的 ABC 模型

这些新知识大部分都是通过对拟南芥的实验获得的，拟南芥是十字花科（Brassicaceae）中的一种小型草本植物，被广泛用于实验室研究。它易于操作，基因数量相对较少，可以在有限的空间内大量培养，从幼苗到成株的快速成熟使其在短时间内可以繁殖出许多世代。

这项研究的一个结果颠覆了传统的观念——花是可育的枝条，叶子被连续轮生的萼片、花瓣、雄蕊和心皮取代。对拟南芥的实验表明，花上不同部位的这种看似精确的排序是由三类基因造成的，这三类基因在花发育出四轮结构的过程中表达。三类基因依次被称为 A、B、C 类基因，因此得名 ABC 模型。

只表达 A 基因的区域，就会产生萼片。如果只表达 C 基因，就会产生心皮。A 基因和 B 基因一起表达产生花瓣，B 基因和 C 基因结合则产生雄蕊。在正常情况下，四个区域仅表达 A 基因（萼片）、A 基因和 B 基因（花瓣）、B 基因和 C 基因（雄蕊）和 C 基因（心皮）。但是，缺乏这些基因中的一种或另一种的突变植物可能会产生器官缺失或替换的花朵。例如，缺少 C 基因的植物只能产生萼片（A 基因单独表达）和花瓣（A 基因和 B 基因共同表达）。很容易看出，这种发育

▽ 桉树悬垂的树叶可以减少水分流失，而不是一面朝上，另一面朝下。

⊕ 在横截面上，桉树叶的两面在解剖学上是相同的，因为它们都暴露在相同的环境中。

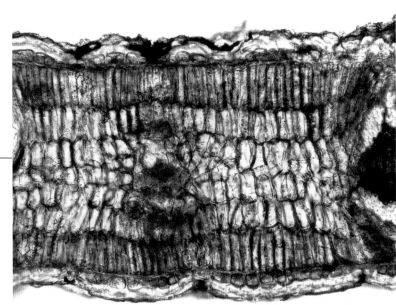

模式的不精确表达会产生园艺上受人喜爱的变异花型，例如重瓣玫瑰（*Rosa* spp.）和康乃馨（*Dianthus* spp.），它们都与其严格保持五枚花瓣的野生祖先类型截然不同。因此，A、B、C类基因的表达差异可以解释花结构中产生的大量变异。

叶发育的遗传学

另一组基因与叶发育有关。典型的叶有一个扁平的叶片，其上半部分和下半部分具有不同的细胞结构。通常叶的上半部分为细长的柱状细胞，被称为栅栏组织（palisade tissue），这是捕捉光线的最佳选择；下表皮上常有气孔，内部有海绵组织（spongy tissue）来吸收二氧化碳。我们现在知道，不同的基因集合决定了这些区域组织类型的一致性。如果海绵组织的基因失活，叶子的两半都会有细长的栅栏组织细胞；如果栅栏组织细胞的基因失活，叶子的两边都会是海绵组织。正是叶片上下两部分的基因相互作用决定了它的两侧对称性和扁平的形状，当一个基因缺失时，叶子呈针状，辐射对称。

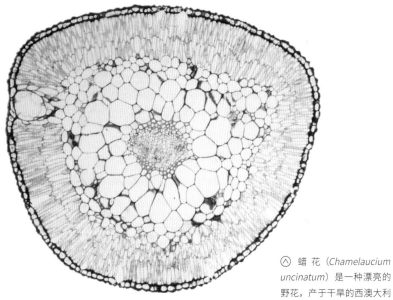

⊘ 蜡花（*Chamelaucium uncinatum*）是一种漂亮的野花，产于干旱的西澳大利亚，因其花的美丽和抗旱能力而被栽培。

⊙ 蜡花有针状的叶子，周围都是栅栏组织，整个表面都是"上层"结构。

遗传修饰

以叶为研究对象开展的基因实验帮助我们给出了自然界中发现的非典型叶的可能解释。桉树的叶子是等面叶，垂直悬挂，以最大限度地减少暴露在炎热的太阳下。因为它们不呈现"上"和"下"表面，所以叶的两半是相同的，都具有细长的栅栏组织。许多干旱植物都有圆柱形的叶子，这种结构降低了表面积与体积的比率，从而尽可能地减少了流向外界环境的水分损失。我们还不知道这些叶子的发育遗传学基础，但如果发现它伴随着类似基因的修饰，也就不足为奇了。

植物细胞、组织和器官

和 所有现存生物一样，植物是由细胞构成的。植物有许多不同类型的具有不同功能的植物细胞，这些细胞排列成具有特化功能的组织。一些细胞和组织类型仅出现在特定器官结构中，例如叶片中的捕光细胞，但其他类型的细胞在植物中随处可见。细胞本身只能通过显微镜来观察，但组织和组织系统在更大的尺度上是明显可见的，如木材、树皮和叶脉。

组织系统

在最基本的层次上，植物由 3 个广泛的组织系统组成：皮组织系统（dermal tissue system）、维管组织系统（vascular tissue system）和基本组织系统（ground tissue system）。皮组织系统，顾名思义，就是植物的"皮肤"。最简单的皮组织系统仅由一层细胞组成，覆盖了植物的整个表面，是植物和环境之间的主要屏障。它表面覆盖着一层蜡状的角质层，以防止植物中的水分流失，上面有气孔，以吸收空气中的二氧化碳，还经常膨胀出毛或刺状结构，作为抵御食草动物的第一道防线。

维管组织系统是植物的输导系统，负责在植物体内运输物质。木质部组织从土壤中吸收水分再将水分从根输送到叶子。韧皮部组织将光合作用产生的糖从叶片运输到生长区域或储存器官。维管系统包括茎中的木材和叶脉。

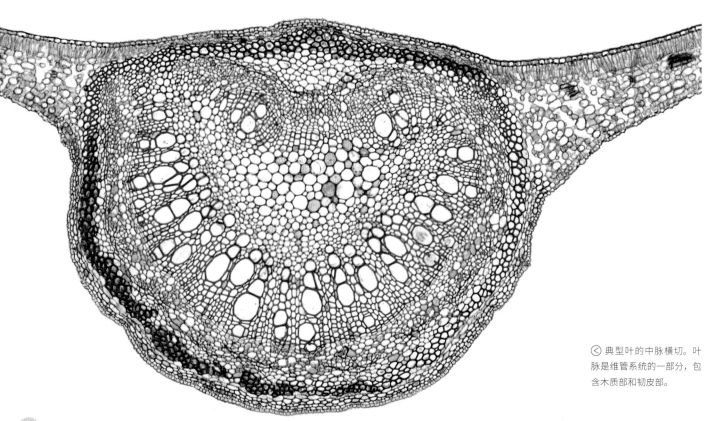

◁ 典型叶的中脉横切。叶脉是维管系统的一部分，包含木质部和韧皮部。

细胞壁

植物细胞壁的化学成分是决定其功能和质地的最重要特征之一。植物细胞主要由纤维素组成，纤维素是一种柔软、有弹性的材料。有些类型的细胞还会被木质素加厚，木质素是一种非常硬且缺乏弹性的材料，会使细胞壁变得坚硬。这些由木质素加固的细胞主要为植物提供结构支撑，并使植物的茎木质化。

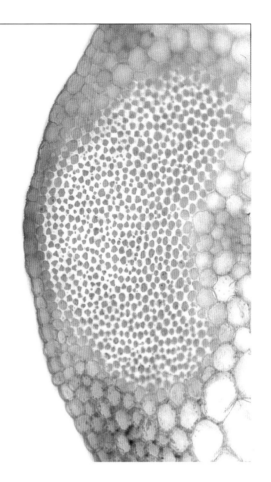

▷ 芹菜厚角组织束的横截面。这些狭长细胞的细胞壁被纤维素增厚，在新鲜切面上，纤维素呈珍珠白色。

◁ 芹菜茎上的脊状突起包含一束束的厚壁组织细胞，它们能够提供灵活的支撑。

植物的其余部分被称为基本组织系统，由简单的组织组成，这些组织主要起储存或结构支撑等作用。例如，土豆几乎全部由薄壁组织细胞组成，这些细胞中填充着大量淀粉颗粒作为食物储存，芹菜叶柄中的纤维是加厚的厚角组织细胞，可以为叶子提供灵活的结构支撑。

纤维素和木质素

芹菜叶柄上的丝状棱角是一束叫作厚角组织（collenchyma）的细胞。厚角细胞又长又细，它们的细胞壁角隅处发育出额外的纤维素增厚。纤维素是一种柔韧的材料，而厚角组织在植物需要柔性结构支撑的地方产生。当植物需要坚固的结构支撑或坚硬的质地时，它们会用木质素来增厚细胞壁。

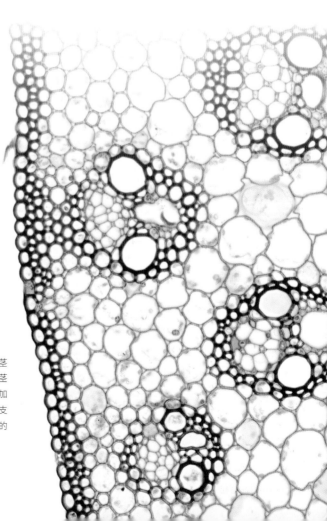

▷ 在玉米（Zea mays）茎中，维管束周围的细胞和茎最外层的细胞被木质素加厚，以提供坚固的结构支撑，即切片上被染成红色的部分。

植物生长：内部形态

一些大树是从极小的种子成长而来的。从桉树种子发育而来的小幼苗，根和茎都很小，只有两片叶，比高大的成年树形态简单得多。成年桉树的树干可以将树叶抬升到离地面 100 米的地方。那么幼苗是如何长成一棵树，又是怎样产生植物所有的细胞和组织的呢？

初生生长

植物从其顶端开始生长。幼嫩的茎尖和根尖处存在细胞不断分裂和增殖的区域，被称为顶端分生组织（apical meristem）。这些分生组织的细胞不断分裂，并产生新的子代细胞，这些子代细胞继而成熟发育成茎和根的组织，因此，顶端分生组织增加了茎和根的长度。顶端分生组织也被称为初生分生组织（primary meristem），从顶端分生组织产生的细胞和组织被称为初生生长（primary growth）。

▷ 向日葵（*Heliantus* sp.）茎的横切，显示环状维管束。茎中的所有组织都是初生组织，都由顶端分生组织产生。

▽ 鞘蕊花属（*Coleus*）植物茎尖的纵切面，显示顶端分生组织产生叶和茎的初生分生组织。

次生生长

茎的初生生长并不特别明显，通常直径还不到 5 毫米，往往比普通的铅笔细得多，毕竟，茎尖分生组织的主要功能是使植株更高。但随着植物长大，必须从根部向上给越来越多的叶子运输水分，也需要向下给日益增长的根系提供必需的糖分，因此需要的运力远远超过狭窄的主茎的容量。为了克服这一限制，植物发育了另一种类型的分生组织，即维管形成层（vascular cambium），它为茎提供了更多的维管组织。维管形成层在茎中呈圆柱形，它向内产生新的木质部（xylem），向外产生新的韧皮部（phloem）。维管形成层的木质部是树干的木材，随着木质部的积累，树枝或树干的直径和周长都会增加，正如顶端分生组织让茎长高，维管形成层使茎增粗。

随着茎本身不断变粗，植物原有的表皮会

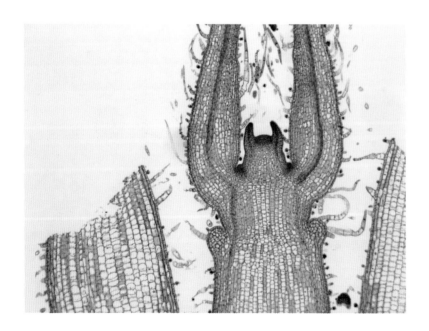

软木塞的由来

木栓的细胞壁上积累有大量的软木脂，这是一种不透水物质，在茎的外面起到保护作用。这也是葡萄酒装在瓶子不会洒出来的原因。葡萄酒的软木塞是由欧洲栓皮栎（*Quercus suber*）的外层树皮制成的。这种外层树皮可以持续收获：只要韧皮部和维管形成层保持完好，新的木栓分生组织就会从韧皮部再生出来。

◁ 刚从欧洲栓皮栎树上剥下来的树皮。

逐渐伸开，最终被撑破，取而代之的是木栓层（cork），这是由细胞构成的不透水的区域，最终形成树皮。维管形成层和木栓形成层（cork meristem）被称为次生分生组织（secondary meristem），由它们分裂而成的木材和树皮是次生生长（secondary growth）。类似的情况也发生在根部。

当茎变得像铅笔一样木质化时，组成它的所有组织几乎都是由次生生长产生的；少量的初生生长要么与树皮一起脱落，要么被压入木材中心。

▷ 银杏幼茎的早期次生的横切。可以看到在其内部形成了一层木材，最外层的细胞发育成周皮。

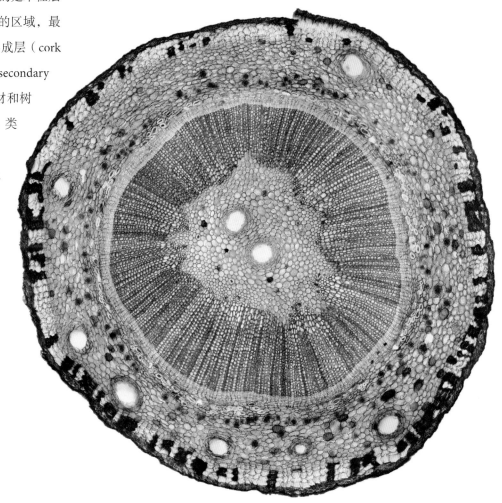

植物生长：外部形态

我们已经知道茎的顶端分生组织对茎的伸长和植物早期细胞和组织的发育至关重要。不仅如此，顶端分生组织对植物的外部形态构建也起着重要的作用。

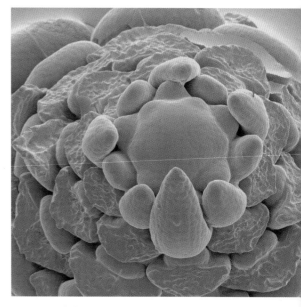

├─────── 200 μm

⟨ 火祭（*Crassula capella*）产生成对的叶子，每对叶子与前一对成90°角。

⟨ 向日葵小花的几何排列反映了它们在顶端分生组织的精确定位。

叶的发育

叶最初在靠近顶端的分生组织一侧发育成被称为叶原基（primordia）的小突起。在最初阶段，它们紧密但精确地围绕着顶端，而随着茎的生长，它们按照一定规律伸展到最终位置，但这些位置并不是随机排列的。这种精确的叶片排列方式被称为叶序（phyllotaxy），虽然植物中有许多不同的叶序模式，但它们都是由枝条尖端叶原基的位置决定的。

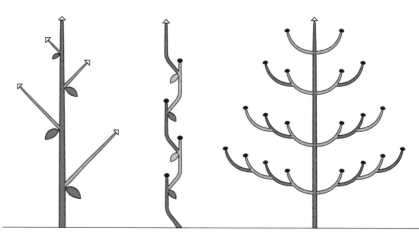

单轴　　　　　　　合轴　　　　　　　费格林德模型

结构模型

新的枝条是从叶腋（叶和茎之间的夹角）中形成的芽产生的，这些枝条有顶端分生组织，可以产生自己的叶子。因此，叶的排列方式和枝条的腋生性质综合决定并限制了枝条的结构。

然而，并不是所有的腋芽都会立即长出枝条。一些腋芽败育；另一些继续处于休眠状态，只有在主枝受损时才会生长；还有一些发育成花芽。特定的部分芽的发育是在整个植物的水平上预先决定的，这样的生长模式就使得我们可以相应地预测植物的整体结构。因为芽的发育相对较简单，所以植物整体结构的变异范围十分有限。事实上，地球上虽然有近40万种植物，但它们只有27种不同的结构模型。

黄金角度

叶会在茎上按照固定的叶序精确排列，这一顺序早在顶端分生组织产生的时候就已经确定了。最常见的排列方式之一是螺旋形排列，每片连续的叶子之间的夹角为137.5°（被称为黄金角度），符合数学上的斐波那契序列——以12世纪一位意大利数学家的名字命名。这个序列近似对数螺线的形状，这是自然界中常见的形状——公羊角的形状、蜗牛壳的螺旋形状、老虎爪子的曲线等。它是唯一一个在体积增加时仍能保持其形状的螺旋形状，也是生长中的有机体的一个重要特征。

▷ 叶序最容易在茎节间很短的植物中看到。

单轴与合轴生长

大多数枝条都是从位于茎顶的顶端分生组织中不断生长出来的，整个茎的长度都是这个分生组织的产物，这种生长方式称为单轴生长（monopodial growth）。然而，其他的枝条有生长的顶端，但生长有限——它们会产生一段茎，然后停止生长（通常终止于一朵花），并被从下面形成另一段茎的分枝所取代，以此类推。这种方式称为合轴生长（sympodial growth），这两种类型的生长可以在同一植物中出现。例如，单轴生长的主干和合轴生长的侧枝是费格林德模型（Fagerlind's model）的基础。

植物形态与分类

生 物学中有一个我们非常熟悉的观念：亲缘关系近的有机体往往具有相似的结构，而且有机体关系越密切，彼此之间就越相似。从演化的角度来看，这意味着这种关系越紧密，物种间分道扬镳的时间就越短。事实上，我们可以利用生物体之间的相似性来推断其亲缘关系。

⑦ 飞蓬属（*Erigeron* spp.）是菊科的成员，其花序上既有在周围辐射排列的紫色小花，也有排列在中央的黄色管状小花。

典型特征

在植物分类中，如裸子植物和被子植物，首先就是把它们进一步分到对应的目、科和属。例如，所有种类的苹果都属于苹果属，所有种类的梨都属于梨属。苹果和梨都属于蔷薇科（Rosaceae），而蔷薇科又被归为蔷薇目。梨和苹果的花果在结构上十分相似，反映了它们之间的密切关系。在植物的分类中，科一级的典型特征是最容易识别的。

当涉及关键的关系时，球花和花等生殖结构的特征要比叶等营养器官或生活型等特征更加可靠。这一方面很可能是因为营养器官始终

存在，并且适应了该物种所偏爱的特定环境。另一方面，花寿命较短，只在生命周期的某些时间出现，因此自然选择的力量不足以在如此大的程度上加以修改。

豆科和菊科

豆科（Fabaceae）和菊科（Asteraceae）是两个花结构非常统一但营养器官形态变化极大的科。豆科又称蝶形花科（Papilionaceae），表明其命名与花的形状有关，拉丁语"papilio"就是"蝴蝶"的意思。

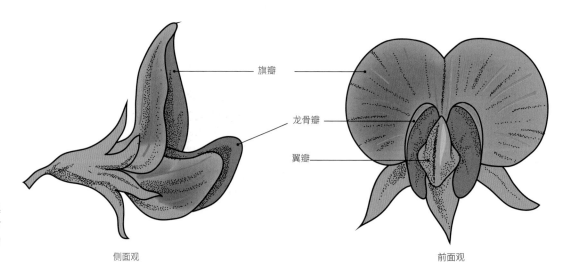

⊘ 所有的豆科植物花都具有同样的结构：它们两侧对称，花瓣结构相同，果实为荚果。

旗瓣

龙骨瓣

翼瓣

侧面观

前面观

该科植物的花朵形态非常一致，5个花瓣分别为一枚旗瓣、2枚翼瓣和2枚融合在一起的龙骨瓣，这种排列使整个结构呈现出两侧对称的样式。雄蕊10枚，其中通常有9枚合生成管，另一枚单生。花的中央具单心皮（雌性部分），最终发育成荚果，豌豆和豆角就是典型的豆科植物。然而，这些植物本身差异很大，从匍匐于地面生长的小草本，到藤本植物和长有小而多刺叶子的干旱灌木，再到热带雨林中的高大乔木，应有尽有。

菊科植物的花很小，紧密地聚集排列成簇，被纸质的、肉质的或带刺的苞片包围。这簇小花共同组成了一个花序（inflorescence），整体上作为一个连贯单位展示给传粉者，所以它的功能等同于其他植物的一朵花。一般的菊科植物花序上有两种不同类型的小花（尽管有些只有一种小花）：花瓣状的舌状花，通常辐射状排列在花序外围；而更多的管状花位于中心。菊科植物的生活习性也与豆科植物类似，从小草本到大乔木，其间也有灌木和攀缘植物。尽管如此，这种花序类型始终保持一致——事实上，菊科更早的学名"Compositae"就是以其典型的头状花序命名的。

△ 通过将它们的花聚集成花序，菊科植物将花更有效地展示给传粉者。

▽ 菊科金槌花属（*Craspedia* spp.）植物的花序中只有管状小花。

◁ 草本的白三叶（*Trifolim repens*，左）和灌木状的高山冬青豆（*Podolobium alpestre*，右）生活习性非常不同，但都有典型的蝶形花。

由于极端功能和生境而改变的外形

一些植物为了适应不同的环境会演化出非常极端的结构特征，这往往会让人们觉得有些不可思议。有时，只有一个器官受到影响，但在其他一些情形下整个植物都发生了极大的改变。在寄生植物和适应水生环境的植物中，常常会出现一些典型的例子。

怪异且精彩

为了适应特定的生境，植物器官结构发生变化的情形十分常见。例如，许多植物科中都有一些特别擅长贮藏能量和储水的肉质植物。即使是最不常见的仙人掌，我们也能辨认出其肉质的桶形茎，特化成刺的叶子以及从顶端分生组织中长出的腋芽和相关的原基。换句话说，虽然它们外形很奇怪，但我们仍可以用正常的框架来解释它们。相反，许多寄生植物似乎已经抛弃了它们的一些典型结构，并在部分或整体上发展出了一个全新的形态，以适应它们改变后的生存要求。

微小的奇迹

浮萍属（*Lemna*）和无根萍属（*Wolffia*）是被子植物中最小的两个属。它们是生活在静止淡水环境中自由漂浮的水生植物，其微小的体积和简单的结构使它们很难用经典体系加以解释。每棵植物都由一个小的椭圆模块组成，被称为"叶"（*frond*），它从特殊的生长区域生发出新的模块。它的一条主根没入水中，大多数情况下通过营养繁殖不断产生新的个体，但如果环境条件适宜，也会产生单雄蕊或心皮组成的花进行有性生殖。

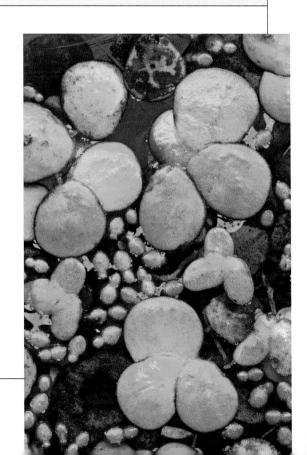

▷浮萍（大）和无根萍（小）漂浮在水面。

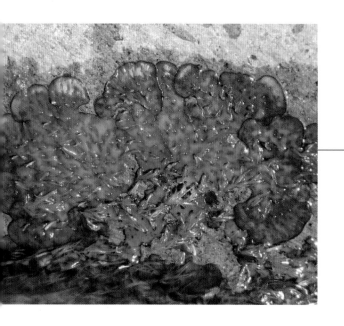

秘密身份

川苔草科（Podostemaceae）植物常附着在水流湍急的溪流岩石上。它们是叶状体（thalloid）—— 换句话说，它们有一个无定形的身体，没有分化成茎和叶 —— 与被子植物相比，它们更像苔类植物。它们的根系也不同寻常，能像海藻一样把植物体粘在岩石上。只有在水位下降、生境暴露的情况下，川苔草科植物才会开花，彰显其为开花植物。

寄生植物

桑寄生科（Loranthaceae）和檀香科（Santalaceae）植物中有很多都过着寄生生活，它们的种子通过鸟类传播到其他树木的树枝上。种子发芽后，并不产生根系，而是发育出一种被称为吸器的结构，这种结构穿透宿主的枝条并与维管组织相连。通过这种方式，寄生植物直接从宿主那里获得水分。正常情况下，寄生植物和宿主可以共存，但寄生植物的大量寄生可能会杀死宿主植物。但是在澳大利亚，极端干旱的环境会杀死寄生植物，而宿主植物例如桉树和金合欢却能存活，因为它们的细胞能够更好地应对极端的水分胁迫。

在其他方面，寄生植物的枝条由正常的茎和叶组成，但许多种类表现出一种奇怪的拟态，即它们的叶子在外观上与宿主植物十分相似。对这一现象的一种解释是，这使得食草动物很难区分哪些是美味的寄生植物叶，哪些是难吃的宿主植物叶。

⑦ 灰龙须寄生（*Amyema quandang*）寄生在几种金合欢（*Acacia* spp.）树上。它的叶子在形状和颜色上与许多寄主植物的叶子十分相似。

▷ 白果槲寄生（*Viscum album*）寄生在苹果树的树枝上，其吸器可以侵入寄主植物的维管组织。

克服限制

植 物的功能受其结构的制约，结构又受其发育的制约。事实上，植物登陆陆地的历史是一段结构不断复杂化的发展历史，它们不断以更新更好的方式适应陆地环境。但有时，植物会发现自己所处的演化路径损害了它们的某些能力，在这种情况下，它们既可以适应新的限制条件，也可以找到克服这些限制的方法。

乔木状的单子叶植物

在典型的树木中，如巨杉或白蜡树，位于枝条顶端的顶端分生组织会产生一根纤细的茎。随着植物的个头越来越大，长出的叶子越来越多，树冠就需要从根部获得越来越多的水分，而不断壮大的根系也需要从叶片光合作用中获得更多的营养。为了增加茎的运输能力，植物产生了维管形成层这种分生组织，可以产生新的输导组织——木质部和韧皮部。维管形成层产生的组织被称为次生生长，它保障了木质化的茎维持冠层和根之间的联系的功能。

但在被子植物中，有一大类已经丢失了产

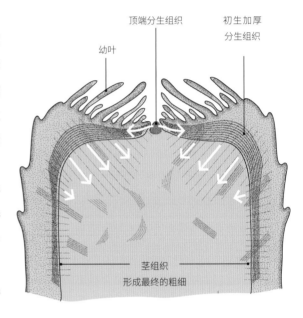

生维管形成层的能力，那就是单子叶植物，例如禾草、百合和兰花。因为它们没有长出木质化的茎，所以总体而言，它们是相对较小的草本植物。虽然一些单子叶植物缺乏维管形成层，也不能通过次生生长增加其输导组织，但它们确实能发育成大型的乔木。在这些乔木状单子叶植物中，最典型的是棕榈和露兜树（*Pandanus* spp.），它们通过一系列巧妙的特征联合解决了输导问题。

▷ 棕榈顶端分生组织产生一个广泛的组织区，即初生加厚分生组织，然后产生茎的细胞和组织。

▽ 棕榈树虽然缺乏维管形成层，但却发育成乔木状，长出粗壮的树干。

顶端分生组织

初生加厚分生组织

幼叶

茎组织
形成最终的粗细

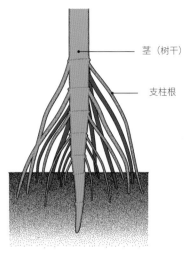
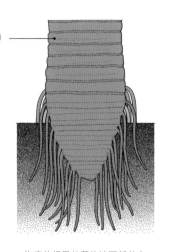

茎（树干）

支柱根

有些棕榈可以产生支撑植物的支柱根，绕过较细的茎基部。

海枣的根是从茎的地下部分产生的。

棕榈科植物用若干种方法来弥补它们的幼茎无法增粗的不足。

左上角：竹马刺椰（Verschaffeltia splendida）有支撑树干的支柱根，绕过较细的茎基部。

右上角：海枣的根是从茎的地下部分产生的。

玉米的支柱根从茎节上长出来，将植物固定在地面上。

输导解决方案

当棕榈树幼苗从种子中萌发时，它具有典型的顶端分生组织，产生一条纤细的茎。但是随着幼苗的生长，紧接在生长顶端下面的区域变宽成为一个新的生长区域，被称为初生加厚分生组织（primary thickening meristem），继续向下产生一条越来越粗的茎。在一些棕榈树中，茎端的分生组织直径最终可以达到 30 厘米，产生棕榈树常见的粗茎。

然而，这种方案仍然有一个内在的限制：当幼苗很小、顶端分生组织很细时产生的茎的初生部分仍然很纤细，这部分茎没有二次增厚的机制，上面粗壮的茎无法与下面的根保持足够强度的连接。因此，棕榈树舍弃了正常的主根系统，直接从茎部产生新根。当这些根出现在茎的上部时，它们直接绕过较细的下部区域，从土壤中将水输送到茎的较粗部分。在一些棕榈和露兜树中，根长在地面以上，形成壮观的支柱根，同时提供结构支撑——有时甚至将植物的其余部分托举在半空中。在其他棕榈科植物中，如海枣（Phoenix dactylifera）和椰子（Cocos nucifera），幼苗顶端在出土之前就完成了加粗的过程，而不定根大多是从茎的地下部分生长出来的。

支撑单子叶植物

由于维管形成层的缺失，所有的单子叶植物都无法维持主根和主茎的连续性。所有的单子叶植物都放弃了主根，而选择从茎节处产生不定根来解决这个问题。较小的禾本科植物有一团纤维状的须根系，但在较大的禾本科（Poaceae）植物中，如玉米，可以清楚地从茎的基部节上看到不定根。

2

根

根通常是植物体研究中不足的那部分。由于它们生长在地下的自然属性，人们对其产生了一种"眼不见，心不烦"的态度，但研究者们也通过寻求更多具有创造性的技术方法，试图克服了解这一研究对象的重重困难。

然而，植物的根和它们在地下所作出的贡献值得被铭记。和地上部分的叶子一样，根常常通过一系列独特的适应环境的方式为植物提供其所必需的资源。但与叶不同的是，在许多情况下，根可以通过生长、化学反应以及与其他生物的相互作用直接改变它们所处的环境，使土壤环境成为肉眼看不见的生机勃勃的活动中心。

我们对根的深入理解——包括它们所处的位置（并不总是如你所想）、它们所执行的功能，以及它们如何适应周围环境——将让我们对这种重要的植物器官刮目相看。

根的目的

根 承担起植物体必需的功能，包括吸收、储存资源以及固定在基质上等。在过去的数亿年里，它们从地下根状茎演化而来，漫长的适应性演化使它们可以更有效地适应环境。目前的研究发现，陆生植物的根可以适应多种多样的生境，这可以帮助我们理解这样充满竞争和异质性的环境究竟是如何影响根的形态和生理特征，进而实现一种或多种功能的。

根的演化

距今 4.16 亿—3.58 亿年前的泥盆纪期间，统治陆地的植物经历了巨大的变化。特别是根的演化影响了养分循环和土壤的形成，从而影响了植物的演化发育和扩张。化石记录中最早的"根"是发现于苏格兰的力氏羊角蕨（*Horneophyton lignieri*）和 *Nothia aphylla*，据估计它们已有超过 4 亿年的历史。这些早期的结构很可能不是真正的根，而是假根，即从根状茎或地下茎伸出的单细胞突起。事实上，大多数早期的根结构似乎就是从地下或匍匐于地面生长的茎中产生的，在生理上执行根的功能。相反，真正的根是由中柱鞘、根冠以及内皮层

和原生中柱共同组成的。在现存的苔藓植物中，其配子体阶段仍能发现假根，虽然它们缺乏真正的维管组织，但它们的功能与根相似。有趣的是，调控苔藓类假根发育的基因与调控维管植物孢子体阶段（多细胞世代）根毛形成的基因网络十分相似。

随着时间的推移，出现了新的更高大的维管植物，除了运输和吸收外，各种各样类型的根也在不断演化以满足新的功能需求。由于根的化石记录很少，因此很难得到这一演化过程的清晰时间表。然而，随着根的演化和植物体积的增大，特别是随着史前的如瓦蒂萨属（*Wattieza*）和古羊齿属这类乔木的不断演化，根的生物量随之不断增加，它们通过有机酸的分泌和对碳的固定，极大地促进了土壤的形成和风化。

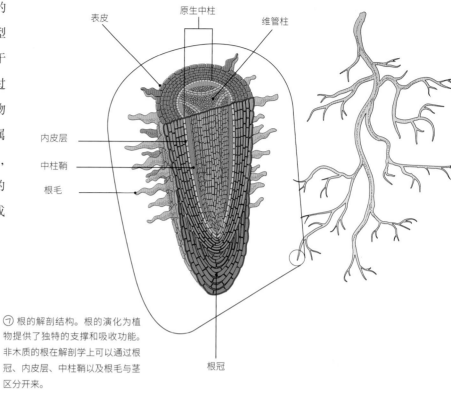

表皮　　原生中柱　　维管柱

内皮层

中柱鞘

根毛

根冠

⑦ 根的解剖结构。根的演化为植物提供了独特的支持和吸收功能。非木质的根在解剖学上可以通过根冠、内皮层、中柱鞘以及根毛与茎区分开来。

假根 —— 并非真正的根

虽然假根的起源十分古老，但它在现存非维管植物中仍然很常见，例如藓类、苔类和角苔类植物。首先，假根的作用是将植物固定在基质上，同时产生分枝、分泌黏性物质并向特定方向生长。此外，尽管苔藓植物一般通过地上部分直接吸收大部分水分，但其假根也很可能通过毛细作用参与了水分的吸收。类似地，其他养分也主要通过降水和空气中微粒的沉积被整个植物体吸收。

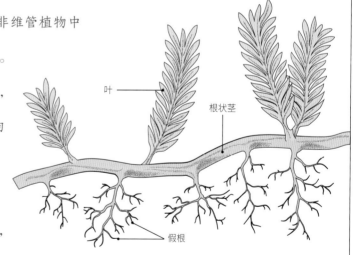

叶

根状茎

假根

⋀ 假根的进化发展。不形成真根的植物，其植物和基质的界面上的丝状细胞也可以形成类似根状结构的分枝。

根的多种功能

对于那些不研究根的人来说，根可能仅仅就是根而已。然而，根系是由众多不同类型的根组成的，发挥多种功能。根又可以分为粗根和细根，粗根主要起到稳定、储存和运输的作用，而细根是根系最远端（远离中心）的部分，主要参与水分和养分的吸收过程。

施加在树干上的力被转移到根部，从而改变了根系的生长模式。为了在不平衡的环境中保持稳定，植物需要调整整个根系。

强调粗根对固着的重要性似乎是老生常谈，但从生态学角度来说，这一功能是通过若干复杂的根系特征指标来实现的，包括抗剪强度、分枝角度、根系长度以及次生加厚量等。为了建立一个能够耐受连根拔起的"强大"根系，植物必须投入大量的碳。换言之，强壮的根系是要付出代价的。

但在很多情况下，植物为保持直立所付出的代价是值得的。例如，生长在坡上的树木必须确保其根系有适当的支撑以免滚下斜坡。事实上，在这种情况下树木会改变根系的形状，使其变得更不对称，而在这种不平衡的情况下，树木会同时向上坡和下坡方向增加根系数量，从而提升其稳定性。

石松门：为扎根而生的茎

石松类植物是一类现存的古老植物，石松就是它们当中的代表。令人难以置信的是，这类植物非凡的史前祖先竟然可以长到约50米高，与我们今天所熟悉的15～50厘米高的小型草本截然不同。它们的寿命很短，往往是10～15年，加上它们的身材高大，促成了煤层的产生。化石证据表明，史前石松类植物具有一种非同寻常的"根系"，被称为根状体（rhizomorph）。虽然石松化石保存得不甚完好使得人们很难定论，争议纷纷，但基于相似的茎和根状体的解剖结构，有一种假说认为根状体实际上是一种承担根系功能的具分支的茎。最近在现存物种的根状体和它们的根轴中发现了存在向重力性（gravitropism，向重力的方向生长）的证据，使上述假说重新成为人们关注的焦点。

鳞木属（*Lepidodendron* sp.）植物上的"根"的印痕化石，距今3.6亿—2.86亿年前。这些疤痕代表了小"根"附着在"根"上的区域，就像刷子上的刷毛。

粗根也可以很好地运输和储存由细根从整个土壤剖面中获得的水和养分。相互连通的木质部和韧皮部细胞贯穿整个植株，可将水分和营养资源从根系运送至枝条，甚至从一部分根分配给其他根，实现内部水分的再分配。在较大的木质根中，解剖结构可能会发生变化，比如长时间的干旱时，为了保护树木免于死亡，根会产生直径较细的木质部细胞。

在整个根系中，最细的根只负责吸收水分和养分。控制水从土壤进入根的膜具有高度渗透性，利于水分大规模地被动转运。然而，并不是所有的根系都能获得相同多的水分。根的年龄、木栓质（一种蜡状物质）含量以及与土壤的联系等因素都会极大地影响植物吸收水分的能力。另一方面，溶质或营养物质的吸收直接由植物新陈代谢来驱动，在很大程度上受植物本身控制。

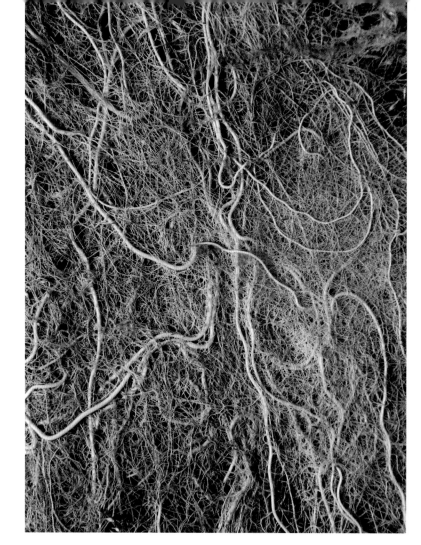

为了生长、繁殖和维持正常的功能，所有植物都需要营养。当养分被植物吸收时，它们在土壤中的浓度自然就下降了，由此形成一种梯度，促使养分从土壤中较高浓度区域向根系外侧较低浓度区域扩散。根表面的特殊蛋白质将营养物质输送到根中，不同物种所需的蛋白质种类也是不同的，营养物质的吸收本身可能是一个相当复杂的过程，这取决于蛋白质的调节、营养物质的浓度和土壤的性质。土壤中养分浓度越高的区域，其根系的产生量越大和养分吸收速率越高，以使根系的生理变化可以更好地利用这些资源。

◇ 根系由不同类型和大小的根组成，为植物提供多种功能。在同一根系内，根直径的细微差别意味着功能上存在巨大差异。

◇ 地上和地下器官之间的复杂联系调节着植物的多种功能，如养分和水分的吸收。粗根和细根的功能特性有助于植物对土壤环境的适应。

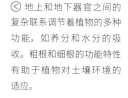

根毛

根毛由单个表皮细胞延伸而成，它们的细胞壁非常薄，因此可与环境紧密接触，是保持气体交换、水和养分吸收的理想场所。此外，根毛的直径较小，这使它们能够深入到粗根无法穿透的土壤区域，因此它们对于获取不易在土壤中扩散的营养成分更加重要。

∧ 萝卜（*Raphanus sativus*）胚根在发芽时产生浓密的根毛，增大与土壤接触的面积，从而提高养分和水分的吸收能力。

⑦ 萝卜发芽的彩色扫描电子显微照片，显示正在生长的根（胚根）和根毛。

生长介质的通气程度影响。将根毛浸入水中会严重缩短其寿命，通常会导致根毛解体。这可能就是为什么许多水生植物没有根毛的原因。

根毛的产生

虽然根毛有特殊的功能，但并非所有高等植物都有根毛。例如，大多数被子植物都有根毛，但裸子植物极少形成根毛，同时大多数水生植物几乎都没有根毛。此外，与外生菌根真菌共生的植物也不形成根毛，因为真菌可以包住整个根，盖住所有根毛。

在大量具有根毛的物种中，根毛的大小和数量可能有很大的差异。例如，一株植物可以产生多达 140 亿根根毛，但如果植物扎根于含磷量高、pH 值或土壤湿度低的土壤中，根毛根毛的数量就会急剧减少。根毛的形成也受

根毛的通道作用

根毛是微生物进入根系的主要场所。微生物感染此处一方面是由于根毛缺乏角质层或其他保护性的外层组织，另一方面也由于呼吸作用产生的氧气浓度高于根系的其他区域。固氮微生物就是通过根毛感染根的。当根毛被细菌感染后，会出现急弯或卷曲，形成所谓的"牧羊杖"结构，这是根毛对激素信号的一种反应。根毛被感染时的发育阶段不同，结构也各有不同。

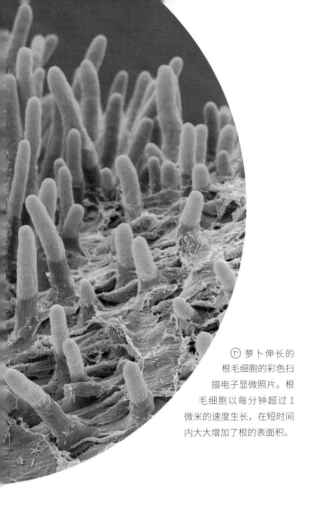

⊥萝卜伸长的根毛细胞的彩色扫描电子显微照片。根毛细胞以每分钟超过1微米的速度生长，在短时间内大大增加了根的表面积。

排根

排根（proteoid root），也被称为"根簇"（cluster root），它并不是根毛，而是非常紧密的具分枝的根，同时还被根毛覆盖。这种小范围内的根系增生大大增加了根系的表面积，因此就像根毛本身一样有助于养分的吸收。通常，排根能够通过分泌酸和水分改变土壤环境，从而促进土壤中营养物质的移动。植物缺铁是形成排根的主要原因。

演化的遗存还是特殊功能？

一些研究人员已经在根毛区发现了气孔，这种孔状结构通常出现在叶子上（见第158—159页）。由于气孔受光照、湿度和二氧化碳的影响，地下缺乏光照的条件会影响根部气孔的开闭，因此它们会一直保持开放状态。这些根毛区气孔的功能令人费解。从演化的背景来看，根毛与假根具有亲缘关系，这就意味着根毛区的气孔是一种退化的结构。通常情况下，这些气孔会随着根的年龄增长而消失，也可能是这些气孔在根系的成熟过程中促进了根毛区域内的气体交换。

▽针垫花（*Leucospermum cordifolium*）是一种原产于南非的灌木，它的根产生大量排根以适应非洲贫瘠的沙质土壤。

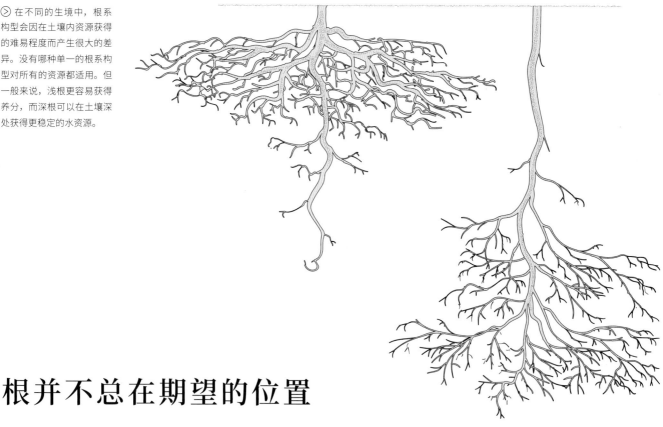

在不同的生境中，根系构型会因在土壤内资源获得的难易程度而产生很大的差异。没有哪种单一的根系构型对所有的资源都适用。但一般来说，浅根更容易获得养分，而深根可以在土壤深处获得更稳定的水资源。

根并不总在期望的位置

确定根的位置有时比预想的要复杂。一般来说，根通常都在资源（水和养分）较为充足的地方生长。但是，由于不同环境中的资源差异较大，所以根实际上是一个为利用资源而随时间变化的三维结构。例如，在干旱的环境中，水分在深处，根必须长得很深才能获得水。总体而言，根必须要去探索环境，这样才能更好地生长，优化资源摄取能力。

根的分支

根系构型是指根系的空间分布和分支模式（拓扑结构）。一种根系构型的产生主要由两种因素决定：一方面是基因序列的直接结果（内源性），另一方面是对生物和非生物环境的响应（外源性）。与动物不同，植物一生当中可以不断地产生新的器官，并根据环境的变化调整生长。因此，根系构型在种内和种间都会有很大的差异。

为了定量地分析根系构型，生物学家借用分形几何学（fractal geometry）的方法来描述根分支的排列方式。对根分支的方式进行标准化可以研究根对不同资源水平的响应方式，并且提供了一种比较分支结构和植物功能表现的方法。通常，用来量化根系构型的参数包括新侧根的生长角度、根系生长速度和根系发育的最大深度。仅凭这三个特征就可以预测根系的资源获取策略。通过将根系在三维空间的扩张

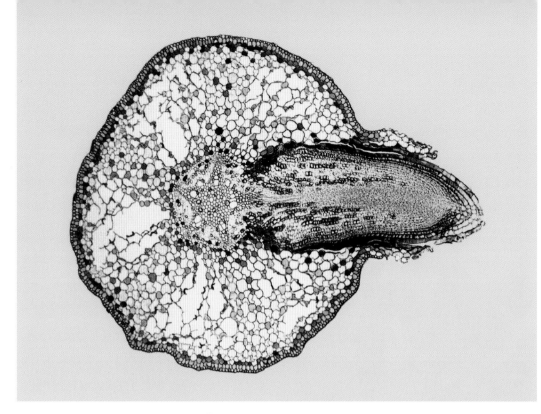

◇ 柳属植物（*Salix* sp.）根横切的彩色增强光学显微镜照片，显示侧根的发生。侧根起始的排列受到植物维管组织的严格调控。机械和化学因素可以改变根的发育，最终改变分支情况。

▽ 植物的生长有时十分机会主义，并倾向于在资源丰富的地区扎根，如图中的浅土层。土壤侵蚀暴露了这棵生长在城市中的树的浅根。

能力与已知的环境资源限制综合起来，就有可能确定根系获取水和养分的效率。

事关全球粮食供应

考虑到全球粮食供应的需求不断增加，科学家们正在不断努力，通过选择能够优化植物有效获取资源能力的性状来改良作物品种，这其中就包括根系构型。对于同一种作物而言，其根的生长和分支角度的自然变异可以使作物在世界上许多地区生长，而正是在这些地区，贫瘠的土壤和有限的肥料供应限制了人们获得食物的能力。但是为了优化面临多重压力的植物生长条件，田间环境有时需要不同的根系构型，这还需要科学家做更多更深入的研究。

根深及扩散

我们很难找到一个恰当的方式来概括所有植物一生中根的发育和扩散的共性。也许种子最初的萌发和第一条根的产生是一个较为普遍的特性，但在那之后就难以概括了。我们关于根的位置的大部分知识是通过对受控环境下盆栽植物的研究获得的。野外环境下大型的、破坏性的挖掘也会提供部分信息，但通常很难在土壤环境中精确定位根系位置。土壤的不均一性是决定根系生长位置的主要因素。一般来说，植物根系的很大一部分会集中在较浅的土层中，因为这是大多数生态系统中大部分养分所在的位置。

没有哪一种根系构型可以吸收土壤中的所有养分。有趣的是，菜豆（*Phaseolus vulgaris*）等物种不仅具备浅而长的根系以获取在土壤中不易移动的养分（如磷），而且与之相对的是，它还具有较深的根分支以更好地获取水分。木本植物的部分根系常常可以深入地表之下超 5 米深的位置。这些深根极大地满足了植物的日常用水需求，甚至有助于生态系统的水平衡。在一些极端的例子中，人们发现植物的根生长在深深的地下洞穴中（深达 20 米），这些洞穴通过地下水网为植物提供源源不断的水分供给。

水平的根系扩张也可以达到惊人的程度。例如，成年乔木的根系半径通常是树冠半径的 2~3 倍，这使它们能够在远离自己的立足之处找到潜在的、有利于根系生长的环境。在城市环境中，这种侧根的蔓延会给地下设施和下水道带来麻烦。就像上面提到的地下洞穴一样，植物的根可以在充满水的管道中生长，很快就会造成水流堵塞，给市政管理部门带来麻烦。

▽ 育种方面取得了重大进展，如菜豆通过改善根系构型可以应对热带地区的低土壤肥力。

根的生态位概念

植物间的竞争是人工和自然景观中普遍存在的现象。在地下根系相互作用的背景下，人们对植物之间资源的竞争或共享所产生的影响知之甚少。然而，有人认为根的位置及其与邻近植物的重叠程度是决定植物群落结构的主要因素。这种资源的竞争可以在植物根系生长的地方发挥作用，要么是为了避免竞争（即长在其他植物根系生长的地方以外），要么是为了获得充足的资源（即在有其他根系存在的情况下也能大量产生）。在一些植物群落中，植物会改变它们根的位置，向土壤深处移动，以减少与邻近物种的重叠。产自北美的多刺豚草（*Ambrosia dumosa*）以根的接触抑制而闻名，当一株个体的根与同一物种的另一个体根接触时，这种作用就会发生。如三齿团香木（*Larrea tridenta*）则更为极端，这种原产于北美沙漠的灌木会通过抑制根的伸长来完全阻止其根系向邻近同种个体的根系生长。

⑦ 地下洞穴可能是木本植物的主要水源。在墨西哥，藤本植物的根向下延伸，到达很深的水源之地。

▷ 如图中多种颜色的根系所示，在有多种植物的区域内，根系构型的差异在本质上导致了地下根系空间占用的差异。根系之间究竟如何依赖邻近根系的相近性和同一性实现相互作用，目前仍然未知。

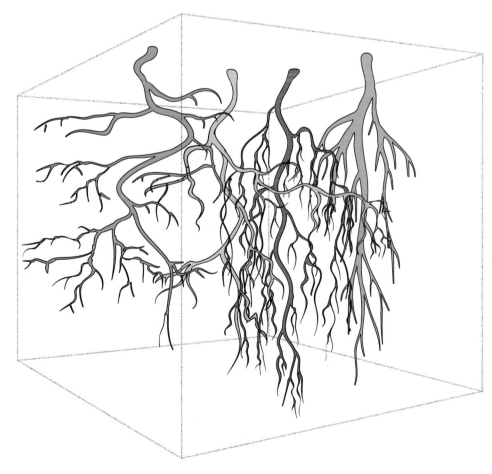

根系生长

根生长的速度取决于新根细胞产生和伸长的速度。根冠在决定根在土壤中的延伸方面起着重要的作用，甚至可以对非生物刺激做出反应。然而，为了让根系生长到新的土壤区域，它们必须对土壤施加压力。如果土壤的机械阻抗太大，那么根系会变得更粗而不是更长，这会抑制它们的探测能力。

◁ 这株甘蓝（*Brassica oler-acea*）由于土壤的机械阻抗太大，其根变得又粗又短。前面的球根上由真菌感染引起的棒状根症状也很明显。

△ 玉米初生的根尖和根冠。根冠可以保护生长中的根尖，减少它在土壤颗粒中受到的摩擦，有利于根尖向前延伸。

土壤中的机械阻抗

根系的建立是为了穿透土壤基质的阻力并为生长导航。这种土壤阻力很重要，因为如果没有它，植物保持直立的稳定性就会大大降低，特别是在有风的天气里。但是从某种意义上说，根也是"懒惰"的，它们通常会选择阻力最小的路径，从土壤的裂缝或大孔隙中穿过。为了让根系穿过密度更大的土壤，它们需要具备超过土壤阻力的压力。如果土壤阻碍根的生长，那么就会产生粗壮、发育不良和畸形的根。而如果根系不能正常生长和发育，其功能就会发生变化，进而导致植物地上生长受阻。

根系的螺旋生长

即使产生了新的细胞和黏液，根在致密土壤中的延伸也是困难重重。克服这一障碍的方法之一就是一边生长一边旋转。这与开瓶器的原理有点类似，根在土壤中会调节细胞的主动和被动生长，及时应对各种情况，避免可能遇到的任何障碍。有些植物的根在生长过程中会自然地呈螺旋状，这与基质密度无关，但有些植物的根在探测到重力并对重力做出反应时就会产生摆动。这些摆动是根两侧细胞生长速度不均等的结果。而如果植物从地球的一个半球移到另一个半球，它们的摆动方向不会改变，这可能与常识恰恰相反。

根冠在根生长中的作用

与茎不同，根的顶端有一团由活跃的分生组织分裂产生的细胞。这些细胞统称为根冠（root cap），主要在根尖穿过土壤基质时起保护作用。根冠通过分泌一种黏性物质（黏液）保护根，帮助它在土壤中延伸。但根冠也有其他功能，例如感知周围环境的信号。虽然关于这种信号感知的工作机制仍有许多不明，但是从根能够向水源方向生长、远离有毒金属等种种反应上看，它们的确能够根据根冠和外部刺激之间的相互作用改变生长方式。

当根在土壤中生长时，根冠的边缘细胞脱落，留下一层细胞鞘和黏液以保持根与土壤的接触，形成所谓的根际（rhizosphere，见第 88 页）。根系在生长的过程中，分生组织会不断地用新的细胞替换这些脱落的细胞，直到根系到达伸长阶段的末端。

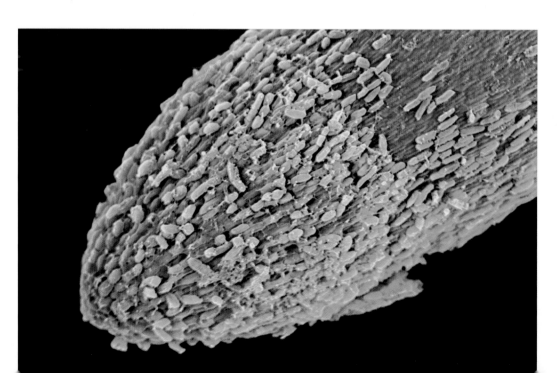

◁ 扫描电子显微镜下的玉米根冠，图中显示的是脱落的边缘细胞（放大 270 倍）。边缘细胞是新陈代谢活跃的细胞，帮助根系在土壤中延伸。这个根尖只长了几天。

◁ 仙人掌以其短命的根系而闻名。在雨季，仙人掌的根系会吸收水分，在干旱时期则会脱落。

▽ 乔木的根系与草本植物的根系差异很大。木质化的根显然有很长的寿命，在它们的产生和生长过程中，植物以木质素和木栓质这类次生化合物的形式投入大量的能量（碳）。

根的生长动态

植物体最远端的细根是最短命的根。当根产生时，它们的寿命和死亡的时间点对根系功能乃至整株植物的健康都有很大的影响。由于细根的初生生长简单，次生化合物含量低，随着年龄的增长，细根的退化速度要比木质化的粗根快很多，也更容易受到病原菌和植食生物的侵害。

根的寿命

最细的根的产量和寿命往往受内源因素（如直径、菌根共生体）和环境因素（如温度、土壤湿度、养分可获得性和根深等）两方面的影响，但这些因素的重要性和作用因物种和环境的不同而存在差异。一般来说，常绿植物的根系寿命最长，能活几年，而一年生植物和沙漠仙人掌的根系寿命极短，可能只有在降水充足的季节才会生长，以吸收水分。一般来说，具有菌根共生体的根（见第 82 页）拥有更长的寿命，这可能得益于根的营养缓冲和水分状况。

根的物候变化

无论是温带森林秋季的集中衰老，还是热带生态系统中的连续更替，人们判断树叶的生长和死亡都很容易。一方面，量化这些物候变化或生命周期中根对环境变量的响应，可以解释叶片碳收益（叶片通过光合作用产生能量的能力）的波动变化，即资源获取能力的波动变化。但另一方面，根系产生的时间和死亡率可能更难量化。某种程度上，根的产生和死亡是连续发生的，但是如果没有对根进行直接地观察，这些事件就很容易被忽视。虽然一些针对温带树种的研究已经发现，根部的产量和死亡率与叶片产量高度同步，具体表现为根系的生长扩散早于叶片，为叶片生长提供必要的水分和养分支持，但根部的产量和死亡率与植物地上、地下部分比例之间无明显的关联。

根衰老和死亡的一般规律

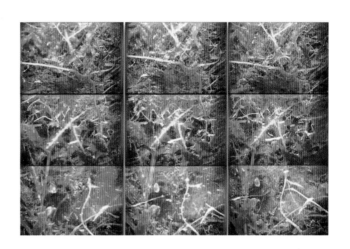

尽管人们对根的生命历程还不是很了解，但可以通过专门的地下摄像机系统来追踪最细的侧根的一生。机械和生物因素在其生命历程中起着直接的作用，可以增加或减少根的寿命，影响根对植物体养分和水分吸收的贡献。虽然已经有人建议应将植物生长速度与组织寿命结合起来一并探讨并提出了一些规律，但依然应该谨慎对待这一观点，因为这些假说主要基于对地上器官的观察，这些器官可能与地下的根部器官遵循不同的模式。

⟨△⟩ 一种专门的微型相机可以通过延时拍摄来捕捉根系图像，以研究根系的寿命。根系的寿命会影响植物的碳、水和营养循环。

作为地下贮藏器官的根

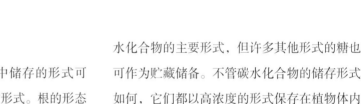

所有的植物器官都可以在一定程度上起贮藏的作用，为植物体的生长和生存储备基本的碳水化合物和水。在所有的植物器官中，根中的碳水化合物浓度最高，是极其重要的能量储备库。自然状态下，根储能量的积累和利用会有很大的波动，但在胁迫环境条件下，植物会迅速消耗根储能量以实现组织的修复或器官的再生。如果胁迫持续时间过长，根的储能量将会变得极低，这会对植物的生存造成不利影响。

水和碳水化合物的储存

宝贵的能量和养分在根中储存的形式可分为可溶和不可溶两种化合物形式。根的形态有些差异不明显（如苹果，*Malus domestica*），而也有一些形成了膨大的肉质根（如小丝兰，*Yucca glauca*）。淀粉是木本多年生植物贮藏碳水化合物的主要形式，但许多其他形式的糖也可作为贮藏储备。不管碳水化合物的储存形式如何，它们都以高浓度的形式保存在植物体内的薄壁组织细胞里。

蒲公英的根

药用蒲公英（*Taraxacum officinale*）是一种常见的草坪杂草，它在萌发后几周内就能长出很深的根作为碳水化合物的能量储存库。随着植物年龄的增长，根储存了大量的能量，很难根除。许多人在对付这类顽强的杂草时会不断地剪掉它的花，以减少扩散。事实上，秋天正是它们为了越冬向根大量运送养分之时，可以在此时进行遮阴或使用除草剂控制其生长，事实证明，这是更成功的杂草控制手段。

杂草物种通常较为顽固，因为它们可以在根系中储存大量的碳水化合物。因此，当只除去杂草地上部分时，植物仍能轻易地利用其根部的储备再生。农业上，对土地进行反复翻耕是一种效果较好的清除杂草的方法，因为这将迫使植物多次重新发芽，从而耗尽它们的能量储备，致其生长缺乏碳水化合物。

为了更好地储水，根中含有更多的蜡状木栓质，一旦吸水就能延缓水分的流失。这些特殊的根也能够膨大，因此在自然状态下大量吸水时可以防止细胞或组织由于肿胀而遭到破坏。

◁ 毛茛属植物（*Ranunculus* sp.）根皮层的薄壁细胞，含淀粉颗粒，紫色显色（放大 100 倍）。

▷ 许多对经济十分重要的粮食作物都具有储存大量碳水化合物的膨大根系。如图所示，木薯（*Manihot esculenta*）的根富含淀粉和其他碳水化合物。

肉质根

干旱环境中的植物根系必须承受温度和水分的大幅波动。一些耐旱植物在它们的根系中储存水分以应对这些限制。它们的一部分根系深度极浅，能确保接触到任何降水，然后把水储存在膨大多肉的根里，功能与许多仙人掌的肉质茎相似。在地下根部吸收并储存水分还有一个额外的好处，那就是可以避免阳光的直接照射，在那里水会保持较低的温度，不易蒸发。为了满足自己的需要，世界上最大的仙人掌——武伦柱（*Pachycereus pringlei*）可以长出 18 厘米粗的、存满水的肉质根。

▷ 在墨西哥下加利福尼亚，武伦柱在它们的根和茎中储存了大量的水。仙人掌（cactus）的名字来源于西班牙语 "cardo"，意思是 "蓟"。

不定根

根 有两种产生方式：一种在正常植物发育过程中由胚根形成；另一种不源于根，而是源于先前位置不确定的茎或叶等组织。这些来自胚根以外的器官产生的根，被称为不定根。化石记录表明，从演化的角度来看，植物最早形成的可能是地下不定根。虽然起源不同，但是根和不定根在功能上是相似的，这两种结构都为植物提供水分和营养。

⋀ 郁金香属植物（*Tulipa spp.*）在球茎的基部产生不定根。

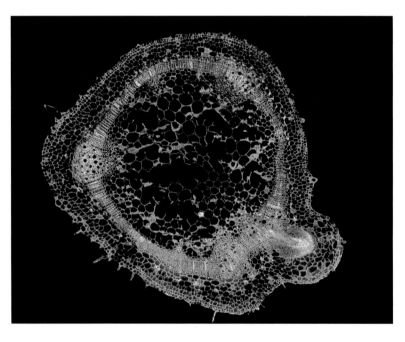

⋀ 番茄（*Lycopersicum esculentum*）茎的横截面，显示不定根的发育。番茄的不定根通常只在茎被埋在土中或遭受水淹时才发育。

陆生植物的不定根

现存的物种与早期的植物不同，不定根的形成通常只是对损伤的反应，且常暴露于地面上，并且在植物内部发生了更大的解剖学上的变化。地上根的形成显然对植物是有利的，因为这些根可以利用此前可能无法利用的新环境。然而，植物形成不定根的能力因物种的不同而不同，这些复杂变化主要取决于植物的年龄和组织类型。

根据一般经验，可以按能否形成不定根将植物分类，也可以按是否需要受伤刺激才能产生不定根对植物进行归类。

茎起源的不定根

最常见和最自然的不定根产生于枝条上的节处，以促进植物蔓延生长。常见的栽培物种如草莓（*Fragaria×ananassa*）和不受欢迎的杂草田旋花（*Convolvulus arvensis*）都是通过匍匐茎（地上水平生长的茎）或根状茎上的节大量生根的植物。

不定根的园艺优势

园艺学家利用植物细胞的再生能力，通过人为损伤促使植物形成新的不定根组织。植物繁殖技术可以通过控制植物激素（即生长素和细胞分裂素）的精细比例来诱导不定根。这些新根可以在植物的茎、叶柄甚至叶片上形成，可以快速、高效地产生大量新植株。许多园艺、林业和粮食作物都是用这种有根的插条来繁殖的。

不定根和攀缘植物

攀缘植物的不定根具有两种功能：将茎固定在垂直基质上和获取资源。在某些物种中，解剖学上的差异可以决定根的功能。例如，为植物提供营养和水分的根内部维管组织比负责固定支持的根更发达。像毒葛（*Rhus radicans*）这样的藤蔓植物在接触到适合攀爬的垂直表面时，会从茎上产生不定根来保护自己。这些根对它们所攀爬的表面没有伤害，但它们确实会产生有毒的漆酚化合物，而毒葛正是因这种化合物而臭名昭著。

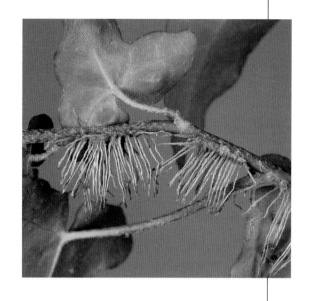

⚠️ 洋常春藤（*Hedera helix*）沿茎产生许多不定根，把自己牢牢附着在基质上。通过爬树，甚至爬建筑物，藤蔓能够获得更有利的光照条件。

⚠️ 棕榈树的根来源于树干，因此将它们归为不定根。如果产生大量的不定根，树干的基部经常会出现膨大，如图所示。

不定根和棕榈树

许多棕榈树的根系完全由不定根构成。根在茎的基部形成，地上和地下都有，而形成一个巨大、肿胀的结构。随着棕榈树不断长大，一轮轮的根从节处不断产生。如果没有遇到湿润的基质，根就会一直生长，直到生长条件更适宜才停止。最后当植物成熟时，就会形成成千上万的根。这种不定根可能是一种演化的生存手段。在许多棕榈树的天然分布区内，频繁变动的沙地或土壤平面十分常见，而大面积的不定根区可以从地面上几厘米延伸到几米之外，有助于它们在这些不利条件下生存。

根的适应

虽然土壤生境能让根在某种程度上免受极端环境的影响,但根在生长和发育过程中仍然受到许多限制和胁迫,如养分和水分的有效性、重金属的高浓度、极端温度、盐分增加和机械阻力等。根系为了适应各种胁迫因素,产生了许多独特的形态,这些形态有助于根系应对或逃离不利环境。

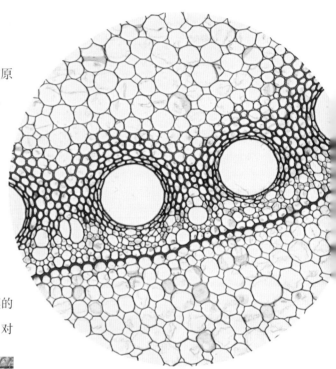

水 —— 过多或不足

土壤中的水分有效性遵循着"金发女孩原则",即适合的才是最好的(见第 150 页)。对于大多数植物来说,土壤的水分有效性必须恰到好处,过多或不足都是不利的。然而,频繁经历干旱或洪涝的植物已经演化出了应对机制。缺水的问题一般通过生理适应而不是形态适应来克服。对于许多植物来说,只要根系有一部分可以接触到水,那么由水势梯度驱动的被动内部转运就可以将水重新分配到位于干旱土壤的根中,从而帮助它们继续生存和发挥功能。对

▷ 扫描电子显微镜下,玉米根的横截面,显示内皮层。凯氏带(红线)是一层疏水细胞,参与水分调节,里面是维管组织(红色的圆形细胞)。

▽ 红树(*Rhizophora apiculata*)从茎和分枝上产生多个支柱根,像裙子一样在水环境中为树木提供支持。

于许多沙漠植物来说,根系的某些部分天生就是短命的,只有在水分更易获得的雨季才会重新生长。

同样地,过多的水也会给植物带来严重的后果。根系需要足够的氧气来进行细胞呼吸,但涝渍土壤中含氧量明显不足。因此,生活在容易发生洪涝灾害区域的植物,通常会从茎部产生不定根,以此将根系提升到水线以上。

行走的根

20 世纪 80 年代，人类学家约翰·博德利（John Bodley）和弗利·本森（Foley Benson）首先提出了这样的假设：在中美洲和南美洲发现的所谓"行走棕榈树"（*Socratea exorrhiza*）可以利用其不定根"行走"，迁移到更适宜的土壤或光照条件下。这些不定根的产生原本是为了提供稳定性，所以也被称为支柱根，然而据报道，它们还能让植物在空间上进行移动，帮助植物完成在被撞倒后重新直立等看似不可思议的壮举。然而，最近的研究推翻了这个说法。虽然这棵树可能只在树干的一边长出新根，但它仍然牢牢地被固定在原地。

▷ "行走棕榈树"的支柱根，这种生活在中美洲和南美洲雨林的植物曾被报道可以每年"行走"20 米。

温度

光和温度对植物的影响有时很难区分。但无论如何，这两种非生物（物理）因素的变化都会影响根的生长，考虑到气候变化将导致未来几十年内土壤温度逐渐升高，这一点就更为重要。在较冷的环境里，气温升高会让生长季延长，从而增加植物地上和地下的生长。然而，如果温度超过物种的最适宜温度，根系就会受到损伤，导致生长减缓。虽然根通常倾向于向温暖的土壤生长（正向热性），但在极端条件下可能发生负向热性，以避开过热的土壤。温度不适宜会导致根系发育不良，侧根减少。

呼吸根

许多红树林物种会产生呼吸根，能从水下垂直地长出水面。呼吸根的外侧周皮上有被称为皮孔（lenticel）的气体交换区，当水位低时，皮孔会打开，以供根部呼吸所需的氧气的吸收，当水位高时，皮孔会关闭，以防止水淹。

金属

土壤中的重金属会对根系造成各式各样的形态变化。其中，重金属含量过高带来的主要反应为根生长的萎缩和随之而来的根系发育不良，随后，根的直径通常会变大，产生更多的木栓质，即根的外表皮层的保护性蜡质层，侧根和根毛的产生也减少。总的来说，这些形态变化降低了根系的吸收能力，阻止了有毒金属在植物内的积累。

盐度

虽然根系在盐碱环境中生长似乎不太常见，但某些物种已经演化出了应对高盐环境的方法。然而，在某些情况下，根无法将盐从组织中排除，一旦盐进入植物，它就会进入叶片，并在叶肉细胞中被单独隔离出来。虽然植物可以忍受适量的盐分，但过量的盐分会对植物产生毒性。类似土壤中存在重金属的情形，植物在盐碱环境中也会产生更短、更厚的根。

海榄雌属（*Avicennia*）植物是一种红树类植物，它们栖息在淡水和海水混合的海岸线

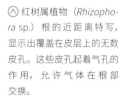

⊙ 红树属植物（*Rhizophora* sp.）根的近距离特写，显示出覆盖在皮层上的无数皮孔。这些皮孔起着气孔的作用，允许气体在根部交换。

▷ 红树属植物的气生根像通气管一样从沙子里伸出来，让一部分根至少在一天中的一部分时间里获得急需的氧气。

尽管左边的拟南芥外观不太健康，但它是自然地生长在受污染的土壤中，并且比右边的能更好地积累镉和锌。

上，产生了多种适应性演化使它们能够在如此恶劣的环境中生存。

红树可以将通过根系进入体内的盐分转移到老叶上，老叶随后脱落，从而将盐分从植物上去除。此外，它们可以通过减少幼嫩叶片上水分的蒸发来保存淡水。然而为了应对咸水环境，这些树所做的最令人印象深刻的适应性改变是它们的根。尽管它们经常会受到过量的盐和水的影响，但特殊的气生根使红树依然能够呼吸（见对页）。

向下深入

植物将根和贮藏器官埋在合适的土壤下有明显的优点。一方面，充分的根系固着可以保证植物的稳定性，另一方面还能保护植物免受极端温度和水分有效性波动的影响。为了潜入更深的地下，根系会收缩50%～70%，这样就能产生一种拉力，将地上的植物或贮藏结构（如鳞茎或球茎）拉到土壤深处。因为根的牵引部分靠近植物或球茎的基部，所以根尖和

根毛主要固定在原地，只有上面的部分被拉下来。此外，由于主根已经扫清了向下的主要障碍，所以它面临的阻力减小，从而能更加地深入地下。

风信子以及其他宿根植物，可以产生可收缩的根，帮助鳞茎深入土壤。

◁ 爪哇木棉（*Ceiba pentandra*）的气生根可以附着在许多基质上，包括人工建筑，图为建于 12 世纪的柬埔寨塔普伦寺。

气生根

气生根与地下生根在功能上没有区别，但它们形态更多样，以适应更干燥、更无依靠的环境。与在土壤中扎根的植物不同，那些攀缘或附着生活的植物必须从空气中或是高树冠上的分解物里获得资源，少数情况下，它们甚至要经过"长途旅行"到地面土壤中获取可用的资源。

▷ 作为附生植物，绞杀植物金榕树的生命始于树上。但是，正如它们的名字所暗示的那样，它们长得很快，长出的根可以抓住附近的其他植物。这些根可以完全包围它们的寄主，抑制寄主的生长，基本上是把寄主绞死。

藤蔓

藤本植物通常利用沿茎而生的不定根附着在树木表面或其他垂直的基质上。这些不定根可以帮助植物爬向遮阴较少的环境。与地下根系不同的是，这些攀缘植物的根系具有负向引力作用（向远离地面的方向生长），大多数情况下，它们从空气中获取水分和养分，这样被它们攀缘的植物受到的伤害相对较少。也许最极端的例子是绞杀植物金榕树（*Ficus aurea*），它原产于北美南部、中美洲和加勒比海。当这种附生植物的根最开始向地面延伸时，它们会缠绕在寄主植物的周围，在它们生长的过程中彼此融合。然而，绞杀植物金榕树的根长到地面之后，开始向四周扩张，在此之前寄主树还能自给自足，随后绞杀植物金榕树吸收养分的速度慢慢超过了寄主，最终导致寄主的死亡。

兰花和根被

⊼ 这根兰花藤上已经长出了一株新个体，被称为 keiki（来自夏威夷语，意思是"孩子"）。不定根在此基部生出。

▷ 兰花根的横截面显示了外层的根被细胞，当暴露在水里时，这些根被细胞就像海绵一样吸水。

很多种类的兰花都是附生植物，其气生根不仅能从空气中吸收水分和离子，还具有一层保护层和绝缘层。这一细胞层被称为根被（velamen），它能在几秒钟内吸收可利用的水分，并能将水分保持较长时间（通常是几个小时），这使得拥有充足水分的植物能在干燥环境中生存。此外，具有根被的根含有叶绿体，有助于植物通过光合作用获得碳。当根部干燥时，根被充满空气，看起来是白色的，但在湿润时，根被细胞充满水，呈半透明状，根看起来就是绿色的，从而暴露出它们内部所含有的叶绿素的细胞层。

附生植物的特化根

附生植物是指生长在另一种植物表面的植物，它们演化出令人眼花缭乱的特化根类型，这些根不仅可以用于附着在宿主之上，还可以在一些不同寻常的基质中捕获资源。这些植物的根可以捕获大气中的资源，例如来自降水的水分、悬浮在大气中的尘埃粒子、树冠中累积的腐烂植物枝叶，甚至是蚁巢、蚁粪乃至分解的蚂蚁尸体。大多数附生植物生长在热带或潮湿的环境中，这些环境为植物的生存提供了必要的水分。

一些附生植物的根有能力改变它们的功能，从固着根转变为具有更强吸收能力的根以获取有价值的资源。固着根，顾名思义就是把附生植物固定在基质上的根，其长度很短，功能也很简单。诸如此类的适应性使附生植物能在非常恶劣的环境中茁壮成长。

寄生根

（大）约 1% 的被子植物过着寄生生活，这意味着它们从寄主那里"窃取"了部分或全部的碳水化合物。其中约三分之二寄生在寄主的根上，其余三分之一寄生在茎上。这些寄生植物都利用一种被称为吸器（haustorium）的特化的根结构来附着和穿透寄主，将吸器与寄主的维管组织直接融合。因为寄生植物可以从它们的寄主那里掠夺光合作用产生的能量，所以它们通常缺乏叶绿素，从而呈现出各种各样的颜色。

外皮层根

寄生植物通过外皮层不定根刺穿寄主植物的茎。在解剖学上，外皮层根类似于茎，但它们仍然是无叶的，更重要的是，它们具有一个根冠，这是一个关键的将茎与根区分开来的解剖结构。通常，寄生植物在生命初始会生有初生根，它通过更传统的途径——土壤获取资源。随着寄生植物的生长，它产生的无数的外皮层根反过来又产生无数的吸器。当寄生植物沿着寄主表面生长时，吸器就能够穿透寄主。寄生植物只需要几个吸器，就会失去它的初生主根，从而失去与地面的联系。有趣的是，外皮层根的吸器只在与寄主接触的一侧发育，产生吸器的频率与寄主植物树皮的厚度和密度有关。

根寄生植物

根寄生植物的种子可以在土壤中休眠多年。寄主植物附近的化学信号可以诱导根寄生植物种子的萌发。这种化学信号是一种名为独脚金酮（strigloactone）的植物激素，植物利

⊳ 色彩鲜艳的橙色美洲菟丝子（*Cuscuta americana*），这是一种没有叶子的寄生植物，它通过产生与寄主维管组织相融合的根状吸器，在不接触土壤的情况下从寄主身上窃取养分。

⌄ 美洲菟丝子 3 个吸器的显微切片（上部橙色结构）。这是一种寄生的攀缘藤本植物，吸器侵染了寄主茎干。

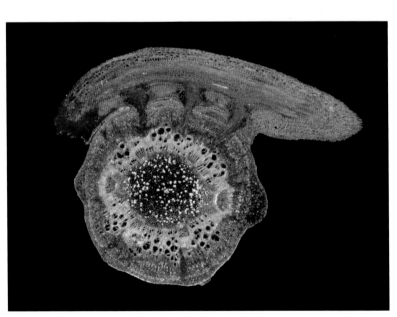

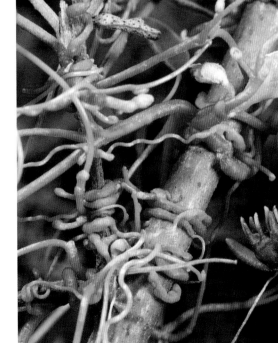

用这种激素与地下的真菌建立联系。然而，根寄生植物对独脚金酮也很敏感，并循着这一信号产生一条初生根，但它需要与寄主接触才能生存。如果发现一个寄主，寄生根将产生一种物质，使自身能够长时间地附着在寄主的根上，穿透内皮层。与其他寄生植物类似，与寄主维管组织的连通可以保证营养物质的转移。独脚金（*Striga asiatica*）是高粱（*Sorghum bicolor*）、水稻（*Oryza sativa*）和玉米等作物的著名根寄生植物，其利用水和光的速率高于寄主，可导致寄主生长速度严重下降。

▷ 独脚金属植物（*Striga sp.*）吸器的一部分消化了玉米根的表面，然后穿透玉米根。从识别寄主到接触寄主的皮层细胞，整个过程耗时不到72小时。

世界上最大的花是根寄生植物

寄生植物的植物体生长在寄主体内或体外的程度是各不相同的。在某些情况下，整个寄生植物体会隐藏在寄主植物内，只在开花时才出现，这种情况被称为内寄生（endophytic），指的是一种生物在另一种生物体内经历大部分生命周期而没有造成重大伤害的寄生现象。这些植物不进行光合作用，而是从寄主那里获得所有的碳。内寄生植物的花朵非常有趣和独特，它们的形状和大小多种多样，应有尽有，形似松果或是腐肉，最著名的例子当属大王花（*Rafflesia arnoldii*）。

△ 大王花是一种根寄生植物，其花的直径可以达到1米，通过模拟腐肉的颜色和气味吸引蝇类为其传粉。

根系协作

根 在土壤中与其他生物形成许多共生关系。菌根和根瘤菌是真菌和细菌中最普遍和被研究得最深入的类群。这些共生关系有助于植物从土壤中吸收营养和水分，就菌根而言，它们形成了一个地下真菌网络，将植物的根与其邻居连接起来。这些联系的好处超过了植物为之付出的碳成本，因此它们允许菌根的存在，以帮助自身获得更大的竞争优势，否则可能是不利的。

菌根

大多数种子植物会形成菌根与根的结合。简单来讲，可根据真菌生活在根中的位置将其分为两种类型。外生菌根（ectomycorrhizae），即真菌的长链营养体（菌丝）都位于根外，不进入根细胞，而对于内生菌根（endomycorrhizae）而言，其菌丝的大部分都生活于根内

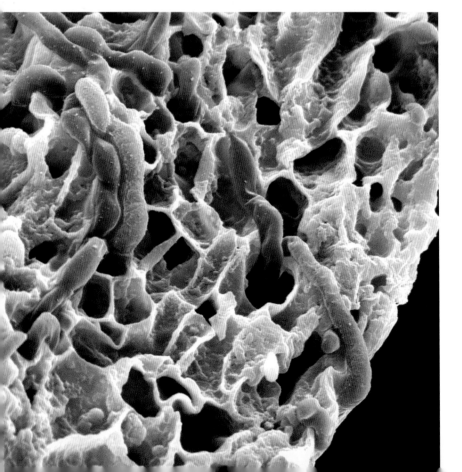

在这张彩色扫描电子显微照片中（放大2700倍），可以看到植物根皮层内的菌根菌丝（橙色）。真菌能够获得植物无法获得的营养物质，然后对它们进行加工处理并将其运输到根部。

部，真菌进入每个根细胞中进行营养交换，形成密切联系。根据植物种类的不同，一株植物可能只与单一真菌保持紧密联系，也可能兼有外生菌根和内生菌根等多种菌根联系。此外，这些菌根联系会随着植物的生长和环境的限制而改变。

外生菌根可以通过肉眼识别，如具有可见的菌丝鞘（也被称为外套膜），它包裹着植物根的顶端。部分菌丝确实能穿透表皮进入根，但随后只是围绕单个根细胞形成一个高度分枝的真菌网络，被称为哈氏网（Hartig net）。根与真菌的联系会导致根毛缺乏，由于菌丝鞘覆盖在根外，导致根尖看上去如肿胀一般，根的整体长度也会缩短，这很可能是由于真菌会优先选定生长缓慢的根。

内生菌根有几种类型，在某些情况下，它们对自己的宿主植物非常专一。丛枝菌根（arbuscular mycorrhizae）是最常见的，并与大约80%的植物种类有关。更特异的内生菌根包括杜鹃花科（Ericaceae）特有的杜鹃花菌根（ericoid mycorrhizae）以及兰花菌根（orchidaceous mycorrhizae）——兰花种子萌发特有的菌根。第三种菌根，被称为松柏类菌根（ecten-

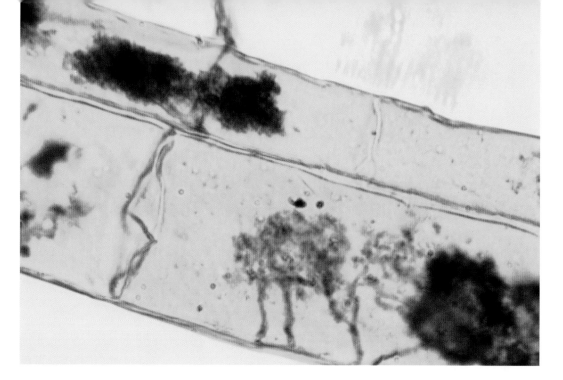

domycorrhizae），主要存在于松树、云杉和落叶松中。它们同时具有外生菌根和内生菌根的特征，菌丝体遍布植物组织的内外。

植物和真菌之间联系的建立是一个复杂的过程，至今仍未被完全研究清楚。根和真菌产生的化合物表明，特定的化学信号分子参与了最初的感染，它可以启动真菌孢子的萌发或诱导真菌菌丝分枝。同样，在感染过程中，根也会持续伸长分枝。

植物与菌根的共生关系给植物带来的益处一直是许多研究的重点。不管感染的类型如何，植物获得的收益一般是相同的，即通过广泛的地下菌丝网获得更多的营养。真菌菌丝能够达到单凭根系所不能达到的距离，例如外生菌根可到达几米之外，这为植物提供了获取土壤中扩散速度缓慢的养分（最明显的是磷）的途径。对于某些植物物种来说，菌根在它们整个生命周期中必不可少。然而，大多数情况下，植物和真菌之间的联系只在对植物有好处的生境中形成，如果根系统有足够且可获得的营养，菌根可能根本不会形成。最近，研究人员发现，菌丝网络在地下连接了多个植物体，从而形成了一个供碳和养分转移的网络。这一

发现足以让我们停下来思考，地下广泛而相互联系的环境以及菌丝网络在生态系统功能中的作用。

根瘤和固氮

　　固氮细菌是一种目前研究得比较充分的关于微生物与根之间相互作用的菌类。这种共生关系对植物来说非常重要，虽然许多细胞过程都需要氮元素的参与，但氮是大多数物种的限制因素。根瘤菌是一种负责帮助植物固定大气中的氮的土壤细菌，在识别出特定的化学信号后，它们通过根或根毛被根包裹。一旦进入根部，根瘤菌就会分化成数以百万计的类菌体（bacteroid），并在植物中引发细胞分裂，导致其根部产生特有的根瘤，为类菌体提供生长场所。

　　将氮转化为植物可利用形式的过程中还存在一个小问题：细菌中固定氮的酶对氧极其敏感。解决这一问题的关键就是血红蛋白（haemoglobin），这是一种常见的蛋白质，在包括人类在内的动物细胞间的氧气传递中起着重要作用。由于存在高水平的血红蛋白，根瘤呈红色。在植物中，血红蛋白——更准确地说是豆血红蛋白（leghaemoglobin），主要存在于豆科植物中，其作用是减少根瘤内的氧气，进而保护固氮生产，同时可以为体内的类菌体呼吸提供氧气。

　　对那些不能通过这种宝贵的共生关系来固定氮的植物，少量的氮通过闪电固定在土壤中，而人类也已经通过"哈伯-博施"（Haber-Bosch）法人工制成了氮肥。

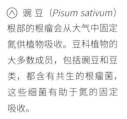

⌃ 豌豆（*Pisum sativum*）根部的根瘤会从大气中固定氮供植物吸收。豆科植物的大多数成员，包括豌豆和豆类，都含有共生的根瘤菌，这些细菌有助于氮的固定吸收。

⌄ 蚕豆（*Vicia faba*）根瘤的彩色横截面，可以看到细胞内充满了红色的根瘤菌。根瘤菌通过改变植物的代谢和分子细胞过程以定植于根细胞中，并与植物共生。

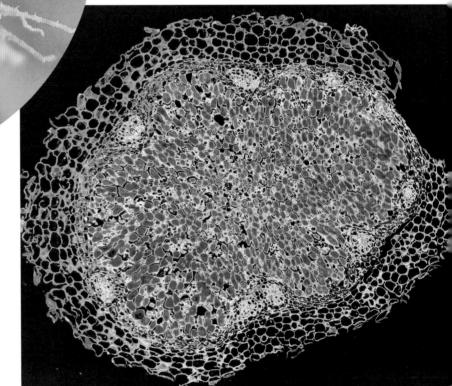

植物内生菌

正如前面所讨论的（参见第 82 页的"植物内生菌"），内生菌是一种生活在另一种生物体内的有机体。在植物中，真菌和细菌内生菌寄居在植物细胞内，形成从有益到致病的各种关系。这些所谓的内共生菌给被它们感染的各种各样的寄主带来了一系列的成本和收益。例如，内生菌的定植改变了寄主应对啃食压力、竞争、生物量分配、繁殖成功率和入侵新群落的各项反应。当植物被内共生菌感染时，产生的共生体具有不同于未感染个体的独特的表型。特别是根，植物内生菌可以增加养分的吸收，抵抗土壤传播的病原体。

根的真菌内生菌主要由深色的隔膜内生菌（septate endophyte）组成。虽然这个术语有些模糊，只是指真菌菌丝内所见的深色色素沉着和分区，但该特性可将这类真菌内生菌与其他菌根真菌相区分。目前还不清楚这些真菌是否可以在土壤中生长并接触到它们的寄主，或者在附近找到合适的寄主根之前一直待在土壤里。我们所知道的是，在所有植物的根中都发现了植物内生菌。

与真菌一样，内生菌也很可能依靠偶然的化学信号进入植物根部。侧根连接处形成的裂缝，或昆虫造成的损伤处都可能是细菌进入根部并开始定植的位置。一旦进入植物内部，细菌内生菌也能给寄主带来许多生理和发育上的好处。

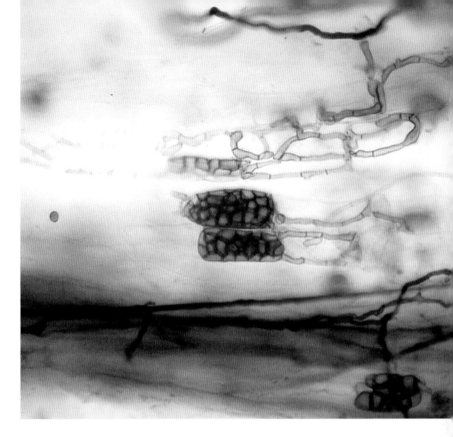

⌃ 这幅图描绘了几个真菌菌丝在末端形成的微菌核（microsclerotia），它们以葡萄状的团簇出现。这些多细胞休眠结构源于膨胀菌丝，在植物内生菌中很常见。深色隔膜内生菌的特征是在其寄主根内产生微菌核。

⌄ 大豆根瘤横切的透射电镜图。大豆慢生根瘤菌（Bradyrhizobium japonicum）感染根，并与植物建立固氮的共生关系。

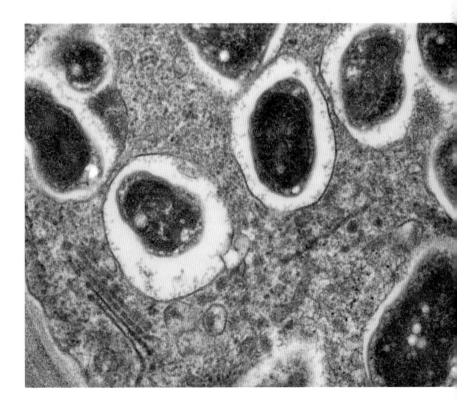

◁ 欧洲金龟子（*Rhizotrogus majalis*）的幼虫是危害植物根系的常见害虫，会给草坪造成严重危害。金龟子以草根为食，破坏了草坪植物应对其他环境压力的能力，通常会导致草坪枯死或变成棕色。

根系害虫

根 在地下会遇到大量的生物活动。在土壤中生活的生物里，线虫（圆线虫）、节肢动物、昆虫和蚯蚓都有可能通过取食或间接作用让根产生异常的细胞生长，从而影响根的生长和功能。这些生物以根为食，影响植物健康、土壤养分循环、植物激素分泌和植物分布。不难看出，观察和评估根系害虫及其与植物的相互作用十分困难，所以目前这一领域的研究并不充分。

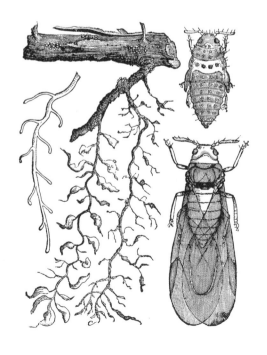

▷ 根瘤蚜（*Phylloxera radicicola*）可能引起根尖肿胀和畸形，如图中心所示。当根在春天开始生长时，这些无性繁殖的昆虫开始产卵，并在一年中繁殖几代。有蚜虫存在时，根系真菌感染情况也较严重。

取食根 —— 根的损害模式

许多土壤动物在其生命周期的某个阶段会取食根。虽然有些植物可以弥补地下生物量的损失，使植物的生长几乎不受影响，但根系害虫和根部取食确实可能造成重大损害。不幸的是，这种生物量的损失很难量化，而且在许多情况下直到植物的健康状况下降时才会被察觉到，这是使其成为作物生产中一个特别有害的因素的原因。

咀嚼类的食草动物会吃掉植物的根系，对植物造成直接的伤害。

根被害虫咬食会影响植物对水分的吸收

葡萄根瘤蚜

葡萄根瘤蚜（*Daktulosphaira vitifoliae*）及其对葡萄和欧洲葡萄酒业的影响使这种根系害虫在历史书中留下了浓重的一页。19世纪中叶，根瘤蚜从北美传入欧洲并开始大流行，这种危害葡萄根部的虫子摧毁了法国各地大片的葡萄。根瘤蚜的感染会产生大量的根瘤，使根变形，最终导致死亡。在短短几年的时间里，受感染的葡萄就会枯萎。最后人们发现可以通过将欧洲品种的接穗嫁接到对根瘤蚜有抗性的北美品种的根茎上使葡萄获得免疫，这才避免了彻底的灾难，我们今天才可以继续享受欧洲各地葡萄园生产的葡萄酒。

▷ 葡萄根瘤蚜。它们在根上的取食点形成了坏死点。

▷ 番茄根结线虫幼虫在穿透番茄的根。一旦进入根内，这种线虫会形成虫瘿并抢夺植物的养分，它也会攻击陆地棉（*Gossypium hirsutum*）的根。

和碳水化合物的储存。造成根损伤的常见罪魁祸首包括象鼻虫、甲虫以及地老虎和蛾类的幼虫，它们在进食时能够切断根部。食根动物和特定植物物种之间的关系可能有所不同，有些物种具有高度的宿主特异性，而另一些则毫不挑食，在土壤中不断挖洞，从一株植物到另一株植物地寻找食物。

对根的间接损害与对植物功能的损害是一样的。许多地下植食动物利用树根作为食物来源，或利用韧皮部的糖分作为更持久生存的手段。蚜虫、蚧虫和线虫是常见的根取食害虫，它们在根上选择一个取食点，然后穿透根，常常会诱导细胞分裂，组织增生，形成可见的肿大的瘿瘤。随着时间的推移，瘿瘤数量不断增加，根的功能也会随之下降。此外，由于食根动物对根本身的探查及其所造成的根的开放性损害，使得根的健康状况下降，从而增加了继发性感染的几率。

根际

根际（rhizosphere）是受根系影响的土壤区域，一般指离根轴表面数毫米范围之内的微区域。虽然规模很小，但它却是事实上的活动热点。在这里，根的生长、根的化学作用、细菌、真菌和昆虫之间的相互作用格外活跃，进而影响植物养分吸收的有效性、土壤水分的可获得性、激素信号传递，并最终影响植物的生长。在实践中，揭示植物与土壤的相互作用需要将植物和土壤环境作为一个统一的整体来考虑，而不是把它们当作单独的实体。

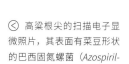

◁ 高粱根尖的扫描电子显微照片，其表面有菜豆形状的巴西固氮螺菌（*Azospirillum brasilense*）。

▽ 这是对根部去除土壤环境之后的艺术再现，展示了生活在根际，即根部周围圈带的有机体的多样性。

根系分泌物

根系分泌的多种化学物质可以进入根际，这些化学物质尚未被完全研究清楚。根系分泌物是指健康的根系释放到土壤中的所有有机和无机化合物，主要是含碳物质，会影响植物、微生物和养分的可获得性。根系分泌物由初级和次级植物代谢物组成。初级代谢产物对植物生长至关重要，但次级代谢产物并非整个生命周期所必需，而是帮助植物应对胁迫并用于与其他有机体沟通。

根系分泌物为土壤微生物提供了容易获得

∧ 在美国加利福尼亚州圣克拉拉县的一条小路上，可以看到具有化感作用的直花树莓（*Arbutus menziesii*）依次排列。

的碳源。就分泌物与微生物的关系而言，一般是根据分泌物的利用方式进行分类。例如，一部分是容易被微生物同化的分泌物，与之相对的另一类就是必须在利用前将其分解成更简单形式的复杂化合物。根据其化学结构和浓度的不同，根系分泌物既可以作为微生物的食物源，也可以作为毒素。

在严格的化学基础上，根系分泌物可以与土壤中的养分相互作用，从而改变养分的有效性。这些方式包括改变土壤 pH 值、营养离子溶解度或降低重金属毒素等。根系的大小可以影响根系和根际获取营养的能力，根的数量与影响区域的大小有直接关系。

根系分泌物已被证明对邻近的植物有影响。在极端情况下，它们的存在会阻碍一部分植物的生长。黑核桃（*Juglans nigra*）原产于北美东部，是最著名的具有天然除草毒性的物种，这种一种植物对另一种植物生长的抑制作用被称为化感作用（allelopathy）。由黑核桃根产生的胡桃酮（juglone）可以在土壤中存留很长一段时间，抑制树木根区内的植物生长。产自地中海的石茅（*Sorghum halepense*）也可以通过根毛中产生的高粱酮（sorgoleone）分泌物来抑制杂草生长。当这些金黄色的化感物质被邻近的作物如玉米或大豆吸收以后，会被转移到作物细胞中破坏正常的细胞功能，导致植物变黄甚至死亡。臭椿（*Ailanthus altissima*）原产于中国，在 18 世纪末曾被认为是欧洲观赏花园的首选树种，但现在已经失宠，部分原因是它会产生臭椿酮（ailanthone）——一种有毒的化学物质，从根部渗出到土壤中，抑制其他植物的生长。该物种还易从树桩上发芽，并产生大量的种子，进一步助长了它的入侵倾向。

微生物群落

当根穿过土壤时，化学信号会诱使微生物产生反应，这可能导致积极的（促进生长的）或有害的（致病）效应。虽然涉及的机制仍然不明确，但已证实与根相关的微生物群落可以促进根际随环境变化而改变，使植物生长获益。例如，根际微生物提高了植物对水分胁迫的耐受性，甚至在许多系统中提高了整体生长表现。一些假说认为具有相似根系形态的植物也可能具有相似的根系固微生物群落。例如，几乎没有分枝的根系倾向于更严重地依赖菌

根。但这些研究都过于简单，需要更多研究来确定其他驱动因素。

综上，并不是所有的微生物都对植物的根有益，很多病原微生物在根际栖息。相比于更高分级的根，病原真菌，如疫霉属（*Phytophthora*）和腐霉属（*Pythium*）等更容易侵染根尖。这可能是由于感染位置往往发生在根尖、植物防御部署的差异或组织功能的限制所导致的。老化的根组织通常是许多病原体进入根际的首选途径，因此这类区域或特定区域的脱落的细胞斑块可能提供潜在的感染位置。

根际和不断变化的气候

气候变化正在以多种方式改变生物之间的相互作用。这将加深我们理解生物与非生物根际基质的相互作用以及水分、温度、有毒金属

◇ 马铃薯晚疫病菌（*Phytophthora Infestans*）是一种引起马铃薯疫病的微生物，它可以在短短几天内传播扩散并摧毁一大片作物。

▷ 马铃薯晚疫病菌的扫描电镜照片。柠檬形状的结构是微小的无性孢子，称为孢子囊，在凉爽潮湿的条件下破裂，释放孢子。

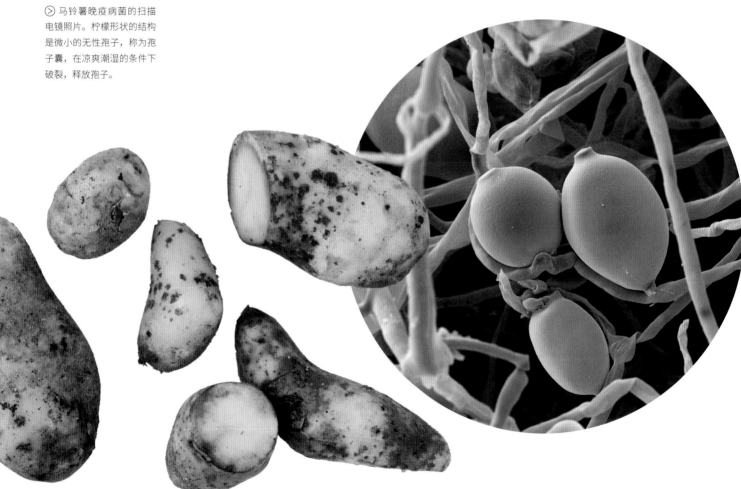

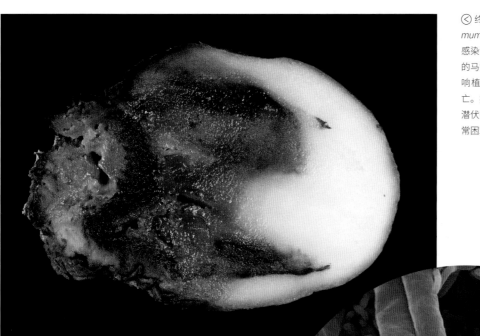

等因子对根际环境的影响。由气候变化引起的复杂、实质性的环境变化，最终可能会对农业和植物群落结构产生影响，不过这看起来似乎很难概念化，因为单个根的根际本身非常小，但整个植物或植物群落的根际构成了相当大的地下区域。气候变化背景下的环境变量改变，直接影响了根际中不同微生物之间以及微生物与植物根系之间的相互作用，这些都将影响碳的固定、分解水平，并最终影响植物的功能。

以往的研究表明，在受干扰的环境中，植物对根际微生物群落的控制可能更加明显，环境胁迫作用可能会增加植物对根系分泌物的投入，进而可能改变根际功能。此外，根际中的微生物可能也会改变自身新陈代谢或群落组成，以响应根基质的改变。研究根系本身似乎并不困难，但以根际为目标的研究更具挑战性。因而，为研究根际这个热点区域，科学家们还需做大量的工作来理解影响根系乃至植株稳定性的独特反馈循环。

3

茎

无木不成林，无茎不成木。不论是木质的、草质的、攀缘的还是地下的，茎都是植物世界里不可或缺的组成部分，但很少有人会感激它们的贡献。表面上看，它们是维持森林生态系统完好无损的脚手架，但仔细观察就会发现，它们不光是平平无奇的木料的集合。它们拥有复杂的结构，符合工程和流体力学的基本原理。水的运输对所有植物器官来说都必不可少，茎是植物供水的长距离管道，同样地，糖类物质从叶到根的运输需要茎内大量特殊的维管组织。茎是连接大地和天空的桥梁。

输导、结构支持和最佳的叶展示对植物的生命至关重要，因此自然选择在茎结构的许多方面都发挥了重要作用。植物无法像动物一样四处移动，因此茎必须具有抗旱、抗冻和抗病原体的能力。在自然选择的压力下，植物已经在形态和生理上演化出了抗逆性、经济性和多样性。对于乔木而言，茎如实地记录了乔木的持续生长。茎既是通往过去的门户，也是我们星球未来的关键部分。

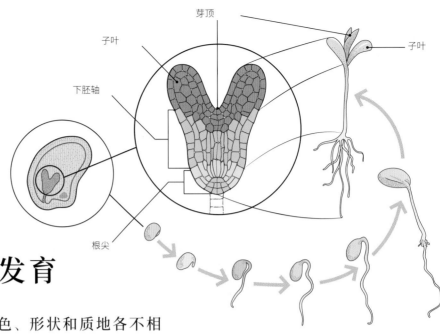

> 从胚到苗的早期植物发育。子叶为生长中的幼苗提供营养，但正是芽顶分生组织产生了第一批真正的叶子和茎。根顶端分生组织产生胚根，并发育成根。

芽顶

子叶

下胚轴

子叶

根尖

茎的一般结构和发育

尽 管我们周围植物的颜色、形状和质地各不相同，但令人惊讶的是，不同种类植物的发育过程都非常相似。实际上，一旦胚芽开始从种子中萌芽，被子植物根和芽的发育模式就几乎相同。随着时间的流逝，植物的外观在很大程度上受激素信号、环境因素和基因调控。

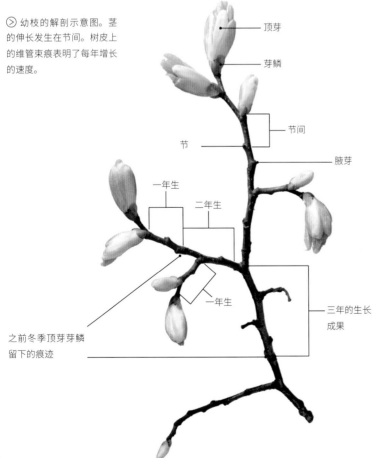

> 幼枝的解剖示意图。茎的伸长发生在节间。树皮上的维管束痕表明了每年增长的速度。

顶芽

芽鳞

节间

节

腋芽

一年生

二年生

一年生

三年的生长成果

之前冬季顶芽芽鳞留下的痕迹

茎最初的发育过程

种子中的微小胚胎与成熟的植物几乎没有相似之处，但它包含了发育成一株完整植物所需的全部信息。随着种子萌发，胚的基部将发育成根，与此同时下胚轴将发育成最初的茎，它具有两个叶状附属物，即子叶。不久之后，下胚轴将发育成有叶和芽的真正茎，而子叶会因缺乏营养而脱落。在这个意义上，幼苗是成为成熟乔木或草本过程中的第一个完整模块。随着茎的长度和周长增加，每个模块都将发育成一个节，一些叶子和一个节间。在节上，腋芽有时位于茎和叶柄之间的角落。这些芽可能会产生侧枝。节间只是一个伸长区域。随着时间的推移，这些模块的迭代增长和扩展将最终发育成成熟植株。

顶端分生组织

我们通常在成熟的茎或枝上看到的顶芽也会产生具节、节间和叶的模块。更确切地说，这些结构出现在芽内的顶端分生组织（apical meristem）中。分生组织是指生长中未分化的组织区域。分生组织中的发育模块由3种基本组织类型组成，这些组织最终构成了成熟植物中的所有营养器官。表皮组织（epidermal tissue）覆盖了所有植物器官的外部，而基本组织（ground tissue）则占据了茎的大部分，它们围绕着位于中心的维管组织（vascular tissue），维管组织输送水和糖分。顶端分生组织下方的维管组织和基本组织的生长是茎长高和变粗的原因。

植物的高度及其叶和枝条的排列，部分取决于顶端分生组织。顶端优势（apical dominance）指的就是顶芽抑制侧枝生长的效应。例如，与栎属植物（*Quercus* spp.）相比，

大多数温带针叶树的主干都具有较强的顶端优势，而栎树庞大的树冠则由大量粗细大致相等的枝条共同组成。控制顶端优势的激素是生长素（auxin），它由顶端分生组织产生。高浓度的植物生长素会抑制侧枝产生，正如在针叶树中所见的那样。相比之下，栎树这样的双子叶植物对植物生长素的依赖性较小，因此具有较强的形态可塑性。

顶端分生组织细胞

顶端分生组织是芽的核心，被发育中的叶组织所包围，它们以后可生长分化为叶和节。顶端分生组织内部可以划分出三种细胞类型：负责表面生长的两层原套（tunica），包括表皮及其下组织；原体（corpus），主要负责核心维管和基本组织的分化发育。在最初的节以下，维管和薄壁组织逐渐成熟。

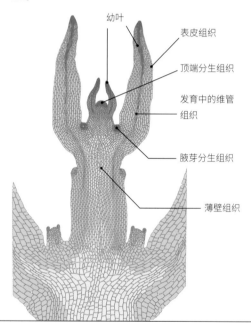

幼叶
表皮组织
顶端分生组织
发育中的维管组织
腋芽分生组织
薄壁组织

▷ 顶端分生组织。这种结构出现在茎顶的芽中，负责产生新的茎和叶。

◁ 这种山谷橡树（*Quercus obatea*）有着广阔的树冠和众多的树枝，几乎没有顶端优势。

茎的演化

最早登陆的植物没有设计好叶、根和茎的蓝图，并且面临着持续干燥的失水威胁。面对这样的挑战，为什么自然选择会偏好陆生植物呢？一方面，更高的光照水平，更多的可利用的二氧化碳以及与其他生物竞争减少抵消了部分登陆的成本；但另一方面，拥挤意味着植物需要生长得更高一些，还需要牢牢扎根在自己的领土上。茎的演化使它们能够垂直生长，最终形成了蕨类植物和其他拟蕨类植物的茂密森林。

⊙ 早期石松类植物 *Baragwanathia* 的化石。它们的维管组织是位于中心的圆柱体。细小的叶子也有维管束。

⊙ *Aglaophyton major* 的渲染图，它是泥盆纪时代的一种植物，与今天的藓类植物最为相似。它由诸多茎组成，其中一些顶端具有产孢子的结构。

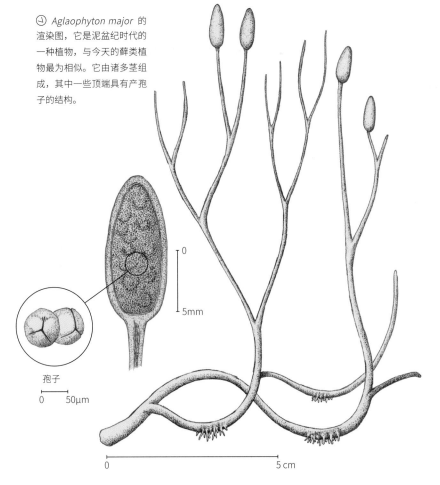

孢子

0   50μm

0   5mm

0   5 cm

化石线索

泥盆纪早期（4.19亿—3.93亿年前）的某些地区已经发现了一些非凡的植物化石，这为研究人员提供了关于植物形态和结构演化的宝贵证据。北苏格兰的莱尼埃燧石层曾经是一个古老的温泉，植物化石尤其丰富，这些化石植物最像现代的石松。这种高40厘米的 *Aglaophyton major*（这是一种已经灭绝的植物，没有对应的中文译名）缺少真正的根和叶，由匍匐的根状茎和二分叉的垂直茎组成，茎顶端生有产生孢子的孢子囊。像一些现存的苔藓一样，它没有真正的维管组织，在运输中起作用的是细长的管状细胞（见左图）。相比之下，较大的星木属（*Asteroxylon*）植物，则产生了维管组织以及小叶状的鳞片。有趣的是，深扎土壤的根和叶对于早期陆地植物的生存都不是必不可少的：水生生境提供了必需的水，而富含二氧化碳的大气环境则确保了较高水平的光合作用。

支持和运输

泥盆纪期间，植物的繁殖和多样性的增加制造了竞争。在自然选择的压力下，植物选择了真根、阔叶和高大的茎。石松的乔木亲戚、种子植物的祖先和蕨类植物共同构成了地球上的第一批森林，它们茂密且复杂，组成的有机整体可以与当代生态系统相媲美。但是要从泥盆纪时代跨越到石炭纪，有一点不容忽视，即泥盆纪的植物必须解决重力和有效的长距离输导问题。对于那些在较干燥生境中定植的植物而言，这一点尤其重要。由于没有可靠的水源，植物需要根和维管系统来确保稳定的水分供给。乔木通过树干有效地实现了水分和养分的传导和冠层支撑，化石记录表明，

木质茎出现在泥盆纪中期，几乎与莱尼埃燧石层的植物区系同时出现。新发现可能将木质茎产生的时间向前推得更早，进而挑战我们当前对早期陆地植物演化的解释。中古生代的茎形态发生了令人惊奇的变化，其中有许多在现代植物中找不到的形态，这充分说明了植物结构和功能多样性的各种可能。无数的物种和数十种的植物演化的过程已转变为煤层或完全消失，使得我们对其中蕴藏的植物奥秘感到困惑。

◁鳞木属（*Lepidodendron*）植物是一种乔木状的石松类植物。这些植物的高度可超过 30 米，在石炭纪沼泽中非常见。

原始的茎

很少有植物可以名副其实地被称为活化石。自然选择使几乎所有现存的分类单元都与其祖先产生了巨大差异，但是近代生物学（neontology，利用现存生物体了解灭绝类群的学科）可以阐明演化过程。例如，当今的苔藓植物没有真正的维管组织，但是长距离输导产生的自然选择压力格外强大，使得某些苔藓植物对薄壁组织加以改良来发挥这种功能。藓类植物的导水细胞和类韧皮细胞分别运输水和糖，该植物的营养轴与 *Aglaophyton* 和星木属（*Asteroxylon*）很相似。

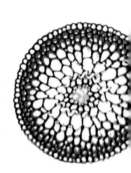

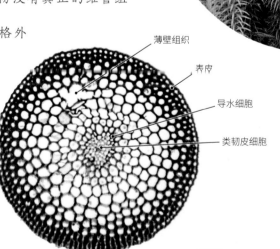

薄壁组织
表皮
导水细胞
类韧皮细胞

▷一些苔藓植物，例如金发藓属（*Polytrichum*），其营养轴或生殖轴的中心都有导水细胞和类韧皮细胞。这些细长细胞的功能类似于高等植物的木质部和韧皮部。

木质茎的结构

（木）材是经济的奇迹。绝大部分木材是由纤维素、果胶质和酚类成分（如木质素）组成的死组织，活组织只占一小部分。它的维护成本可以忽略不计，但是却能同时兼任两项任务：为树冠提供物理支撑，并实现长距离输水。大树是自然界的摩天大楼，其优雅之处在于木材结构的适应性演化。

◡ 针叶树利用管胞完成水分运输，单个细胞通过"纹孔塞—塞缘"（torus-margo）结构的具缘纹孔相互连接。水通过这些纹孔从一个管胞移动到另一个管胞。

年轮

韧皮部

形成层区

树脂道

射线薄壁组织

薄壁组织

管胞

纹孔缘   纹孔塞

纹孔

塞缘

射线薄壁组织

导管   纤维

导管

轴向管胞

木材的结构和功能

裸子植物和被子植物的木材大致可分为软木和硬木，某些裸子植物的木材可以和某些被子植物一样坚硬，还有许多被子植物的木材则相对柔软。木材也被称为次生木质部，年轮的季节性生长增加了树木的周长。在针叶树中，超过90%的木材是由一层层死亡的单细胞构成的。这些单细胞被称为管胞（tracheid），将水分输送到树冠并起支撑作用。其余部分由薄壁组织组成，薄壁组织可运输糖和木质部内部的其他成分。相比之下，被子植物的结构则更为特殊。它们的木材当中包括输水的宽阔管道、用于物理加固（和储存）的细纤维、少部分管胞和超过15%的薄壁组织，发育上具有高度的灵活性，在很大程度上支持了被子植物乔木树冠极为丰富的多样性。

◁ 在被子植物中，水通过导管运输，导管由被称为导管分子的单个中空细胞组成。导管的长度可超过2米，并由周围的纤维细胞提供结构支撑。

▷ 心材通常颜色较深，因为丹宁、酚类、油脂或树胶的浓度较高。心材的含水率低于边材。

年轮

在木材的横截面上可以观察到它们更多的特性和区别。在裸子植物或被子植物的年轮中，早材产生于生长季节起始时，由细胞壁较薄、相对较大的木质部导管组成。更粗的管道为正在膨胀的新叶提供了高效的供水保障。相比之下，晚材由较小的细胞组成，且细胞壁较厚，主要起支撑功能。早材和晚材的差异在很大程度上取决于树木的栖息地。温带地区的树木会在冬季休眠，因此可以十分清晰地观察到这些模式，但在可以持续生长的季节或热带气候条件下，就很难看出差别了。因此，通过年轮很难确定热带树木的年龄。

边材和心材

树干和老茎中通常会有边材和心材两个区域。边材顾名思义形成了木质树干的外部，它把水输送到树冠上。它苍白的颜色与典型的深色心材形成鲜明对比，心材不再有承担功能的木质部或活的薄壁组织，通常只起到支撑结构的作用。心材中富含酚醛成分和树脂，因其颜色和弹性而备受珍视，独特的性能使其可以用来制作乐器、精品家具和手工木制品。

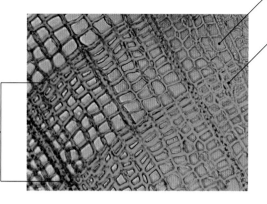

早材

晚材

◁ 早材的木质部导管比生长季节后期产生的导管更粗。无论是裸子植物的管胞还是被子植物的导管，粗的管道总能比较细的管道更有效地输送水分，因此晚材对春季新叶的生长至关重要。

每年生长的部分

复杂的组织

从根到芽的水不会像水通过管道那样流经单一的管道，因为这样风险很高，如果管道破裂，树冠的某些部分将会因此失去全部的供水。相反，木质部是一个多细胞组织，其中的水分可以沿边材的轴向和径向在导管或管胞间彼此相互转移。当一条管道堵塞时，许多其他管道可以补偿损失，这样就可以继续向树叶输送水分。然而，这种系统是有代价的，它增加了向上输送水的阻力，因为水必须通过被称为具缘纹孔的结构从一条管道流向另一条管道（见第 106—109 页）。

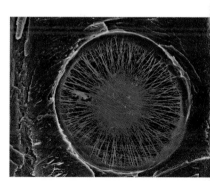

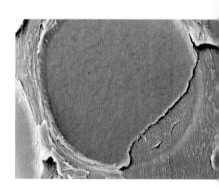

▷ 纹孔是管胞和导管细胞壁上的通道，允许水从一个管道移动到另一管道。裸子植物的纹孔有纹孔塞和塞缘之分，而被子植物有同质均一的纹孔膜。

心材

边材

树木的生长

树木在长高的同时，树干的周长也同时在扩大。树干每年都会变粗，因为每年都会生长出新的木质部，为新生长的树叶提供水分。更粗的树干也可以提高稳定性，所以总体而言，适当调整树干高度和周长是树木结构最基本的功能性需求。

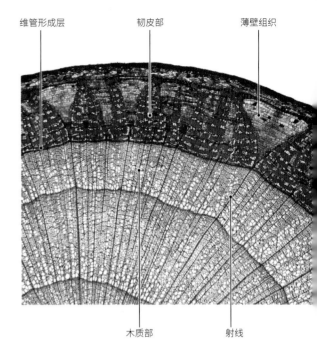

△ 维管形成层向茎的中央产生木质部，向外产生韧皮部，射线将韧皮部和薄壁组织与木质部相连。

▽ 向日葵这样的草本植物也可以进行次生长。在幼茎中，维管形成层在初生生长区的下方发育，并通过轴向和径向分裂产生次生生长。轴向分裂使形成层细胞数量增加，从而增加了形成层的周长，最终使茎的周长增加。形成层的径向分裂向髓部产生木质部，向树皮方向发育成韧皮部。相比韧皮部，形成层产生更多的次生木质部，因此木材构成了树木次生生长的主要部分。

形成层

非木本植物只进行初级生长，而乔木和灌木等木本植物同时沿轴向和径向伸展，这一过程被称为次生生长。次生木质部（木材）和次生韧皮部等组织增加了茎的周长，而促进这种生长的是形成层（cambial layer），即由 1 ～ 2 层细胞组成的薄薄的分生组织层。形成层位于树皮下方不远处的木质组织外围，由纺锤状细胞和射线细胞组成。纺锤状细胞向茎内侧分裂产生次生木质部形成年轮，向茎外侧分裂产生次生韧皮部。射线细胞产生贯穿木质部和韧皮部的薄壁组织。因为韧皮部是一种随着木质部每年膨胀而压缩的软组织，所以它不会产生明显的年轮。

在温带气候下，形成层在冬季处于休眠状态，但到了春季，茎芽的萌动将生长素通过活跃的韧皮部组织向下运输，启动了形成层细胞的分裂。活跃的形成层组织随后沿径向和轴向开始分裂，增加树干的周长和高度。侧枝也起源于形成层，并像树干一样发育。

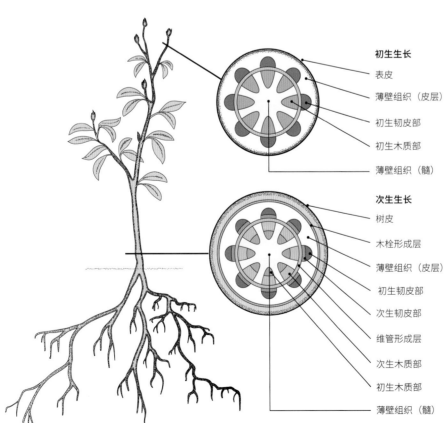

初生生长
- 表皮
- 薄壁组织（皮层）
- 初生韧皮部
- 初生木质部
- 薄壁组织（髓）

次生生长
- 树皮
- 木栓形成层
- 薄壁组织（皮层）
- 初生韧皮部
- 次生韧皮部
- 维管形成层
- 次生木质部
- 初生木质部
- 薄壁组织（髓）

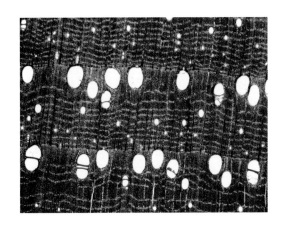

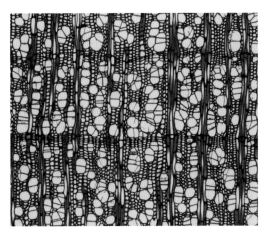

细胞产量的变化

根据树种和一年中活跃的时间，形成层会产生不同尺寸、不同壁厚的细胞。对于裸子植物和温带地区的被子植物乔木来说，形成层产生的木质部会有早材和晚材之分，但每种细胞类型的比例取决于气候和水的获得情况。例如，在生长季早期，潮湿的环境会产生相对较宽的年轮，含有几层大型的早材细胞，而只有少数几层早材细胞的狭窄年轮则表明夏季很短或很干燥。

在被子植物乔木中，我们会看到细胞类型进一步多样化。在这里，形成层产生起储存和支撑作用的木纤维和负责输水的导管。在环孔材物种中，如板栗属（*Castanea* spp.），早材的导管在年轮中会形成明显不同的条带，而在桦木属（*Betula* spp.）和枫属（*Acer* spp.）这样的散孔材物种中，导管在整个年轮中的大小都很接近。

◁ 环孔材（上图）树种的早材中存在很大的导管，这些导管在年轮中形成一个不连续的带状结构。相比之下，散孔材（下图）树种中的导管大小相似，并且在整个年轮中分布相对均匀。环孔材物种的导管往往比散孔材物种数量更少，但环孔材物种导管通常更粗更长，可以有效支持水的运输。

多层形成层

叶子花属（*Bougainvillea*）的一些物种有多层形成层，形成多轮次生木质部或次生韧皮部。多层形成层产生更多的薄壁组织，有助于储存水和碳水化合物。同时，因为木纤维之间填充了更多柔软、坚韧的组织，使这类植物的茎更灵活。

◡ 叶子花茎的横切面，展示连续的多层形成层，每一层都在木纤维之间产生次生木质部（大导管）和次生韧皮部（蓝色染色部分）。

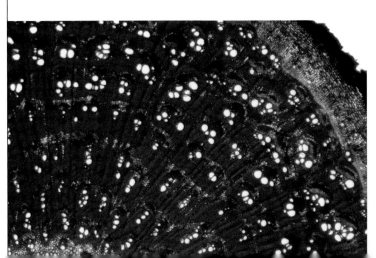

草本植物茎的结构

对于生命周期短的草本植物来说，在木材上投资是不必要的，它们依赖于它们的初生组织来为花朵展示和种子发育提供足够的支持。人们普遍认为草本双子叶植物是白垩纪（1.45亿—6600万年前）时期木本的祖先演化而来的。事实上，在干燥且环境胁迫较强的生境下，一些草本双子叶植物已经重新演化出了产生木质组织的能力。另一方面，单子叶植物更早从双子叶植物中分离出来，可能是在1.45亿年前的侏罗纪末期。

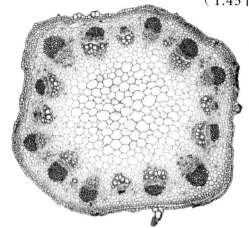

△ 向日葵的茎横切面，展示初生生长。髓周围有许多维管束，每个维管束由木质部、韧皮部和致密的纤维束组成。

表皮组织

表皮组织通常只有单层细胞那么厚，覆盖在茎组织，以及所有其他植物器官外部。绿色的茎可进行光合作用，因其表皮上有气孔，允许二氧化碳进入。表皮细胞会分泌一层蜡质的角质层，防止水分流失和病原体进入。由表皮细胞特化而成的腺体或毛状体在茎上并不少见，但通常在叶片上更多。由于含水的薄壁组织施加的正压力，表皮组织经常处于张力状态。

基本组织

茎基本组织用于储存、支持和保护植物免受昆虫和病原体侵袭。有3种类型的基本组织。普通的薄壁组织构成双子叶植物茎的主体。它通常是白色、肉质的，由较大的细胞组成，在茎横截面的中心清晰可见。这样的

皮层薄壁组织主要用于保持膨压和植物结构的构建，以及水、营养元素和碳水化合物的储存。厚角组织（collenchyma tissue）和厚壁组织（sclerenchyma tissue）源于薄壁组织，具有支撑功能。厚角组织可以提供有弹性的支撑，它们由尺寸大大缩小的薄壁细胞组成，并表现出初生细胞壁的选择性增厚。它在有脊和角的茎中很常见，比如薄荷属（*Mentha* spp.）的植物。一般来说，厚壁组织比厚角组织更坚硬，常见于已经停止生长的较老的茎段中。与木材非常相似，厚壁组织细胞有坚固的木质化的次生细胞壁，不同之处在于它们更短更窄，形成纤维。厚壁组织会出现在茎的外侧，但更常见的是在韧皮部组织外的束状组织，以保护这些脆弱的细胞免受伤害或受到取食韧皮部的昆虫咬食。

▷ 厚壁组织纤维有加厚的细胞壁保护韧皮部，以增加茎的强度。它们通常比邻近的皮层薄壁细胞小得多，密度也高得多。

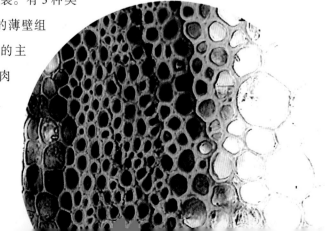

维管组织

木质部和韧皮部构成植物维管系统，在植物体内输送水分、矿物质、糖分和信号分子。木质部起水分运输的使用。在草本双子叶植物中，木质部由具有木质化次生壁的导管和纤维组成。导管的管壁通常形成环状或螺旋状，随着茎的发育，它可以让木质部更加灵活。人们可以把导管想象成一系列短粗的单细胞导管分子组成的集合体，它们堆叠在一起，形成一个长长的中空管。纤维又窄又短，既能加强导管，又能支撑茎部。一旦细胞成熟，死亡，仅留下了细胞壁，木质部组织就有了功能。相比之下，韧皮部是一个活的组织，其作用是在整个植物中输送糖分和信号分子。它总是与木质部联系在一起。

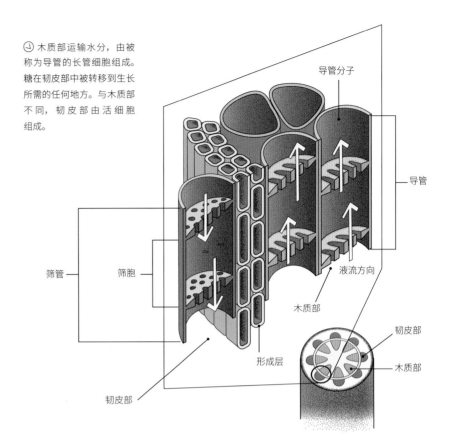

⤴ 木质部运输水分，由被称为导管的长管细胞组成。糖在韧皮部中被转移到生长所需的任何地方。与木质部不同，韧皮部由活细胞组成。

筛管　筛胞　导管分子　导管　液流方向　木质部　韧皮部　木质部　形成层　韧皮部

单子叶植物的茎

单子叶植物茎的解剖结构与双子叶植物有很大的不同，其木质部和韧皮部被包裹在分散的维管束中，这些维管束散布在皮层薄壁组织中。木质部由 2～3 个大导管组成，也可能含有纤维或管胞。具较厚细胞壁的厚壁组织形成一个保护韧皮部的鞘，而其他的纤维包围着维管束以起到保护作用。

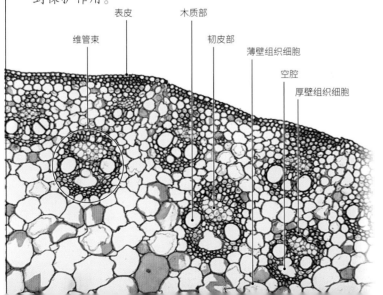

维管束　表皮　木质部　韧皮部　薄壁组织细胞　空腔　厚壁组织细胞

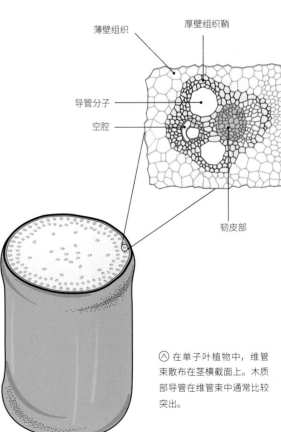

薄壁组织　厚壁组织鞘　导管分子　空腔　韧皮部

⌄ 在单子叶植物中，维管束散布在茎横截面上。木质部导管在维管束中通常比较突出。

竹子、棕榈树和树蕨

与 单子叶植物和现生蕨类植物相似，竹子、棕榈和树蕨缺乏真正的维管形成层，不能进行次生生长。这意味着它们的树干往往比其他乔木更细也没有侧枝。虽然有这些限制，但棕榈树和竹子仍可以非常迅速地产生大量的生物量，尤其是强壮的树干，而树蕨的树干更有弹性，是热带森林中的主体。

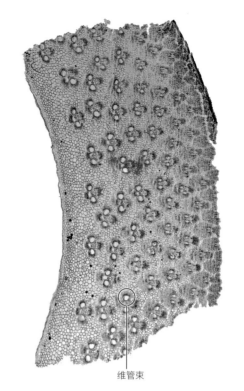

维管束

竹子的茎

幼嫩的棕黄色竹笋后面的成熟青竹（*Phyllostachis* sp.）。成熟茎上的节为明显的白色圆环。

长期以来，竹子因其在建筑中的实用价值备受推崇，其极快的生长速度使它成为一种可靠且可持续的材料资源。竹子特殊的材料特性可以归因于几个因素。与木材不同，竹子是由大约 50% 的薄壁组织和 40% 的木质化纤维组成的复合结构，其余部分由维管组织组成。纤维和维管组织被包裹在初级维管束中，这些维管束以标准的单子叶植物排列方式散布在整个薄壁组织中（见第 103 页的方框），在弯曲应力最高的地方，茎的外侧有较高密度的维管束。此外，圆柱形的茎与实心的节共同配合，使竹子特别能抵抗变形。

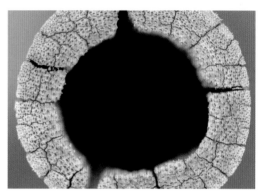

棕榈树干

棕榈树的树干也采用单子叶植物标准的维管束排列，但与大多数近亲不同的是，它们极大地增加了树干的周长和高度，达到了一般乔木的体型。与竹子类似，棕榈树通过利用树干结构来抵御飓风和洪水带来的异常弯曲压力，而树干结构的强度来自横截面的直径和纤维状维管束的不均匀分布。棕榈树由直径较粗的幼茎发育而来，其成熟后能够支撑起预期的树冠高度。一定程度的细胞分裂和扩张会让树干更粗。然而，棕榈树随着年龄增长而变硬的能力是它们

竹竿的横截面（顶部）。在筷子或地板等竹制品中很容易看到维管束。由于维管组织周围的厚壁组织纤维，它们看上去就是暗色的点。

棕榈的维管束

成熟的棕榈树通过增加树干密度强化支撑。树干外围维管束的数量越多，随着维管束本身组织的特性发生变化，茎的密度就越高，强度越大。与年轻的维管束相比，较老的维管束的纤维细胞壁非常厚，以致经常阻塞内部的纤维。厚壁组织的细胞壁通常含有一层初生壁和一层次生壁，但在较老的棕榈纤维中，这些细胞可能会产生3层甚至4层次生壁。

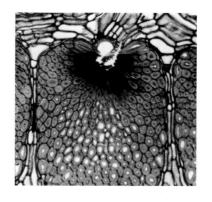
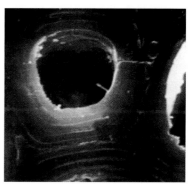

▷ 巨南美椰（*Iriartea gigantea*）幼茎（上）和老茎（下）维管束的显微照片。在老茎中，厚壁组织细胞最多有4层次生壁。这种解剖结构使植物的树干具有更高的强度。

适应高度增加所带来的负荷的关键手段。它们通过减少水分，增加周围组织密度和硬度，共同强化老化的树干。

样，树蕨中的水分和营养的运输通过初生木质部和韧皮部进行，但与单子叶植物不同的是，这些组织在树干外部形成了一个圆柱体。

◁ 软树蕨（*Dicksonia antarctica*）树干的横截面。重叠的叶基构成树干的外部。一条起伏的维管组织带夹在厚壁组织的暗层之间。

树蕨的树干

树蕨的结构与竹子和棕榈树有很大的差异。这些植物的树干主要从一层层衰老的叶柄残留中获得支撑，叶柄像篮子一样包围着薄壁组织。此外，它们的叶基被一层厚厚的厚壁组织纤维包裹，为树干增加了巨大的硬度和强度。事实上，如此大量的厚壁组织已经让树蕨成了名副其实的毁锯者。与竹子和棕榈树一

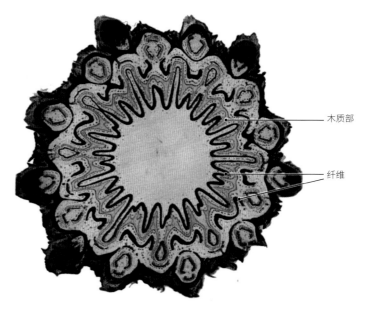

木质部

纤维

植物水分运输

（大）多数植物要消耗大量的水来维持自身生命活动。虽然人类平均每天只需要 2～3 升的水来保持健康，但一棵枫树每天会将 200～400 升的水分从土壤转移到树叶中。为什么这么多？因为蒸腾作用是光合作用不可避免的副作用。树叶需要充分打开气孔让二氧化碳进入，这样一来就会损失水分。正是高效的水分输送使蒸腾作用下的树叶不会枯萎。

∧ 树干边材中的木质部导管具有很强的输导能力，可以将水分从根部输送到这棵枝繁叶茂但缺水的树的树冠上。

增强的细胞壁

动植物细胞的不同之处在于，动物细胞被包含在以脂质为基础的弹性细胞膜中，而植物细胞则由纤维素细胞壁加强，就像篮子里的水球一样。这个壁使细胞不会在压力下破裂，它为植物提供了水分运输过程中至关重要的结构基础。每个植物细胞都具有由纤维素和果胶质组成的初生细胞壁。木质部和厚壁组织细胞还会产生较厚的次生壁用于额外加强。次生壁富含木质素，使木材和纤维变得坚韧、抗腐。

∧ 在这里，细胞壁中果胶质和蛋白质已被清除，以展示洋葱（Allium cepa）初生细胞壁的纤维结构。纤维素层既构成初生壁，也构成次生壁。

拔河比赛

在植物长出第一片叶子后不久，水分就开始向上流动。水被动地从水分可用率高的区域（如土壤）进入根部，并向上移动到明显更缺水的树冠里。这种长途运输对植物来说几乎不需要消耗能量。水分和阳光是开启气孔、启动蒸腾作用和水分通过木质部运输所需的全部条件。为了实现高效运输，植物利用了水的一些的特性。首先，水分子之间的氢键使水具有凝聚力，并使其保持类似于从两端拉绳子那样的张力。因此，在进行蒸腾作用的植物中，土壤颗粒和相对干燥的大气之间的拔河比赛将水分有效地从地面拉到了树叶上。

通过根部到达茎

水通过根的内皮层后首先进入木质部。一旦到达那里，它就通过导管或管胞向上和沿半径方向穿过茎。管道壁的摩擦力会减缓汁液的流动，就像水通过纹孔膜从一条管道移动到另一条管道一样。这种阻力加强了水柱的张力。当水最终到达树冠时，它会进入无数的小维管束中，这些小管道负责给叶肉组织供水。植物水分输送的关键正是叶片的中心。

到达叶片

叶肉组织是湿润的，但随着叶片在阳光下变暖，滞留在细胞壁中的水分变成水蒸气，水蒸气会通过气孔排出。植物的细胞壁是由纤维素构成的（见下图），蒸发会导致细胞壁孔中的弯月面轻微回缩，这是一种能量上不利的状态，所以氢键不断地矫正弯曲的弯月面。然而，平衡空气-水界面需要额外的水分子，而这些水分子由木质部液流提供，只要有足够的水分来补充从树叶中流失的水，木质部就会保持内聚力。这种内聚力-张力机制（cohesion-tension mechanism）解释了植物的水分运输。

⑦ 失水是叶片执行光合作用不可避免的后果。这是因为二氧化碳必须扩散到叶片中才能进行光合作用。在这一过程中，叶片流失的水分子比固定的二氧化碳分子多得多。

▷ 植物水分运输是一个被动的过程。在这个过程中，水从土壤中被"拉"入根部和维管系统，然后进入树冠。在那里，大部分水分通过气孔散发到大气中。因此，在水资源存在一定程度的紧张情况下，水会从较丰富的部位转运到缺水部位。

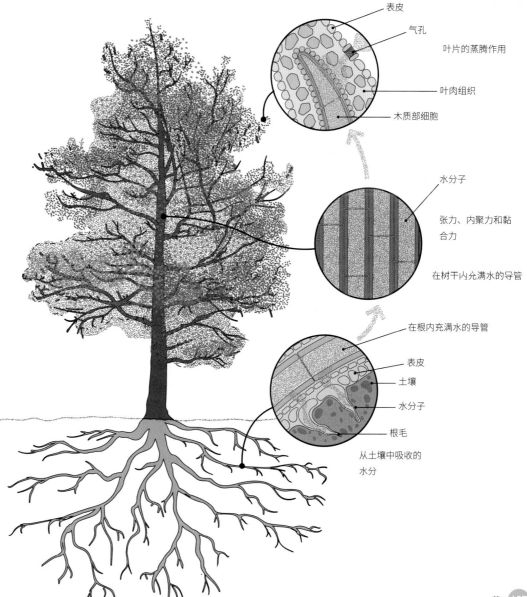

表皮

气孔

叶片的蒸腾作用

叶肉组织

木质部细胞

水分子

张力、内聚力和黏合力

在树干内充满水的导管

在根内充满水的导管

表皮

土壤

水分子

根毛

从土壤中吸收的水分

干旱时期的水分运输

在干旱时期，植物从土壤颗粒中提取水分子来补充蒸腾过程中叶片失去的水分变得更加困难，因此木质部液流中可能会出现明显的张力。植物显然已经为此做好了准备。首先，它们用适当的厚壁或支撑性纤维加固木质部导管，以防止导管在张力下弯曲。其次，为了应对在干旱情况下张力导致的输水不畅，它们已经演化出了应对之策。

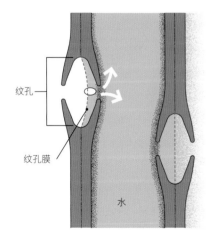

△ 茎内的水分运输不足可能会导致叶和花枯萎，就像图中的虞美人那样。

▽ 当空气经由纹孔膜上最大的孔从功能不良的（栓塞的）管道中被拉到附近另一个充满水的导管中时，就会发生因干旱诱导的空化作用。该气泡会进一步膨胀，导致形成另一个栓塞的管道。

空化和栓塞

维持功能性水分运输是植物在干燥条件下面临的最大挑战之一。这是因为木质部汁液在张力下容易产生空化（cavitation），或液态水迅速转化为水蒸气，直接破坏了液柱。空化会产生栓塞（embolism）的管道，内部的水被气液混合物取代，这样细胞就不能再输送水了。许多栓塞的导管阻碍了水在木质部的流动，这可能会导致植物的脱水和死亡。

空化在很大程度上是由木质部液流中存在的气泡引起的。当木质部中的张力超过空气–水界面的表面张力所导致的内力时，气泡就会

▽ 充气的导管显示为一个个黑点。这是利用高分辨率CT技术得到的栎属植物木质部图像。

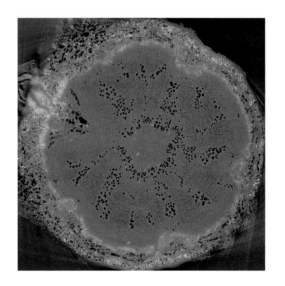

膨胀，然后，它会一直膨胀直到填满管道，被置换的水进入功能正常的相邻单元。我们知道，根部的内皮层可以防止气体和其他杂质进入木质部，那么空气是从哪里来的呢？活的茎部组织需要氧气才能完成正常的生理活动，所以植物并不是完全密封的。空气可以从细胞周围的空隙进入木质部，或者从茎的损伤部位进入木质部。纳米气泡现象目前也在研究中。

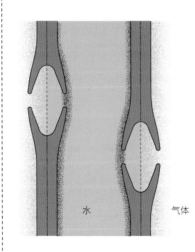

纹孔

纹孔膜

水

干旱诱导的空化作用

水   气体

具功能的充水管道

具缘纹孔

针叶树纹孔膜与被子植物的简单纹孔膜具有相同的功能，但它们的结构完全不同。水通过纹孔口和塞缘从一个管胞转移到另一个管胞，但如果一个管胞被栓塞，塞缘就会向充满水的管胞（其中的细胞液处于张力状态）的方向偏转，这样纹孔塞就会物理性地密封纹孔，隔离两个细胞。当充满水的管胞中的张力足够强时，纹孔塞会脱离塞缘，空气随机渗入并导致空化，引发进一步的栓塞。

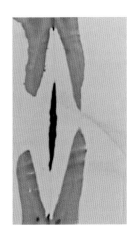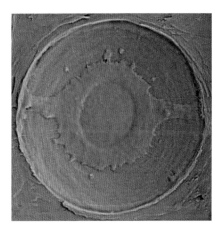

◁ 当一个管胞被栓塞时，纹孔膜偏向充满水的管胞，有效地将其与空气隔绝（如左图所示的透射电子显微镜图像）。纹孔塞执行密封功能（如右图所示的扫描电子显微镜图像）。

预防空化作用产生的适应

大多数气泡通过导管壁上的纹孔膜进入木质部液流。这些结构主要由纤维素和果胶组成，允许水从一条管道流向另一条管道。同时由于它们是多孔的，所以也允许空气扩散。在开花植物中，纹孔膜具有均匀的、类似织物的结构，它们通常沿着导管壁聚集在一起。气泡总是通过纹孔膜上最大的孔隙扩散，这是一种发育性的损害，也就是所谓的最薄弱环节。有证据表明，具有较厚纹孔膜的物种不太可能形成大孔隙，因此它们比具有较多纹孔膜的物种更能抵抗干旱所致的空化作用。然而，更厚的纹孔膜并不总是有利的，因为增强对空化的抵抗能力是以增加对水运输的阻力为代价的。

空化的咔哒声

在许多可用的研究栓塞的工具中，空化的咔哒声是一种放大空化中的木质部声波的工具，它让研究人员能够听到植物对干旱胁迫的反应，就像医生使用听诊器一样。数以千计的咔哒声诉说着干旱胁迫下植物所面临的麻烦。

生态木质部解剖学

茎是植物结构的核心要素，即使在干旱或冰冻期间也必须保持其功能的完整性。水分和韧皮部汁液的运输是植物生长和碳吸收的关键，因此植物维管组织，特别是木质部的结构和功能已经对气候因素产生了演化回应。这可能发生在个体或种群尺度上，也可能发生在更广泛的时间和空间尺度上。生态木质部解剖结构既是物种自然史的反映，也是生理制约的表现。

奥地利阿尔卑斯山上白雪覆盖下的欧洲云杉（*Picea abies*）。该物种狭窄的管胞是为了适应寒冷的高海拔生境。

美国加利福尼亚州南部的查帕拉尔生态系统以灌木为主。这些植物受到干旱、冰冻和火灾的胁迫，采取了许多生活史策略，这些策略反映在它们的木质部解剖结构中。

应对干旱

许多性状都与木质部的抗旱有关，很难简单概括物种特有的变异、可塑性和不同的生活史。例如，刺柏属植物（*Juniperus* spp.）这样适应干旱环境的针叶树的管胞既小又细，但喜水的落羽杉（*Taxodium distichum*）则生有又长又粗的管胞。多条小的管胞增加了冗余，而较少的大管胞有利于高效的水分运输。那么，为

什么不是所有的针叶树都像刺柏一样抗旱呢？原来，由许多小管胞组成的木质部密度很高，建造成本更高。面对有限的碳预算，包括裸子植物在内的所有植物为了应对气候变化和竞争，都演化出了符合各自经济成本的茎结构。

占据地中海和沙漠生态系统的被子植物灌木采用不同的木质部结构和功能策略。总体而言，抗旱的物种拥有嵌入厚壁纤维基质中的狭

裸子植物柏科（Cupressaceae）木质部的代表。从左到右依次为：西开普南非柏（*Widdringtonia wallichii*）、北美红杉（*Sequoia sempervirens*）和墨西哥落羽杉（*Taxodium monronatum*）。

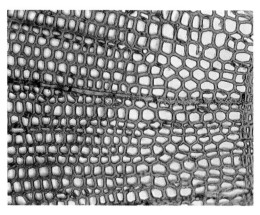

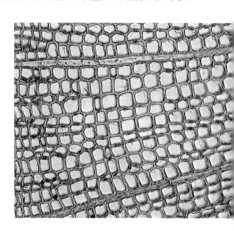

窄导管，这些纤维强化了导管，使其在被拉伸的情况下不会坍塌，表现出较高的木材密度。另一方面，根深植的物种由于供水更稳定，对栓塞的抵抗力较低，因此分配给木质部强化的碳资源较少。

应对寒冷

温带气候中，为了应对冰冻低温的挑战，木材被大致被划分为3类，每一类木材都有独特的生活史策略。这是因为冻融的循环也可能导致空化。冰冻的木质部汁液含有气泡，当液体汁液变成冰时，气泡就会结合在一起。随着冰雪融化和木质部张力的恢复，这些气泡可能会膨胀，使水柱空化，导管栓塞。由于空化的危险随着气泡大小的增加而增加，而气泡大小与管道直径成正比，因此管道直径大的物种更容易受到冰冻诱导的栓塞的影响。环孔材树种如栎属和核桃属植物（*Juglans* spp.）有很大的导管，它们缩短了生长季以避免结冰，而杨属植物（*Populus* spp.）的散孔材导管更细，因此它们在早春长出叶子，在秋季中期落叶。裸子植物一年四季都很活跃，如果温度较为温暖，它们仍可能会在冬季进行光合作用，因此经常受到冻融循环的影响。正是狭窄的管胞保护它们免受大规模栓塞的影响（见右文方框）。

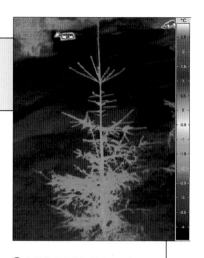

树木如何冰冻

林线上的针叶树适应的是极端环境。位于奥地利蒂罗尔的欧洲云杉在冬季可能会经历100多次冻融循环，但也可能由于针叶回温、冰晶磨损角质层和气孔关闭不足的任何组合情况而遭受干旱胁迫。到冬季结束时，这些树枝可能会经历与沙漠植物相当的脱水程度。此外，巨大的温度波动，再加上土壤和树干的冰冻，阻碍了水分在整个植物中的重新均匀分配。用红外热像仪拍摄的照片显示，小树干最容易受到每日温度波动的影响。尽管它们的木质部管胞非常小，但到冬季结束时，这些茎几乎都出现了栓塞的情况。

⊼ 红外热像仪拍摄的欧洲云杉。远端的小树枝最先结冰。（请注意背景中的两只兔子。）

◁ 耐旱的卵叶盐肤木（*Rhus ovata*）的木质部。更少和更窄的导管，再加上粗大的纤维，有助于该物种抵抗由空化导致的输导中断。

韧皮部的功能

（植）物中，糖分和其他物质的运输都发生在韧皮部。这种活组织总是与木质部相邻，但与木质部不同的是，它可以向植物内部的任何方向输送养分，主要是将养分从成熟的进行光合作用的叶片等部位运送到需要的器官，如新叶或发育中的果实。因为韧皮部依赖木质部进行水合作用，因此长期干旱会严重影响糖分和其他养分在整个植物中的运输。

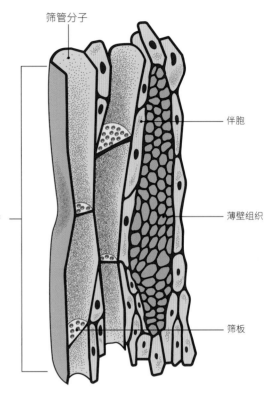

筛管分子

筛管

伴胞

薄壁组织

筛板

韧皮部的结构

被子植物的韧皮部一般由两种细胞类型组成：筛管（sieve tube）和伴胞（companion cell）。裸子植物的韧皮部也发现了类似的细胞，但目前对这些细胞的研究较少。韧皮部汁液通过筛管移动，筛管由堆叠的单个细胞（筛管分子，sieve element）通过被称为筛板（sieve plate）的多孔端壁区域相互连接而

> 韧皮部的结构。韧皮部汁液通过筛管移动，伴胞为筛管提供新陈代谢支持。

成。筛管分子缺乏细胞核和其他重要细胞器，因此依赖于邻近的伴胞来提供代谢支持。

伴胞具有完整的植物细胞器，因此除了承担筛管分子的代谢工作量外，它们还有助于糖分和溶质从叶肉细胞向筛管分子运输。伴胞和筛管分子之间由丰富的胞间连丝连接，使韧皮部成为植物中最具生理代谢活力的组织之一。

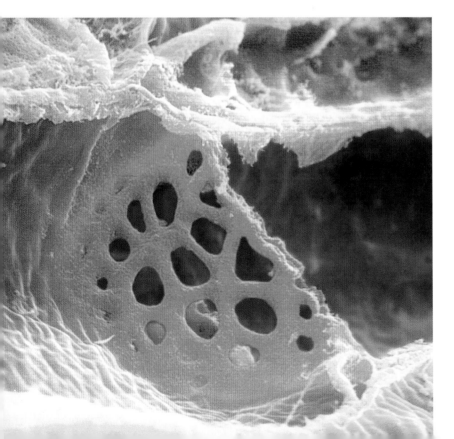

< 连接两个筛管分子的筛板。韧皮部组织的损伤可以触发筛板的闭塞，从而阻止汁液的流动。

韧皮部的运输

有证据表明韧皮部汁液的长距离运输是由渗透产生的膨胀压力驱动的，这就是众所周知的压力—流动模型（pressure-flow model）。叶片光合作用（或其他来源）产生的糖分通过与叶肉组织接触的伴胞进入筛管。筛管中蔗糖浓度的升高降低了汁液的渗透势，将邻近木质部组织中的水分吸引到筛管中。这具有增加筛管中的膨胀器压力的效果。在正压驱动下，韧皮部汁液被动地从源（source）流向库（sink）。糖分卸载到库中后，筛管分子和伴胞的膨胀压力下降。最后，韧皮部中的水分被循环回木质部。像水分运输一样，糖分的装载、输送和卸载的循环过程是连续的，这是所有维管植物固有的一种看不见但又至关重要的生理活动。

筛管中糖分的装卸既可以是被动过程，也可以是代谢辅助的主动过程。在韧皮部简单的被动装载中，糖分通过丰富的胞间连丝从叶肉沿浓度梯度高的地方向较低处移动。在韧皮部装载的聚合物陷阱模型（polymer trap model）中，伴胞内的蔗糖被逐步转变成更大的糖，以致变得太大而不能扩散回叶肉中，因此必须移

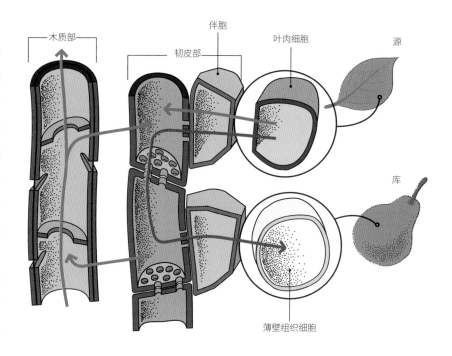

动到筛管细胞中。在一些植物中，由代谢辅助或"主动"向筛管细胞转载糖分的过程需要三磷酸腺苷（adenosine triphosphate），而不是仅依赖浓度梯度。糖从韧皮部卸载的方式因库的不同而不同。例如，将糖分卸载到水果或种子中需要能量输入，因为此时的运输必须与蔗糖浓度梯度相反。

韧皮部的转运。韧皮部汁液从源移动到库，依靠木质部中的水分在筛管中产生正压力进行。

研究韧皮部

研究韧皮部的工作机理是一个不小的挑战，因为筛管细胞对伤害的反应非常迅速。像蚜虫这样的吸食昆虫有专门的口器来避免这个问题，通常可以一次连续取食几个小时。科学家们通过麻醉取食的昆虫，将它们与口器分离，并收集树液渗出物，发现树液的大部分成分是糖，但在韧皮部液流中还可以找到少量的蛋白质、氨基酸、RNA 和激素。

▷ 外部树皮组织，从左至右依次为：掌叶鸡骨常山（*Alstonia actinophylla*，澳大利亚）、桉属植物（*Eucalyptus* sp.，澳大利亚）和榕属（哥斯达黎加低地）。厚厚的树皮可以防止火灾，剥落的树皮也会抑制附生植物的附着。

树皮的结构和功能

简 单的表皮层足以保护草本植物的内部组织，但树木需要树皮来保护它们的长期营养投资。表皮只由一层或两层细胞组成，相比之下树皮组织则是由许多不同类型和数目的细胞组成的，因此其结构和厚度也更为多样。除了保护作用外，树皮还具有其他功能，例如进行光合作用、储存水分和碳水化合物以及提供机械支持。

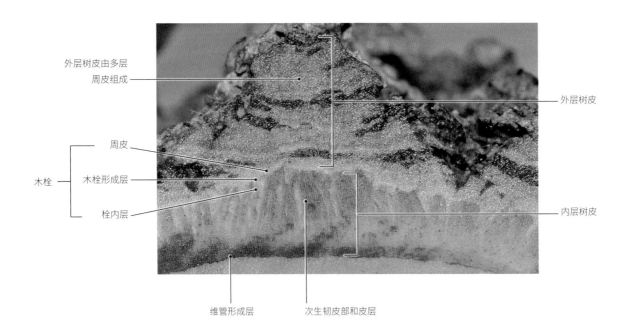

外层树皮由多层周皮组成

外层树皮

周皮

木栓

木栓形成层

栓内层

内层树皮

维管形成层　　次生韧皮部和皮层

⑦ 树皮组织的内部结构。外层树皮由多层死亡组织组成。内树皮和邻近的周皮层是活组织。

树皮的发育

统称为树皮的东西实际上是维管形成层外若干次生组织的集合。可见的外层树皮由多层死亡组织组成，称为周皮（periderm），覆盖在活的内层树皮上，包括次生韧皮部和韧皮部薄壁组织（皮层）。周皮由3种组织组成：木栓形成层是一个分生组织层，向外形成木栓层，向内形成栓内层。随着茎周长的增加，周皮也会发育。这些周皮起源于韧皮部薄壁组织细胞，韧皮部薄壁组织细胞脱落分化形成分生

左图：狭叶金钗木（Persoonia linearis，澳大利亚）的纸质、剥落的树皮，这是一种耐火物种。右图：颤杨（Populus tremuloides，加拿大），白色树皮上有明显的皮孔、树枝伤疤和伤口。

组织，形成新的木栓形成层。树干的增粗导致最远端的周皮开裂或剥落，使树皮具有独特的外观。幼茎中，周皮最先来自表皮组织。

树皮的特性

树皮的样式和功能尤其多种多样，研究人员正试图揭示它多层结构的保护特性。在易燃的生态系统中，如稀树草原和干燥的热带森林，树木的树皮往往比那些栖息在潮湿栖息地的树木树皮层更厚，因为潮湿地很少有火。一般来说，树皮越厚，其绝缘性能就越好，维管形成层免受火灾破坏的可能性就越大。因为树皮的厚度与树的高度密切相关，所以较大的树火灾后存活率也较高。增加树皮组织中的水分含量也可以抵抗火烧，更高的树皮密度也可以有类似效果。

树皮属性与昆虫、附生植物等生物因子之间的关系较难研究。如桉属和悬铃木属（Platanus spp.）植物的树皮会不断地剥皮或脱落，使得附生植物、地衣或寄生虫很难在树干上附着。热带地区的研究表明，附生植物更喜欢在稳定的树皮上生长，这些树皮往往表面粗糙，有一定的保水能力。树皮的化学性质在其中也起了作用。苔藓植物和地衣的存在通常与树皮的营养含量有关，而单宁可以抑制真菌和细菌降解树皮和木材组织。基于类似的逻辑，较厚的树皮往往含有较高含量的液态树胶，这种树胶会粘住昆虫的下颚从而使树皮免受攻击。

呼吸区域

树皮的隔热性能可以阻止氧气向茎内有效扩散，但气体交换对茎的新陈代谢是至关重要的。韧皮部是一种对新陈代谢要求很高的组织，而木质部中活的射线薄壁组织也必须进行呼吸才能发挥作用。树皮的气体交换通过皮孔进行，皮孔是周皮中的多孔区域。皮孔在周皮表面表现为明显的、规则间隔的斑纹，仔细观察就会发现，它们其实是由松散的真皮和薄壁组织组成的撕裂结构。皮孔可以由单个或成簇的气孔形成，在绿色树皮中，它们也可能通过二氧化碳扩散到韧皮部薄壁组织来促进光合作用。

皮孔。这些树皮穿孔在这棵杨树枝上明显地表现为白色的圆点。皮孔促进空气向茎内扩散。

树高的限制

在植物演化史上，真正的次生木质部的出现使树木能够在保持良好水分的情况下，通过长高来争夺光线。但究竟是什么因素决定了树高的上限呢？模型表明，树木的高度远远达不到木材材料特性所能维持的水平，而且光合作用的碳同化不足以补偿随着高度上升的呼吸作用成本，这一假设也不成立了。看起来似乎是环境和植物固有的特性共同决定了垂直生长的上限。

与长高相关的权衡

许多生理和生活史性状决定着树木的大小。例如，生长在浅层或严重缺乏养分的土壤中的树木除非种植在更好的土壤中，否则会发育不良。同样，严重的内涝会抑制氧气向根部扩散，从而限制呼吸。满足新陈代谢、病原防御、伤口修复和繁殖等基本需求需要充足的碳源，但由于生长需要更多的碳，所以光合作用活性必须满足茎的建造成本。因此，树在明亮、肥沃的生境中能长得最高，温和的气候和充足的降水可以支持叶片功能健康运行。

目前，对树高限制的最令人信服的解释集中在植物水分运输和光合作用之间的联系上。对于高大的树木来说，最大的障碍是叶片水分随着高度的增加而下降。这是因为水的运输面临重力和长距离运输带来的更大摩擦力的共同挑战。冠层顶部叶片中的气孔可能会关闭以应对干旱胁迫，从而降低光合作用速率，而膨压可能不足以支持茎和叶发育的细胞扩张。简单地说，树顶的树枝通常比树冠中部的树枝面临更大程度的干旱胁迫。干旱胁迫还增加了木质部栓塞的可能性，这可能会进一步阻碍水分的输送。

研究人员调查了一些世界上最高的北美红杉，发现其树冠顶端的枝条与靠近基部的有明显不同。在阳光明媚的日子里，110 米高的红杉树顶部的树叶与 30 米高的树叶相比，其叶片的水合作用几乎下降了两倍，这一效应伴随着光合作用速率的大幅降低。其他研究表明，随着树叶水分压力的增加，与预防栓塞相关的

⑦ 在新西兰，树蕨和其他木本植物共同竞争光线。得益于充足的降雨和高湿度，这些树蕨通常比木本被子植物更高大。

▽ 花旗松（*Pseudotsuga menziesii*）纹孔膜上的小孔随高度增加而变窄。更窄的孔径虽然提高了空化作用抗性但也减少了水流。

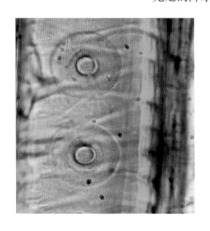
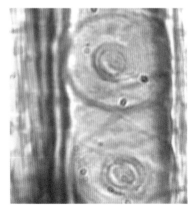

在雾中

多雾的气候为高大的树木创造了理想的生长环境，因为高湿度可以缓解水分压力。海岸红杉通过直接将雾气吸收到树叶中而获益。叶吸收被认为是在叶表面湿润的时候通过角质层发生的，在大雾中这可能足以驱使反向的水回流到茎中。这些水也可以储存在树叶内以缓冲水分的损失。

成本也会增加。花旗松纹孔膜的孔径随着高度的增加而变窄，这可能是为了产生更强大的阻塞能力。但这最终会导致狭窄的纹孔对水流产生额外的摩擦力。树冠顶部面临着更大的干旱胁迫，这可能有助于解释为什么世界上最高的树木通常生活在潮湿的、经常有雾的环境中。

◁ 尽管已有 80 多年的树龄，但由于生长在极其贫瘠的土壤中，美国加利福尼亚州沿海的侏儒树最高不到 2 米。

攀缘植物

攀 缘植物的运动和习性吸引了许多博物学家，例如查尔斯·达尔文就在 1865 年第一次发表了关于这个主题的长篇文章。攀缘植物们设计了一种仅以很少的成本而获得阳光的手段，这似乎很有独创性。它们在结构上也很有效：攀缘植物的叶面积约占森林总叶面积的三分之一，但其本身不到森林总生物量的十分之一。这种结构上的经济形式既解释了这些结构性寄生植物的成功，也能说明它们的局限性。

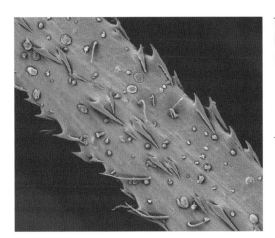

1mm

利用环绕、钩爪和缝隙抓牢

攀缘植物演化出了巧妙的机制以找到垂直方向的支撑，然后快速上升。许多这样的植物都有卷须，一旦长到一定长度，卷须就会开始向各个方向摆动，这就是所谓的回旋转头运动。回旋转头运动在所有植物茎中普遍存在，但在卷须中特别明显，它是细胞体积在方向上协调变化的结果。在建立接触圈后，卷须会进一步紧紧缠绕宿主以避免滑落。较早形成的自由圈会有助于将茎秆拉得更近。像铁线莲属（*Clematis* sp.）这样的叶性攀缘植物使用特化的叶柄来缠绕支撑结构，而另一些则利用特化的茎和花梗，在接触到宿主时膨胀。啤酒花（*Humulus lupulus*）的草本茎和缠绕的棕榈科植物使用锋利的钩子来进行支撑，而吸附类的攀缘植物，如爬山虎属（*Parthenocissus*）的藤蔓，会分泌一种多糖降解物黏合剂来支撑自身，或者迫使它们的附着器官进入缝隙，进一步变粗并牢固地卡在一起。

内部结构

攀缘植物的内部茎结构呈现出与直立植物非常不同的形状和力学性能。木质的攀缘藤本植物较为纤细，通常具有不规则的形成层结构，形成有裂纹的次生木质部和扁平的带状主茎。藤本植物可能会从宿主上掉落下来，所以

 草本茎上钩的扫描电子显微照片。这些钩子钩住宿主的表面，也增加了摩擦力以防止打滑。

 红钟藤（*Distictis buccinatoria*）是一种攻击性很强的攀缘植物，当与寄主接触时，它会产生三叉卷须，卷绕在一起。一旦建立联系，随着时间的推移，幼嫩而灵活的顶部茎秆将逐步变得粗壮而木质化。

这些复杂的结构被认为可以防止对维管组织的压迫破坏。在没有形成层的情况下，单子叶攀缘植物用来改善其机械属性的选择较少，但有人提出，其髓中分散的维管束可能在复合结构中起到缆索的作用。叶鞘和气生根可以赋予攀缘的单子叶植物额外的机械功能。不论是单子叶还是双子叶植物，攀缘茎较幼嫩的远端区域都比茎的较老部分更柔韧。这种资源的战略性分配确保了幼茎对其支撑结构及时做出适应性反应，同时其基部与宿主和土壤建立了持久的结构和资源联系。

转变过程中的权衡

从自主直立到攀缘生长的生活型转变已经在若干植物谱系中发生了无数次。这些转变总是需要在结构和功能上进行权衡。例如，直立状态的太平洋毒漆（*Toxicodendron diversilobum*）的树干是攀缘状态下的三倍粗。越粗的树干在结构上越稳定。其他植物在转化到攀缘形态之前更多地投资于纤维和次生组织，随后它们用更高比例的薄壁组织和更粗的维管束构成"更经济的"攀缘茎。

▷ 一棵木质攀缘植物蜿蜒地爬上树冠。光滑的藤蔓实际上是居住在树冠上的单子叶植物的根。像这样的木本藤本植物在热带地区很常见，那里充足的降水支持着高速率的水分运输。藤本植物可能有超过 2 米的木质部导管。

▷ 洋常春藤（*Hedera helix*）的不定根。其根毛分泌多糖和蛋白胶，这些物质会变硬成为一种坚固而持久的黏合剂。

缠绕的黄瓜卷须

解剖黄瓜（*Cucumis sativus*）卷须后就会明白卷须内为何会形成带状的特殊木质化细胞。其细胞壁结构以及水分含量的变化，引发了收缩并改变了带状纤维的形状，进而驱动卷曲产生。此外，纤维带的存在促进了"过度卷曲"，因此当卷须被拉伸时，螺旋也可以延伸，甚至增加额外的线圈，这使得张力状态下的卷须得到了强化。

茎形状的重要性

因为生殖器官的产生最终比枝叶本身更有价值，而自然选择总是倾向于最终产生既健壮又经济的植物，所以尽管茎和叶占植物生物量的 95% 以上，但它们只是达到目的的一种手段，因此植物完全有理由任意发挥。木贼属（*Equisetum* spp.）植物、竹子甚至老树的中空茎都是结构经济的很好例子，因为这些植物即使停止茎中部的碳投入也几乎不会失去机械弹性。

茎的形状和抗弯性

草本植物的茎绝大多数是圆形的，但空心、方形和三角形的茎也很常见。要了解这些形状的重要性，重要的是要了解远离几何中心抵抗弯曲的性质是如何改变的，这一特性被称为面积惯性矩（second moment of area）。以蒲公英（*Taraxacum* sp.）为例，其茎顶部生有一个花序。茎像稻草一样是空心的，可以抵抗变形，但如果把相同的茎组织排列成一个等长的实心圆柱体，那么茎会变得更细，也因此更容易弯曲，而且当然建造成本也会更高。也许一根非常短且坚硬的茎更不易弯曲，但这可能会影响种子的传播。高的中空茎的面积惯性矩比其假设的实心等效物更高，也更为经济。考虑到这种权衡，人们可能会理所当然地想知道为什么不是所有的茎都是空心的。一种观点认为

中空的茎在横向和顶部的载荷（如树冠施加的载荷）下容易弯曲。这一点，加上发育上的限制，可能有助于解释为什么竹子、木贼和禾草类都明显没有大的分枝。

杆的对称性和抗弯能力

对称性对抗弯能力也有深远的影响。圆茎，无论是实心的还是中空的，都可以向任何方向弯曲，但像两侧对称的方形茎如薄荷属（*Mentha* spp.）和莎草属（*Carex* spp.）植物茎的可弯曲平面就相对较少。对于薄荷而言，方形茎可能不会表现出更多的生物力学优势，而且交替的叶子排列可以改善光线获取，减少自身遮荫。相比之下，三角形的莎草茎可能有助于稳定其顶端相当大的叶片和花序。而改变最大的其实是攀缘植物，它们的特化茎在惯性矩上表现出极大的变异。例如，铁线莲属的一些物种生有椭圆形的茎，缠绕在格子上很像丝带，因为它们在一个弯曲平面上比在另一个弯曲平面上更柔韧。其代价就是在没有外部支持的情况下，铁线莲可能永远不能离开地面。

▽ 蒲公英空心茎状的花序梗。圆柱形的茎很经济，能抵抗弯曲应力，但因为没有髓，阻碍了其储存功能，因此也可能会卷曲到无法修复的地步。

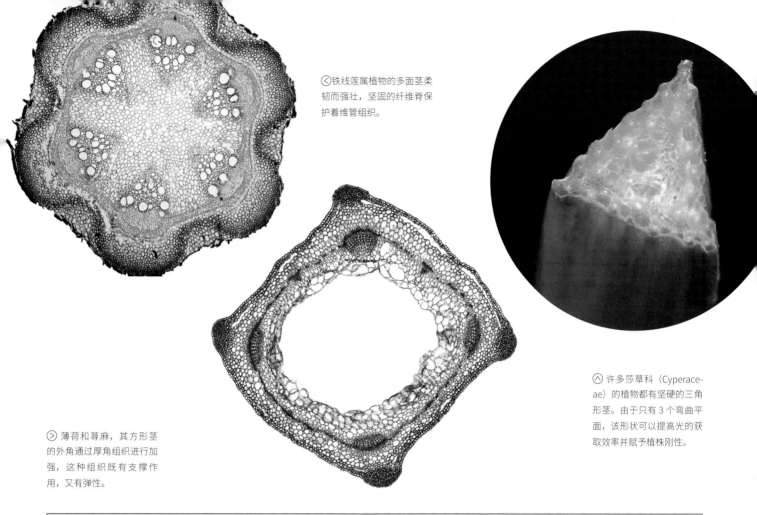

◁ 铁线莲属植物的多面茎柔韧而强壮，坚固的纤维脊保护着维管组织。

▷ 许多莎草科（Cyperace-ae）的植物都有坚硬的三角形茎。由于只有 3 个弯曲平面，该形状可以提高光的获取效率并赋予植株刚性。

▷ 薄荷和荨麻，其方形茎的外角通过厚角组织进行加强，这种组织既有支撑作用，又有弹性。

隐藏的形状

芭蕉属（*Musa* spp.）是草本植物，其主轴是由重叠的叶基组成的假茎。芭蕉植株既强壮又灵活，可以抵御强风，在没有木材甚至没有真正的茎的情况下，仍然支撑着很大的叶面积。芭蕉植株的优异特性部分归因于叶柄中存在星状薄壁组织。这种组织存在于许多单子叶植物中，提供内部支持，同时允许叶轴在风中扭曲变形，且不会弯折。

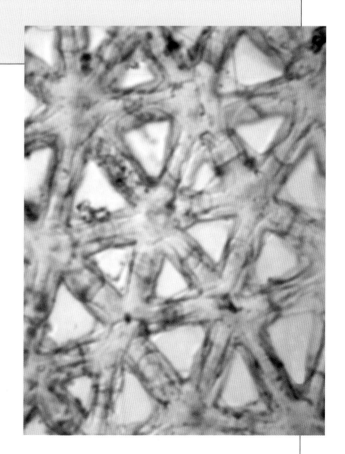

▷ 芭蕉属植物叶柄中的星状薄壁组织。单个细胞呈星形排列可以十分经济地提供机械强度。实验表明，移除这种组织会显著削弱叶柄。

水下茎

水 生植物演化出的生理特征使它们能够立足于令人惊叹的严酷生境。与陆生物种不同的是，它们可以应对低光照、湍流、阻力、低二氧化碳和氧气扩散等条件，甚至在根和根茎被淹没的完全厌氧条件下它们也能生存。睡莲、蕨类植物和灯心草等水生植物已经找到了若干种解决这些问题的办法。相比之下，水葫芦（*Eichhornia crassipes*）和浮萍这样的物种选择了浮在水面的生活方式，与上述物种采取了不同的策略。

⊘ 睡莲。水生植物的沉水根状茎可以在缺氧环境下生长。它们的叶子和茎有通气组织来支持气体交换和产生浮力。

睡莲的气体交换

睡莲（*Nymphaea* spp.）是一种多年生植物，依靠广泛的水下根状茎来固定和储存碳水化合物。在温带地区，湖泊结冰，植物落叶，只留下水底的根状茎越冬，直到次年春天再次复苏。这些特化的茎对于睡莲的生存至关重要，它们可以长到数米长，直径可达 10 厘米。通常情况下，根状茎被埋在水面以下 2 米的土壤中，但即使在浅水中，它们也几乎总是处于一种厌氧的静水环境中，缺氧和微生物毒素的共同作用显然对植物生存有害。因此根状茎的生存依赖于一种有效获取氧气和消除呼吸作用产生的二氧化碳的方法。

睡莲演化出了一种被动的、热驱动的气体交换机制，这一机制可以将大气中的氧气输送到根状茎中，帮助其在缺氧的基质中茁壮成长。气体在植物内部通过腔隙流动，腔隙是植物器官中较大的空隙。腔隙是连续的，占据了超过 60% 的叶柄和 40% 的根状茎体积（见第 323 页）。气体流动源于新生的睡莲叶的空隙，这些睡莲叶由于太阳的加热而受压。压力驱动下的气体通过叶柄向下运动，在叶子内部产生了真空，再次将空气吸入其中，从而保持了气体的连续流动。据推测，在温暖的一天里，可能有超过 22 升的空气注入根状茎中。气体通过老叶子流出，随着时间的推移，叶子变得多孔，无法维持压力。因此，老的睡莲叶子充当

新鲜空气

贫氧空气

新叶

老叶

底泥

根状茎

⊘ 睡莲的气体交换。新鲜空气进入嫩叶，通过压力驱动流进入根茎。缺氧的空气通过老叶排出。

了一个通风口，这是种着睡莲的池塘中大量气泡的来源。

这种对流通风的机制在其他水生根茎植物中也很常见，如莲（*Nelumbo* spp.）、多年生芦苇（*Phragmites*）、香蒲（*Typha* spp.）、针蔺（*Eleocharis* spp.）等。研究表明，阳光诱导气孔开放促进了空气的吸收，并且内部气体流动较低的阻力使这些植物相对于仅依赖气体扩散通风的植物具有竞争优势。气体对流也具有重要的生态意义。与依赖气体扩散的湿地系统相比，由对流通风物种组成的湿地的甲烷和二氧化碳通量要高出 15 倍。而全球变暖可能对湿地产生影响。

通气组织

水生植物通过被称为通气组织（aerenchyma）的特殊组织来实现浮力和气体扩散。通气组织既存在于水生植物的茎、根和叶中，也存在于经常被水淹的树木树皮的皮层组织中。它是一种特殊的薄壁组织，能够促进空气在整个植物中的扩散，从而提高氧气水平，以供植物呼吸。通气组织可以通过分裂形成，即细胞分离形成空隙，也可以由细胞的裂解形成。乙烯气体参与了根通气组织溶解形成的过程。缺氧会促进乙烯的释放，从而触发程序性和可控的细胞凋亡。根状茎中通气组织的形成也可能发生类似的过程。

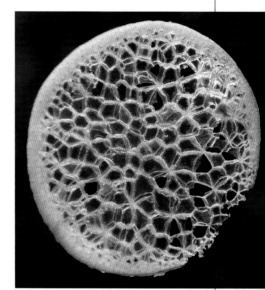

△水葫芦（*Eichhornia crassipes*）叶柄的横切面，显示通气组织。这些腔隙促进了茎和淹没的根中的气体交换。

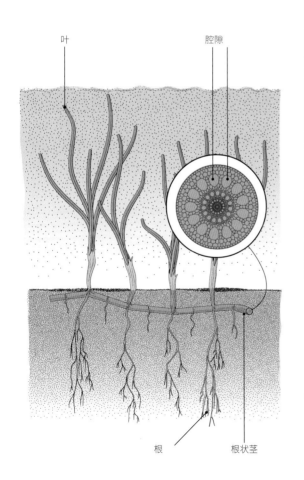

叶　　　　　　　　腔隙

根　　　　　　根状茎

◁ 海草是完全浸泡在咸水中的单子叶植物。海草通过匍匐的根状茎牢牢固定在沙子里，在光照充足、水深较浅的海床上形成大面积的居群。水分的运输对这些植物来说并不重要，因此根状茎中的木质部组织相较于韧皮部高度退化，根状茎的大部分都被薄壁组织或通气组织所占据。

茎的变态

植物已经成功改造了几乎所有的器官用于满足超出其最初用途的需要。有些茎在地上，有些埋在地下，还有一些出现在附生或水生植物中。很多情况下，如果不了解一个物种的生活史、发育过程甚至解剖结构，就很难区分变态茎和贮藏根。但通常而言，变态茎上会产生叶、花、根或其他茎，也可能有侧节，最重要的是，它们总是出现在根和叶之间的位置。

形态与功能

如果说植物的整体形态取决于茎的构造，那么变态茎便极大地丰富了植物形态和功能。在一些攀缘植物中，如葡萄，先端的茎被改造成了卷须，成熟时可以产生叶子和花朵。叶状茎是特化成扁平叶状的茎，例如仙人掌可食用的部位，其上的刺实际上是特化的叶。除了叶刺外，物理防御还包括枝刺和皮刺，但在这些刺中，只有枝刺才是真正的茎，因为它们出现在叶腋处。皮刺，例如蔷薇上的皮刺，是表皮和皮层的产物。

储存水和食物的茎可能是大多数人所熟悉的。柱状仙人掌，如巨型仙人掌（*Carnegiea gigantea*）的茎格外膨大，其内薄壁细胞的

充气的茎

沙漠苞蓼（*Eriogonum flatum*）是美国西南部的一种多年生植物，从其基生莲座叶丛中会冒出若干肿胀充气的茎。大多数沙漠短命植物在春天都很活跃，它们早在夏季炎热开始之前就结下了种子，但沙漠苞蓼凭借其绿色的茎延长了生长季，在基生叶死亡后，茎仍然维持光合作用。与叶相比，茎对高温和干燥空气的耐受性更强，在光合作用过程中几乎不会损失水分，这可能是因为它们的气孔可以在保持关闭的同时固定储存在中空茎内的二氧化碳。令人难以置信的是，由于根部的呼吸作用和土壤中的二氧化碳通过细长的茎腔进入充气室，其茎内的二氧化碳浓度至少是大气中的 20 倍。

大液泡中储存了大量的水分。由于其根部较浅，且其生长环境很少有降水，巨型仙人掌的茎执行了水合作用、支持作用和光合作用。在大戟科（Euphorbiaceae）植物和猴面包树（*Adansonia* spp.）的树干中也可以看到充满水的茎。

地下变态茎

茎在地下也会发生相当大的变化，形成块茎、鳞茎、球茎和根状茎，所有这些茎都起着储存淀粉的作用。鳞茎（如大蒜）是极度压缩的扁平的盘状茎，上面聚集着肉质的鳞叶。在全球范围内，消费最广泛的块茎是土豆。还有一部分茎由细长茎的尖端发育而来，称为匍匐茎或走茎，这种茎既可以在空气中生长，也可以在土壤中生长。马铃薯（或山药）的"眼睛"是产生嫩芽的节，只有具节的马铃薯插条才能成功繁殖。根状茎可能在地下，也可能不在地下。在鸢尾属（*Iris* sp.）植物中，根茎延伸到地下，而在蕨类植物中，它们可以在地面也可以附着在其他植物上。

匍匐茎的优势

大多数变态茎对于植物生存的价值是不言而喻的，但匍匐茎的功能仍然有待进一步研究。研究表明，在海滩栖息地，流动沙丘的不稳定性可能会淘汰或掩埋生长缓慢的植物。此时匍匐茎就是有利的性状。匍匐茎可以迅速扩展植物的伸展范围，使其能够在栖息地内迅速立足，并容忍频繁的干扰。

此外，匍匐茎还可以促进克隆物种的资源共享，营养物质、水和糖可以从茁壮的个体转移到克隆的其他部分。茎的适应性使植物能够在最具挑战性的环境中茁壮成长。

⟨∧⟩ 马达加斯加特有的树——猴面包树的树干中储存了大量的水分，足以支撑到旱季结束时，新叶长出。

⟨▷⟩ 小花虹山玉（*Sclerocactus parviflorus*）。这种仙人掌的茎主要由薄壁组织组成，形成一个储水池，使它能够在长时间缺水和高温条件下存活。

⟨◁⟩ 侏儒鸢尾（*Iris pumila*）的根状茎。根状茎为伸长的多年生非木质茎，可以起到储存或支持的作用。节上的分生组织产生新芽。

对机械应力的响应

除了食草动物的啃食、水分的多寡以及光照水平变化等因素，植物还会对机械应力的冲击做出响应。常见的物理干扰包括大风、雨、雪、树冠层掉落物砸下来造成的影响，或者是动物的"恶作剧"，比如攀爬、在树枝上荡秋千等。植物对这些干扰的生理和结构响应称为接触形态建成（thigmomorphogenesis），草本植物和木本植物对此的反应是不同的。但所有植物都有一个共同点：暴露在一定的胁迫因素下会使它们更具抗性。

⊙ 暴露在外的树木，如松树，受到来自风、雨或雪的持续机械负荷，作为对此环境的响应，较小的叶面积减少了树冠受到的阻力，而茎得到了更多应力木以增强自身的支撑力。

大风的阻力

植物对风和机械搅动的一般反应是缩短它们的整体身高，增加它们树冠的灵活性。在细胞水平上，草本植物在茎中发育出更多的厚角组织，以及更多的木质化厚壁组织纤维。更短粗的茎上会生出更小、更耐寒的叶子。茎变得更柔韧还是更硬，这往往取决于环境和物种：暴露在多向风中的植物可能会发育出更柔韧的茎，而单一方向的受力往往会增加茎的硬度。但抗性的建立是有代价的——通常伴随着花朵、果实和种子数目的减少。

木本植物的应对之策

木本植物的接触形态建成依赖于形成层的反应。木质部是一种死亡组织，因此对机械或化学刺激没有反应，只有最新生成的木材才能对胁迫产生反应。在无方向的大风环境下，裸子植物和被子植物都表现出木质部导管变短变细，且木材密度进一步增加的现象。更粗的树干和不对称的树冠可以减少风阻，这种情形在经常刮大风的环境中很常见。一些树种还会将叶片脱落或卷曲以增加树冠上方的空气流动，从而减轻树干的压力。在高海拔地区树线等生存压力很大的生境中，高山矮曲林中的树会产生永久变形，植株矮化，形成不对称的树冠。许多高山矮曲林物种木质部的扭曲被认为可以增加强压下的轴向弹性。

机械刺激的感知

植物感知压力和对压力作出反应的确切方式还没有完全弄清楚。一般来说，植物对刺激的反应具有剂量依赖性、系统性和可饱和性。对拟南芥的研究表明，其数百个基因（超过3%的基因组）在30分钟的机械搅动中变得活跃。机械刺激的感知可能源于细胞膜。在细胞膜中，特定的蛋白质（如拉伸—激活通道蛋白）对刺激或膨压的变化作出反应，进而诱导了涉及钙和一系列植物激素的信号转导通路。

应力木

大雨、大雪等静态负荷，甚至是叶冠的重量都会给树枝施加压力，但随着时间的推移，树枝会恢复原来在树上的角度和位置。这种接触形态建成的背后是被称为应力木的特殊木质部。在针叶树中，应力木被称为应压木，而在被子植物中被称为应拉木。应压木形成于针叶树顶端承重枝条的底部，此处应压木比规则的木质部颜色更深，木质化程度更高，由短、圆、厚壁的管胞组成。应压木的形成会导致茎的不对称发育，这将承压变形的茎推回到应有位置。而被子植物的应拉木则发育在枝条的上部。由收缩的凝胶状纤维组成，应拉木将茎拉回正确的位置。应力木补偿了由于山体滑坡或风暴造成的整棵树的倾斜，帮助其重新调整方向，直立生长。

应拉木把树拉回原有位置

被子植物

应压木把树推回去

裸子植物

应拉木

应压木

◁ ∧ 裸子植物和被子植物中的应力木。裸子植物的应压木形成于茎的下部，而被子植物的应拉木形成于茎的上部。

▽ 对应木

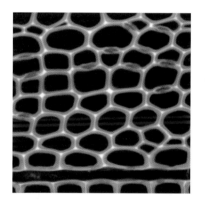

松树

∧ 应压木

▽ 对应木

杨树

▷ 松树和杨树中的正常木材（对应木）和应力木。值得注意的是，相对于对应木，应压木和应拉木的细胞更圆，细胞壁更厚。应压木比对应木（左下）更致密和更硬。相比之下，凝胶层的厚度和化学成分的变化，加上不同的纤维组分，使应拉木成为一个机械结构上更复杂的组织（右下）。

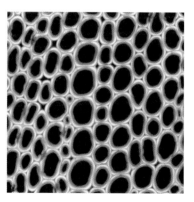

∧ 应压木

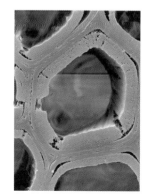

∧ 应拉木

树木年代学

（树）木年代学是一门研究树木年轮随时间变化的学科，是一门不断扩展的、多层次的学科，旨在判断日期，并在自然和人类历史背景下理解特定事件。其基本的理论前提是基于树木生长和木质部发育是各方面综合的反映，包括气候、老化、林分动态和干扰，以及某种程度上无法解释的变异。

（⌐）树的年轮。年轮厚度和细胞属性的年度变化可以与气候信号联系起来。需要许多个体的记录才能在统计上得出可靠的解释。

（⌐）长期参考年表可以通过交叉测定活树和在不同时间点死亡的树来生成。在这个例子中，通过对比几个不同树木样本之间的重复年轮模式，可以获得该地区连续的时间顺序记录。

确定年代

随着树木的成熟和发育，它们的木质部记录了许多事件和条件，其中一些会引起人们的兴趣，一些则不会。树木年代学方法是通过统计分析消除虚假或不相关的信息，以放大所需的信号，例如气候变化。为此，研究人员会非常谨慎地选择合适的地点，在地点内尽可能充分地重复取样，恰当地钻取树芯，并交叉比对获取的年轮信息，以得到正确的年代信息。对

树木年轮的正确解释取决于交叉定年。这意味着将位置和厚度未定的年轮标本与已经反复核验过的标本进行一致性比对，首先确定样本是否包含全部预期的年轮（一些可能缺失，或是假年轮）；其次，确定这些年轮是否共享一些相关的属性。对逐渐变老的树木进行重复的交叉年代测定，从而获得准确的年代记录，其结果取决于已知的年轮之间的关系，以及可能影响树木年轮发展的气候和生物因素的变化。

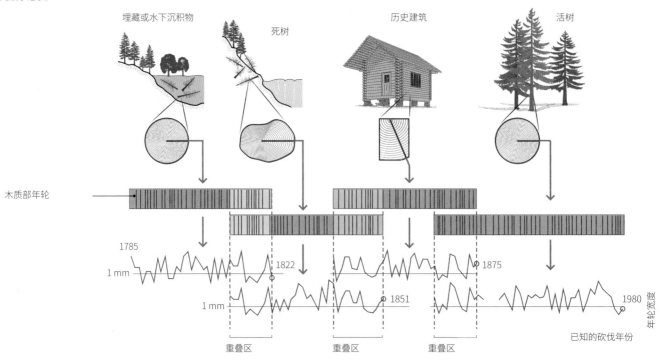

树木年代学与火山喷发事件

　　解读年轮中蕴含的信息需要专业知识。这里展示的是采集自美国内华达州东部山区的狐尾松个体样本，该物种是最长寿的树木。黑点表示交叉定年的年份，白色圆圈对应 1836 年和 1838 年形成的年轮。这几年和 1840 年反复出现年轮宽度的最小值，推测是气候变冷和几次重大火山喷发（如 1835 年尼加拉瓜的科西吉纳火山喷发）后日照减少所致。每个个体年轮在绝对宽度上常存在相当大的差异，但当样本按时间顺序排列时，每个年轮内的一致变化又反映出了同一种模式。

▽ 狐尾松个体样本从 19 世纪 30 年代至 40 年代的年轮。从若干个体中观测到的年轮宽度的最小值有力地证明了当时的气候事件对植物生长造成了不利影响。

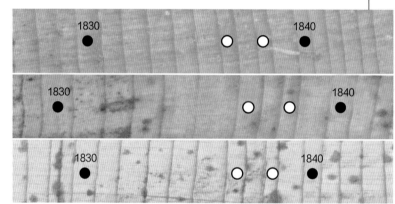

还原历史事件

　　交叉定年和年轮分析的强大方法已经为人类活动和小行星撞击等现象提供了许多重要的解释。对考古学做出最重大贡献之一的是美国天文学家 A. E. 道格拉斯（A. E. Douglas），他在 20 世纪初汇编了一份长达 700 年的年轮年表，确定了干旱的美国西南部许多美洲原住民聚居地的形成年代。他通过对博物馆收藏品中当地建筑的横梁和木制品进行取样，对其年轮进行交叉定年测定，然后用已确定年龄的活树样本进行校对，最终确定了这些建筑的具体年代。这之前人们对这些古代民族的文化已有很多了解，但对他们的居住地遗址进行具体年代的确定可以让考古学家进一步揭开他们的历史。

　　在地球的另一边，俄罗斯和美国的科学家利用树木年轮来了解 1908 年 6 月 30 日发生在俄国西伯利亚的通古斯卡事件。有证据表明，当时一个天体在半空中撞击或爆炸，导致能量异常释放，以至于超过 2000 平方千米的森林被毁。仔细检查幸存下来的树木年轮，从 1909 年以后它们狭窄且发育不良的年轮来判断，撞击极有可能使这些个体叶片脱落。研究人员可以据此推测爆炸产生的热量冲击的大小。

茎分泌物

植物的次生代谢过程会在茎中产生分泌物，如树脂、乳胶和树胶。这些黏性物质对植物防御很重要，但它们并不像维持呼吸和生长必需的糖分和碳水化合物那样对生存至关重要。在自然界中，茎分泌物的复杂化学成分，再加上它们的黏性，帮助植物在食草动物和真菌病原体面前建立起强大的防线。另一方面，人类被其有用的特性和诱人的芳香所吸引，经常不遗余力地寻找产树脂的乔木和灌木。

▷ 大戟科植物特有的黏性乳状乳汁从南欧大戟（Euphorbia peplus）茎的切口处渗出。这种乳汁主要用于保护植物免受食草动物的伤害，杀死病原体，以及封闭受损的组织。

↻ 从橡胶树（Hevea brasiliensis）中提取的乳胶是天然橡胶的来源。收集乳胶的方法是先将树皮沿交叉线切开伤口，然后让液体沿着树的边缘流入桶中，整个过程持续数个小时。

茎分泌物的生物学特性

茎分泌物的化学成分在不同物种之间差异很大，产生分泌物的组织结构也是如此。树脂（resin）在针叶树和几个被子植物类群中很常见，一般为具有不同程度挥发性的萜类和酚类次生化合物的黏性可变的脂溶性混合物。例如，萜类 α - 蒎烯具有挥发性，是松树树脂特有的香味来源，而松香酸的挥发性很低，可以作为树脂的基质。分泌物流动性的大小取决于挥发物与非挥发物的比率，挥发性成分往往会使树脂变稀。在茎中，树脂在树脂道、导管或分泌腔中产生，在木质部和树皮中都可以找到。这些结构有一层上皮衬里，树脂会分泌在管腔内。

在被子植物中，最常见的茎分泌物是乳胶（latex），有些类群（如大戟科植物），产生乳胶的数量非常丰富，具有重要的经济价值。乳胶的颜色从乳白色到红色不等，其中萜类化合物、蛋白质、碳水化合物、单宁和其他成分构成了液体的主体。乳胶存在于被称为乳汁管（laticifer）的特殊细胞中。

最后，树胶（gum）主要存在于被子植物中。树胶分泌物是由薄壁细胞产生的，这些薄壁细胞形成一个腔，其中具有富含多糖的液体。蔷薇科的李属（Prunus spp.）和苹果属（Malus spp.）植物经常分泌树胶。

↻ 松树树脂。树脂起到了驱虫剂的作用，也有助于密封伤口，以免细菌和真菌进入树木。它在经济上也很重要，松脂被广泛用于木制品的处理和抛光。

▽ 松树树皮上（图中的大空隙）和茎木质部中的树脂道（腔隙内衬有染成蓝色的上皮细胞）。这些管道内具正压，所以当昆虫进食造成破坏时会释放树脂，粘住昆虫，或者刺激它的口器。

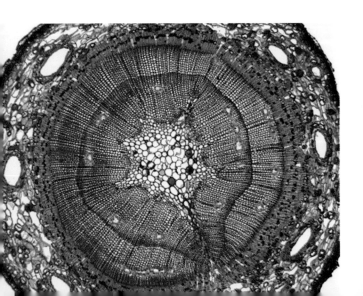

茎分泌物的作用

茎分泌物在抵御病原体和食草动物方面起着至关重要的作用。受损的茎组织不会立即愈合，所以用树脂等分泌物封闭伤口，对真菌和细菌造成物理上的阻碍。茎外侧的组织通常是树脂的主要来源，所以修剪树枝时保留外侧树皮十分重要，这可以让树脂密封伤口。

在裸子植物中，松脂的释放通常与树皮小蠹等昆虫的攻击有关，这些昆虫的幼虫会钻入形成层区域啃食韧皮部。事实上，大小蠹属（*Dendroctonus* spp.）甲虫造成的选择压力非常强大，致使许多松科物种结构性地产生了大量可分泌树脂的树脂道，在受到攻击时可以上调树脂的流动。与树脂的接触足以使昆虫动弹不得，干扰其上颚活动。对美国黄松（*Pinus ponderosa*）的大量研究表明，在生长季节，树脂的化学成分变得更加复杂，产量随着昆虫生命周期的推移而增加。

乳香和没药

乳香（frankincense）和没药（myrrh）丰富了世界各地的宗教故事和仪式。乳香是乳香树（*Boswellia sacra*）的分泌物，这是阿拉伯半岛南部和非洲东北部特有的一种坚韧灌木。最有价值的收获来自刮取的第三层树皮，这部分树皮中的树脂，其多糖和萜类化合物的混合物散发出一种甜蜜的芳香。没药是另一种树脂，可以从没药属（*Commiphora*）植物树皮中收集，例如没药（*C. myrrha*），其分布与乳香木重叠。从历史上看，没药的收敛止血特性使其成为葬礼的理想原料，它在现代香水和医药中仍有价值。

⌒ ⌒ 在植被较少的沙漠环境中，乳香树在很大程度上依赖它的树脂来保护自己免受食草动物的伤害。

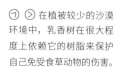

环境胁迫的恢复能力

健康的森林对我们这个星球的生态和气候平衡至关重要。森林约占陆地表面积的30%，封存的二氧化碳至少与人类排放的二氧化碳一样多，并通过能量交换、水分运输、养分循环和挥发物的释放来影响气候。在热带地区，高达50%的降雨是蒸腾作用的结果，因此即使是有限的森林砍伐也会造成湿度和气温的变化。在经历了几十年的森林砍伐之后，"我们该如何保护地球上的绿色"这一问题被提上日程。

健康的颤杨林。颤杨（*Populus tremuloides*）是高纬度和高海拔环境中的重要落叶树种。它特有的白色树皮和颤抖的叶子是北美洲西部森林的象征。

美国科罗拉多州南部受干旱影响的颤杨林。由于颤杨适应温带气候和高海拔生境，在长期高温缺水的情况下，它很容易受到干旱胁迫的影响。

气候变暖和干旱胁迫

全球各地都观测到气候变动下森林死亡率的增长，其中气候变暖和干旱是最主要的因素。而树木确切的死亡原因因地区而异，但越来越多的研究认为可能有两个不相互排斥的过程扮演了主要角色：碳胁迫和木质部栓塞。

气候变暖或长期缺水会导致植物的气孔关闭，从而限制光合作用，此时就会出现碳胁迫。在没有二氧化碳吸收的情况下，持续的呼吸作用进一步减少了淀粉和糖分的储存，使得植物几乎没有多余资源去抵抗病原体，或是从干旱中恢复过来。"碳饥饿"作为证据的效力是有限的，因为它不太可能直接杀死树木。

另一方面，栓塞引起的水分限制越来越受到重视。在这里，气候变暖和土壤水分不足共同增加了植物的受干旱胁迫程度，从而增加了木质部的汁液张力，使导管网络极易受到栓塞的影响。不能把水输送到树冠上会给树木带来灾难性后果。对杨树的研究表明，在干旱和气候变暖的地区，树木经常超过它们水力压力的极限，这在很大程度上解释了在美国西部观察到的大片杨树林死亡的现象。然而这并非全部原因，因为遭受旱灾的树木更容易受到虫害的影响。

虫害和火灾

最近爆发的小蠹虫虫害已经摧毁了加拿大西部和美国森林中数以百万计的针叶树，造成了巨大的经济损失，并在此过程中增加了大气中的二氧化碳。森林栖息地的丧失往往伴随着野生动物的死亡。这一次又是气候变暖和干旱共同导致了这场灾难。夏季干旱和较高的气温降低了树木的抗逆性，同时加快了昆虫的生命周期。此外，冬季气温如果不够低可能不足以冻死持续存在于形成层附近的幼虫。

松蠹虫的爆发与森林火灾的相互作用增加了问题的复杂性。一方面被感染、濒临死亡的树木会更加易燃，另一方面早期烧伤造成的树皮损坏可能会使树木更容易受到感染。与火灾活动增加相对应的是树脂的分泌量和萜类化合物含量的升高，这些物质最终会落入森林地面，并增加了林下枯落物的易燃性。这些事件的相互联系是不可避免的，但森林是有弹性的，如果给予足够的时间，它确实会自行恢复。

◁ 遭受干旱和蠹虫危害的森林更容易受到强烈火灾的影响。可燃物载量的增加会导致更高的火灾发生频率和严重程度。

抵抗火灾

生活在火灾多发地区的物种已经演化出相应的策略，使它们得以在大火中幸存下来。一些灌木如盐肤木属（*Rhus* spp.）、佛塔树属（*Banksia* spp.）、桉属植物甚至一些针叶树种，依靠木质瘤产生新树冠。木质瘤是茎基部的膨大，含有芽和丰富的淀粉储备。但即使没有膨大的木质瘤，许多耐火树种也可以凭借其厚厚的树皮和持续的形成层活动提高对火灾的忍受能力。只要树木的大部分形成层保持完好，它在火灾后仍有很好的恢复潜力。

⑦ 希腊草莓树（*Arbutus andrachne*）生活在火灾频发的地中海地区。它膨大的木质瘤可以在火灾后长出新芽，从而快速恢复重新长出树冠。

▷ 蕨叶斑克木（*Banksia oblongifolia*）。这种植物是澳大利亚东部的特有品种，通过从其木质瘤中产生嫩芽和从其果实中释放种子来适应森林大火。

叶

4

叶无处不在。绿叶是地球生命的画布，在这类器官内部，悄无声息的光合作用为几乎全部的生命提供了动力。光合作用是一种非凡的化学魔术，它利用阳光中的能量、营养、二氧化碳和水制造出有用的食物、纤维和其他物质（例如药物）。这些产物不仅对植物本身至关重要，也对食用植物的动物（包括人类）产生非凡的影响。

然而，尽管大多数叶是植物茎上扁平的绿色光合器官，但这并非叶的定义。在生物学中，植物的各部分器官不是由功能决定的，而是由它们在植物上的位置决定的。叶是在茎上生长的器官，在叶与茎相接的叶腋处产生芽。腋芽可以长成侧枝，也可以发育成花。因此叶不仅可以是光合作用的器官，它们中的一部分甚至可以消化掉动物界的一些成员。

苔藓植物叶

苔<!---->藓 类、苔类和角苔类植物通常生活在维管植物的阴影下。这些植物被统称为苔藓植物，它们是与距今 4.7 亿年前第一批从水中登陆的植物亲缘关系最近的现存生物。因为它们不产生木质组织，也缺乏维管结构，所以它们只能长到几英寸高。然而在某些情况下，它们进行光合作用的结构看起来像被子植物的叶子。

并非真叶

乍一看，金发藓（*Polytrichum communune*）和欧石楠（*Erica scoparia*）的叶子外表上很相似。然而，藓类的叶在叶腋与茎接触的地方没有芽，所以严格地说，它们不是真正的叶子，而是叶状柄（phyllodes）。这两种植物的叶子内部结构有很大的不同。藓类的叶子一般只有一到几个细胞厚，有一条略微隆起的中肋。中肋内部具有导水细胞和类韧皮细胞，它们专门用于输送水分或光合作用的产物。

⊽ 外表可能具有欺骗性，在金发藓中，看起来像是叶子的东西实际上是叶状柄，因为它们没有腋芽。

⊼ 像泥炭藓属（*Sphagnum*）这样的苔藓可以在它们的细胞中储存大量的水分，以避免由于其细胞中缺少气腔而脱水。

⊲ 虽然表面上的外观类似于金发藓的叶状柄，但欧石楠的叶实际上是真正的叶，因为它的叶腋处有芽。

水分流失

与维管植物，如蕨类和被子植物的叶不同，苔藓的叶中没有气腔。这是因为它们很薄，所有的细胞都与空气接触，因此气体可以很容易地进出。其他所有陆生植物的叶都要厚得多，具有允许气体进出细胞的气腔。苔藓通过叶吸收大量的水、营养物质和气体，这意味着它们不能有厚厚的防水角质层。因此，它们很容易因为干燥而导致细胞失水。尽管这是一个明显的弱点，但苔藓经常生长在遭受严重干

所有叶

藓类只是三大类苔藓植物的其中之一，与其他两类相比，它们的叶非常多。角苔很稀有，现在全世界只有大约 200 种。相比之下，大约有 12 000 种苔藓，其中许多非常常见。苔类虽然较鲜为人知，但也大约有 9000 种之多。从字面上看，苔类被称为"像肝脏的植物"（liverwort），它们看起来确实像一块块有些恶心的肝脏。对于园丁来说，它们是一种适合播撒种子的盆栽杂草，因为种子发芽的理想条件也是地钱（*Marchantia polymorpha*）等物种生长的理想条件。这些叶状地钱除了小的根状体和雨伞状的生殖结构，基本上都是叶状体。

⟨∧⟩ 地钱的叶状体在育苗的花盆中很常见。

⟨∧⟩ 尽管容易失水，但苔藓具有极强的适应性，能在干旱时期存活下来，甚至能在石墙的顶部存活。

旱的地方，例如墙顶，这是因为在其诞生之时还没有土壤，使得它们比大多数陆地植物更能吸水。这是植物在陆地上拓殖的一个非常重要的早期适应，而且和今天的苔藓一样，早期的陆地植物也没有根。

既美丽又实用

泥炭藓生长在世界各地的酸性沼泽中。尽管栖息地很平凡，但这些美丽的植物却拯救了无数生命。因为它们的叶可以吸收比自身重量重很多倍的液体，所以它们是很好的伤口敷料。事实上，它们甚至比无菌绷带更好，因为它们含有可以预防感染的抗生素。

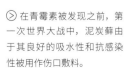

⟨⟩ 在青霉素被发现之前，第一次世界大战中，泥炭藓由于其良好的吸水性和抗感染性被用作伤口敷料。

蕨类植物的叶

地 球上大多数植物内部都有一个木质化的管道系统，被称为维管组织，它们因此得名维管植物。大多数现存的维管植物都能产生种子，但蕨类植物，包括石松类和蕨类（及木贼类和松叶蕨类）并不能产生种子。石松类曾经数量众多，在生态上也非常重要，但现在它们的数量正在下降。时至今日，蕨类植物仍然大量存在。

相似却不同 —— 趋同演化

所有维管植物的叶子都有 4 个共同点：它们都有包含管道的叶脉；它们不会永远生长，而会有最终的大小（被称为有限生长，determinate growth）；它们的上下表面不同；它们的排列方式也仅有几种。尽管维管植物的叶子共享上述这 4 种特征，但目前认为其演化不止进行了两次，可能很多次。如果用相同的词汇去描述一个各自演化多次的结构，那么不同植物类群间本质性的差异就会被忽视掉。但维管植物的叶的内部结构都看起来非常相似，这些事实表明，形成一个扁平的进行光合作用的器官确实只有一种方式。

蕨类植物的叶

蕨类植物的叶与种子植物的叶存在较大的差异。首先，蕨类植物的叶腋处不具有芽。此外，其叶背面具有孢子囊群（sori），这是蕨类植物产生孢子并进行繁殖和扩散的关键结构（见第 5 章）。第三个区别是一些蕨类可以从其叶上产生小植株，例如芽孢铁角蕨（*Asplenium bulbiferum*）。最后，蕨类植物的幼叶是拳卷的，看起来就像主教的牧杖。

▽ 石松类，例如小石松（*Lycopodiella inundata*），是一种数量日益减少的、古老的植物类群。

◁ 鸵鸟蕨（*Matteucia struthiopteris*）拳卷的幼叶好似主教的牧杖，与被子植物的叶形成鲜明对比。

芽孢铁角蕨的叶具有胎萌现象，这是一种有利于快速增加植株个体数目的适应特征。园艺师们常利用这一特性繁殖新的植株个体。

什么是孢子？

蕨类植物叶背面产生的孢子从某种意义上讲类似于种子，因为这是蕨类植物传播到新栖息地的方式。然而，它不仅仅只适用于扩散"生命载体"，更在有性生殖过程中扮演了重要的角色（见第 5 章）。下方展示了许多各式各样美丽的孢子囊群结构，它们在鉴定蕨类植物物种时非常有用。

蕨类植物叶背面的孢子囊群结构具有极高的多样性，可用于鉴定物种，左侧为夏威夷蕨（*Microsorum* sp.），中间为莲座蕨（*Angiopteris evecta*），右上为斑点蕨，左下为泽丘蕨属（*Blechnum* sp.），右下为绒紫萁（*Osmunda claytoniana*）。

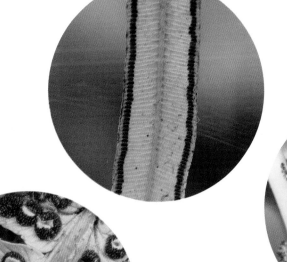

裸子植物的叶

对于一个物种数目相对较小的类群而言，裸子植物的叶具有不同寻常的多样性，我们所熟悉的松针就是其中的一个典型代表。在所有植物中，最容易辨认的叶是银杏（*Ginkgo biloba*）的扇形叶，它似乎与 1.85 亿年前化石中的银杏属植物的叶完全相同。麻黄属的物种则走到了另一个极端，它们似乎没有叶，完全由茎组成。

△ 苏铁的叶同椰子叶类似，是植物界中最坚硬和锋利的叶。

▽ 松柏类植物是我们最为熟知和常见的裸子植物，但这类植物的叶形态也有很大的变化。

裸子植物的不同类群

现存的裸子植物有四大类群。首先是银杏，它可能是生命之树上最孤独的物种之一，因为它是该纲中唯一的物种，而鸟纲就包含了所有 10 000 种鸟类，与之相比就能看出这是怎样的不同寻常。接下来是苏铁，它的叶看起来有点像椰子（*Cocos nucifera*）。第三类则是我们最熟悉且种类最丰富的类群——针叶树，但这一类群中也存在变异，从巨杉的鳞形叶子到松属的针叶都存在很大差异。最后，还有买麻藤属。

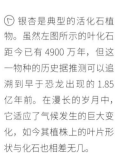

◁ 银杏是典型的活化石植物。虽然左图所示的叶化石距今已有 4900 万年，但这一物种的历史据推测可以追溯到早于恐龙出现的 1.85 亿年前。在漫长的岁月中，它适应了气候发生的巨大变化，如今其植株上的叶片形状与化石也相差无几。

最不像裸子植物的裸子植物

买麻藤属 3 个类群的叶也差异极大。买麻藤属是一个大属，它的叶很容易被误认为是被子植物的叶。其外形类似于樱桃月桂，且具有一层厚的角质层以减少不必要的水分流失。麻黄属是第二个类群的代表，它们生长在季节

松针的横切

松树的针叶生于短枝末端，通常每束 1～8 枚，每束针叶的数目在种内通常是非常稳定的。在内部，其细胞的排列方式几乎介于茎和叶之间。这在一定程度上体现了其对一年中某些时段缺水的适应，缺水的原因要么是土壤非常干燥，要么是水在土壤中被冻结。对于植物来说，冻结成冰的水很难获取，因此就相当于没有水。

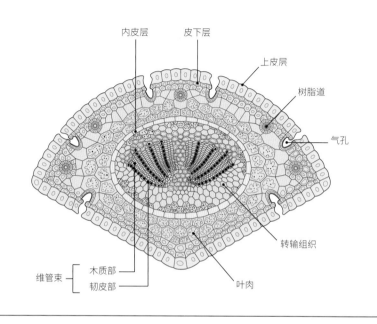

内皮层　皮下层

上皮层

树脂道

气孔

转输组织

叶肉

维管束 { 木质部　韧皮部

性干旱的地区，为了保水，它们的叶完全退化。3 个类群中最不同寻常的当属来自纳米布沙漠的百岁兰属植物。全属仅有百岁兰（*W. mirabilis*）一种，这种植物终生只长两片叶，在基部持续生长几十年。两根长达几米的带状叶片缠绕在一起，使整棵植物看起来就像一只老山羊的头。百岁兰的叶不仅用来进行光合作用、储存和保持水分，同时还可以收集水分。在夜间，植物所需的大部分水分以露珠的形式凝结在叶子上，然后流到下面的土壤中，并由位于土壤表面的根吸收。

◁ 尽管买麻藤拥有类似被子植物的宽阔扁平的叶片，但它实际上是裸子植物。

▽ 百岁兰能在沙漠的炎热高温下幸存，全靠它可以收集并储水的带状叶。

叶的各部分

（叶）的主体由两个主要部分构成。其明显的扁平的绿色部分，被称为叶片，与叶片连接的柄被称为叶柄。叶柄是主脉的开始，主脉向上延伸至大多数叶的中心。但植物几乎是变化无穷的，因此许多叶不符合这个"默认"设置不足为奇。

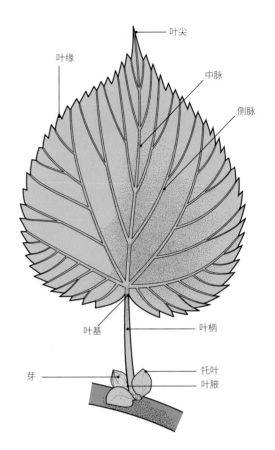

⌄叶片的结构。叶片通常由叶片和叶柄两部分构成，但变化几乎无穷无尽。

到处是毛

许多植物的身体部分长满了毛。至少有16种不同类型或形状的植物毛，从细长的单细胞毛到看起来像梳子的毛，实际上是毛上长毛。我们稍后将看到，有些毛发具有非常明显的功能。然而，很多时候人们会疑惑为什么植物会在一个完全无用的结构上投资能量，如同在大教堂屋顶上架横梁。各种各样的毛中最美丽的当属土耳其糙苏（*Phlomis russeliana*）叶上的星状毛，它是一种原产于西南亚的鼠尾草。

⌄许多植物叶上长毛是为了减少水分流失，只能通过显微镜才能欣赏到它们的美丽。这些星状毛来自意大利糙苏（*Phlomis italica*）。

叶片

叶片是叶的功能部分，因为这是大部分光合作用发生的地方。要做到这一点，叶片中的细胞需要提供水和矿物质。这些物质被植物的根吸收，然后通过维管组织沿着茎向上移动。这种管道网络以叶脉的形式进入并贯穿叶片。叶脉序多种多样，在植物鉴定中非常有用。叶脉序主要有两种：网状脉，如槭属（*Acer* spp.）；或平行脉，如大部分禾本科植物。然而，其多样性并不仅限于此，因为叶脉接近叶缘时的形态也很不一样。一些叶脉可以一直延伸到树叶的边缘，而另一些则向后转，闭合形成环状，这在木兰属（*Magnolia* spp.）植物中十分明显。叶片中的大部分细胞都会形成叶肉，这些细胞中容纳有叶绿体，这是一种可以进行光合作用的含叶绿素的细胞器。叶的表面有气孔，气孔的开闭既控制着气体交换，也调节水分的损失。

叶柄

叶柄是植物中相当普通的部分。许多物种没有叶柄，叶片直接从枝条上生长出来。拥有灵活叶柄的好处是多种多样的，但很容易看出，有叶柄的叶更能随风飘动而不会折断。然而，就像植物生物学中经常发生的那样，植物体上原本不起眼的部分可以发展出其他功能。例如，许多铁线莲属植物的攀缘叶柄可以对触觉做出反应，因此可以绕着它们爬过的植物的分枝进行缠绕。

◁ 在许多叶片中，叶脉会直达叶缘，并会有液体从末端排出，这一过程被称为吐水现象（guttation）。木兰属植物的叶不会吐水，因为其叶脉不会长到叶缘处。

改变了生命之树的叶柄

一根不起眼的叶柄是发现生命树上最特别的演化关系之一的第一条线索。在 19 世纪，法国植物学家亨利·欧内斯特·巴永（Henri Ernest Baillon，1827—1895）注意到，三球悬铃木（*Platanus orientalis*）和莲（*Nelumbo nucifera*）的叶柄看起来非常相似。然而，他决定不发表这一观察结果，因为他担心被别人质疑自己是不是异想天开，因为三球悬铃木是一种可以长到 60 米高的高大乔木，而莲是一种水生草本植物。直到 150 年后，DNA 测序的证据才表明，这两个物种确实是彼此最亲密的在世亲属。不过，它们的共同祖先生活在 7000 万年以前。

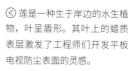

◁ 莲是一种生于岸边的水生植物，叶呈盾形。其叶上的蜡质表层激发了工程师们开发平板电视防尘表面的灵感。

▷ 三球悬铃木虽然长有掌裂的叶，但令人惊讶的是，它与莲具有最接近的亲缘关系。

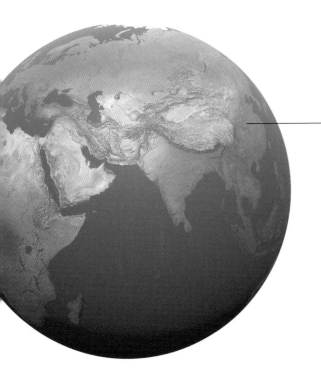

太空中可见的分子

除了水之外，从极远处就可以看到的分子是使植物变绿的叶绿素。绿色是生命的颜色。人眼对绿色变化的察觉比任何其他颜色都更敏感，而红色作为传统意义上代表危险的颜色，在绿色背景的对比下更加突出。

▽ 夏天，蓝藻生长在缓慢流动的淡水河流或湖泊的表面，可能对人和动物有害。

◁ 单细胞蓝藻是充满叶绿素的光合作用发电站。

24 亿年的古老分子

据我们所知，大约在 24 亿年前，光合作用在被称为蓝藻的小型单细胞生物体中出现。数亿年来，它们利用叶绿素吸收太阳能量，这些吸收的能量被用来驱动光合作用。这使得蓝藻较同时期的其他有机体拥有了更为巨大的生存优势，因为只要它们生活在接近水面的位置，就可以获得几乎无尽的能量。但其他有机体也发现，蓝藻可以作为营养丰富的大餐。

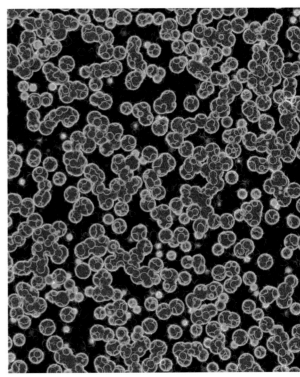

被迫为他人工作

今天在植物中无处不在的叶绿体最开始是作为一种自由生活的蓝藻进行它的日常生活的，不过一种更大的单细胞有机体吞噬了这个微小的有机体，但蓝藻进行了反击，由于某种未知的原因，它没有被消化。取而代之的是，它们之间建立了伙伴关系，蓝藻将其光合作用的产物交出，以换取食宿和保护。这一巧妙的理论由美国生物学家林恩·马古利斯（Lynn Margulis）在20世纪60年代提出，现在作为叶绿体起源的最佳解释得到了广泛认可。证据包括这样一个事实，即叶绿体有两层膜，一层来自蓝藻，另一层来自最初的攻击者。叶绿体也含有一些自己的DNA，但其中一部分也被移交给了植物细胞的细胞核。

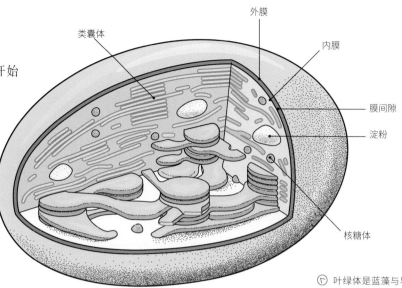

外膜
类囊体
内膜
膜间隙
淀粉
核糖体

Ⓓ 叶绿体是蓝藻与早期真核生物通过内共生关系形成的，是生物学中最重要的结构之一。它装载了为整个星球提供动力的设备，事实证明，无论生物工程师多么努力地尝试，都无法复制。

表面平静，实则忙碌

植物被定义为固定的绿色生物，以区别于动物、真菌和其他群体。虽然它们表面上是不动、平静的，但其内部充满了活力。它们的叶绿体不断地在看起来像是精心编排的芭蕾舞中争夺位置，使植物不仅可以在光线暗淡时优化光线捕获，而且还可以避免光线太亮时被烧毁。

为世界供能的无声细胞器

生物并不要求总是美丽的，它只需要起作用就行了。20世纪下半叶，随着电子显微镜的发明，这个美丽的世界变得更加美丽。事实证明，我们在宏观层面上看到的图案和颜色在微观层面上是重复的。除了看起来很漂亮之外，这个微小的细胞器仍然可以做人类做不到的事情：进行光合作用。

Ⓓ 叶绿体的彩色增强透射电子显微照片，这是植物中负责光合作用的细胞器（放大约14 500倍）。

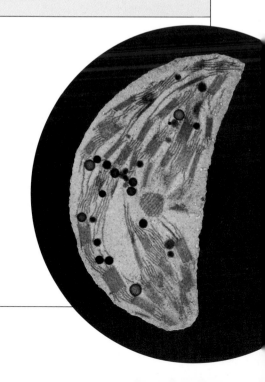

叶的形状和大小

世界上有 40 多万种植物，因此叶的形状和大小各式各样也就不足为奇了。然而，形状和大小的变化范围是令人惊讶的。最小的叶只有大约 1 毫米长，属于芜萍属（*Wolffia*）的漂浮水生植物；而最大的可能是油棕（*Elaeis guineensis*）的叶，长度超过 7 米。叶的形状通常分为两类——单叶和复叶。

千变万化的叶

叶可分为单叶或复叶。广义地说，如果一片叶的叶片沿着中央脉的两侧连续分布，即为单叶。这并不意味着叶片的宽度必须均匀分布，而且是高度可变的，从而产生许多不同大小的叶片。但大体上，叶在中脉两侧是对称的，当它们不对称时，其形状是一个非常有用的识别特征，例如榆属植物（*Ulmus* spp.）。

复叶

如果单叶具有连续的叶片，那么复叶就是中脉和一些侧脉的两侧都没有叶片的叶。这通

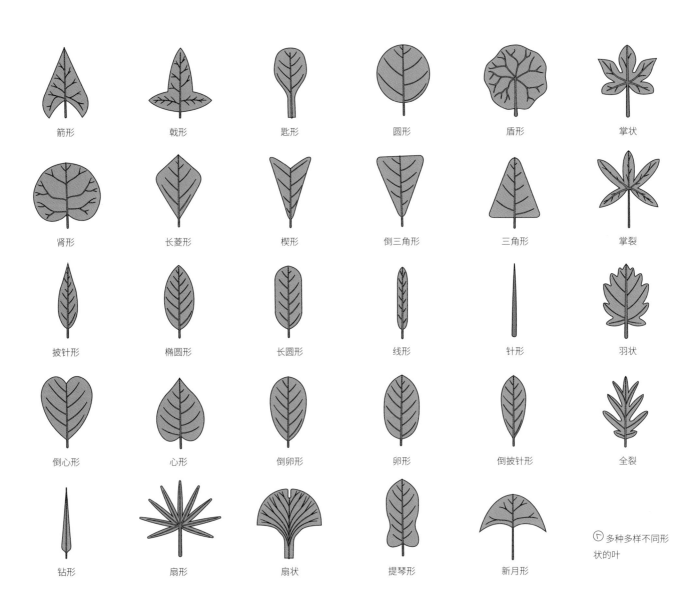

箭形	戟形	匙形	圆形	盾形	掌状
肾形	长菱形	楔形	倒三角形	三角形	掌裂
披针形	椭圆形	长圆形	线形	针形	羽状
倒心形	心形	倒卵形	卵形	倒披针形	全裂
钻形	扇形	扇状	提琴形	新月形	

◡ 多种多样不同形状的叶

每个特征都必须具有功能并体现优势吗?

自从查尔斯·达尔文的演化论在 19 世纪中叶发表并被接受以来，人们一直试图为每个生物体的每个特征寻找其存在的原因。这是基于这样一个假设，即生物竞争如此激烈，以至于没有浪费、奢侈的余地。但这种假设显然不成立。

大多数生物只是得过且过，差不多就行。比如，叶的多样性就没有很好的解释。虽然我们不知道为什么这种或那种植物有这样那样的叶，但我们知道大多数植物的叶形状由相同的基因控制，这意味着叶在开花植物中只演化了一次。

常会导致一种看起来像茎的排列，具有成对的对生叶和单个顶生叶。然而，这些实际上是复叶的小叶，其基部没有芽。唯一的芽位于中脉基部。如果看不到芽，那么叶可能是复叶。

叶尖、叶基和叶缘

虽然在识别物种时，植物叶片的整体形状可被描述为叶尖、叶基和叶缘，三者同等重要。但这些结构的形状受各种因素影响。例如一些热带树叶延伸的尖端被认为有助于排干树叶上的雨水。科学家们正在识别控制叶片发育的基因，其模式也与栖息地相关，但我们还没有完全了解是什么力量驱动和选择了叶片的形状。

△ 乍一看，欧亚花楸（*Sorbus aucuparia*）的每一片叶片似乎都是一片叶，但实际上它们是小叶。整个结构才是真正的叶。

◁ 大麻（*Cannabis sativa*）叶是构成真叶的单个小叶的另一个例子。尽管它因为被人类作为毒品使用而存在争议，但它现在是众多医学研究的重要对象。

叶序

茎 上的叶排列方式主要有两种，只有几个例外。在大多数植物中，叶要么成对排列，要么交替排列。后者每片叶在茎上的位置离它上下相邻的叶约120°。如果树叶靠得很近，那么这种排列看起来就是螺旋状。

⊘ 叶可以成对排列，在主茎上彼此相对。每一对可以与其上方、下方相对齐，或与其成90°角。

⊙ 桦木属植物叶表现出一种不同的排列方式，每片叶在主茎上交替排列，与上下的叶片大约成120°角。

⊙ 虽然它们表面上看起来像小叶，但这些香豌豆属（*Lathyrus*）叶基部的结构是托叶。这并不意味着它们对光合作用不重要，它们仍然是绿色的，并且含有叶绿体。

⊘ 拉拉藤（*Galium aparine*）似乎有轮生的叶，但在6片叶中，有4片实际上是托叶。

规则例外的情况

对生或互生也有例外，并且还很有趣。最常被提起的"第三种方式"是树叶围绕茎成环或轮生排列。有时，轮生叶由3片或更多的叶从茎上的节生长出来。但有时看起来是6叶轮生的情况其实是由一对对生叶和4枚托叶组成，这种类型常见于茜草科（Rubiaceae）。托叶是从叶柄基部生长的苞片，在茜草科中，它们看起来就像叶子，只是它们的基部没有芽。这种情况常见于拉拉藤属（*Galium*）的物种。

基生叶

许多植物不像乔木和灌木那样长有具叶的茎，而是产生莲座状的基生叶丛和高耸的花序。这种基生莲座丛中的叶子通常交替排列，非常紧密地排列在一根短茎上。基生莲座丛通常存在于有地下多年生器官的物种中，如鳞茎或球茎（如洋葱），也常见于生命周期非常短的物种，例如拟南芥，它可以在 6 周内经历一代。此外，它们还存在于龙舌兰（*Agave americana*）这种具有很长生命周期的植物中。在北欧的花园里，它可能需要 100 年的时间才能开花，然后死亡。

⌃ 外表可能具有欺骗性。莲座状的基生叶丛实际上是互生叶在极短的茎上挤在一起形成的。

⌄ 龙舌兰是由互生叶组成的一个巨大的莲座状叶丛，可以持续很多年，直到植物最终开花，结一次果实，然后死亡。

叶和苞片

叶的定义简单而明确，但很多时候有些叶状结构被称为苞片而不是叶。有时一些结构看起来像叶但实际上是苞片，例如拉拉藤属植物。或者其实是叶，但看起来不像。后者更容易通过举例理解。如果你观察毛地黄（*Digitalis sp.*）的花序，你会看到花序中每朵花的基部都有一个绿色的叶状结构。花是从这个结构基部的花蕾发育而来的，但是这个结构本身是花序苞片，而不是真正的叶。

◁ 毛地黄的花序可能看起来像是背面有叶，但因为它们包裹着花，所以这些是苞片。

落叶还是常绿？

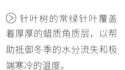 的生长和维护会耗费植物大量的能量和养分。植物可用的资源随着一年中的时间、其所在位置和生命周期所处的阶段而变化，而且大多数时候一种或多种资源是有限的。为了应对不同环境，植物做出了不同的选择，要么常年维护结实耐用的叶片，要么进行一次性投入，在环境胁迫时将叶直接丢弃。

水的问题

生命最初是在水中出现和演化的，因此生物体始终无法摆脱对这一重要资源的依赖。大多数植物通过它们的根从土壤中获得大部分水分。然而，其中一些水分需要在叶片中使用，作为光合作用的原料。植物有两种可能的机制将水分向上输送。一种解决方案是建造一种十分耗能的抽水系统，该系统将水向上输送。另一种是一种低技术、低能量的解决方案，它利用物理定律，被动地将水吸进毛细管，由叶子中的水蒸发来提供"吸力"（见第 3 章）。虽然这个系统的技术含量很低，但这个系统可以成功地将水沿一棵巨大的红杉树向上输送 100 米。

合适的温度

水在我们的星球上很多，但这里有一个条件：植物要接触到它，水的温度必须合适，既不太热也不太冷（见第 74 页）。如果天气太热，它会蒸发得太快，供应系统就会跟不上。如果天气太冷，它就会结冰，不能在植物的韧皮部和木质部组织中流动。如果植物想在合适的温度下不断地获得水分，那么理想的策略就是长出

永久的叶子，保持常绿。但这样的地方是不多的。在世界上大多数地区，植物在一年中的某个时候都会面临一段时间的水分胁迫。

应对寒冷

在高海拔和高纬度地区，一年中通常有一段时间土壤中的水会结冰。植物应对这一问题的方法是产生可以"扔掉"的廉价叶。因为即使这些柔软的叶子留在植物上，在寒冷的温度下，它们最终也会干燥死亡。许多木本植物和许多球茎植物都采用这种策略。植物应对长期冻土的另一种方法是长出坚韧的叶子，不容易干燥，松树和许多其他物种都采用了这一策略。

▷ 针叶树的常绿针叶覆盖着厚厚的蜡质角质层，以帮助抵御冬季的水分流失和极端寒冷的温度。

▽ 即使树干和巨杉一样高，简单的毛细作用也足以将水从基部吸到最顶端。

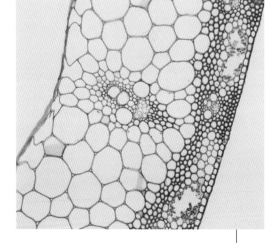

地中海气候下的挑战

就植物种类而言，地中海盆地和其他 4 个气候相似的地区是世界上植物种类最丰富的地区之一。一定程度上，这是因为它具有挑战性的气候使得任何一个物种都不可能一直是赢家，而且没有一个物种可以成功到足以占据主导地位。这里植物面临的问题之一是极端的季节性，冬天温和潮湿有利于生长，但夏天炎热干燥。为了度过夏天，这些植物要么是通过厚壁组织构建坚硬的叶片保持常绿，要么在这个季节落叶。这就是在地中海地区发现的许多常绿硬叶植物成功背后隐藏的秘密。应该指出的是，制造这样一种有弹性的材料需要大量的能源，因此只有在能源充沛的条件下，这一战略才会奏效，地中海和其他气候相似的地区就是这样的情况。

△ 地中海气候炎热干燥的夏天，欧洲橄榄 (*Olea europaea*) 坚硬的硬质叶可以减少水分的流失。

▷ 在炎热的气候中最大限度地减少水分流失非常重要，因此地中海常绿植物在生产木质的厚壁组织方面投入了大量精力。

◁ 拥有坚韧、持久的叶，即使在极端寒冷的情况下也不会受到损害，当松树的根不能吸收水分时，这种策略使得它能够在低温下存活很长一段时间。

典型叶的内部结构

(叶) 的形状和大小可能有无限的变化，但当涉及进行光合作用的叶片的内部结构时，变化要小得多，因为外形是由功能决定的。叶的功能是利用光合作用产糖。为了实现这一目标，它必须暴露在阳光下，并且必须有水、营养物质和二氧化碳供应。

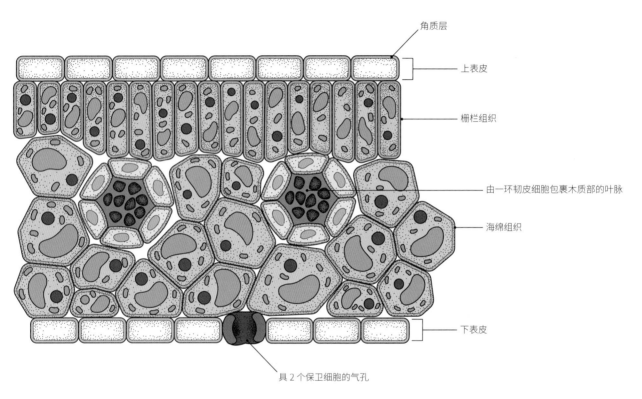

角质层

上表皮

栅栏组织

由一环韧皮细胞包裹木质部的叶脉

海绵组织

下表皮

具 2 个保卫细胞的气孔

△ C3 植物叶的横截面。尽管叶的形状多种多样，但许多叶的横截面都显示出了明显的一致性，因为优化光合作用的需要决定了结构。

▷ 地中海灌木岩蔷薇（*Cistus ladanifer*）的叶凭借其坚硬的厚壁细胞结构来优化呈现在阳光下的光合作用表面积。

保持刚性

叶片需要保持刚性，这样才能最大限度地让足够数量的细胞吸收阳光，以促进光合作用。这种刚性可以通过两种方式实现。在常绿植物中，叶片较硬，细胞壁坚硬，特别是叶脉中细胞的壁。地中海植物的硬质叶（见第151页）就是一个极端的例子，即使植物遇到严重的水分胁迫，它们也会保持坚挺。在落叶植物中，叶片的刚性由细胞的膨大来维持。当植物水分充足时，一切都很好，但当失水超过吸水量时，叶就会变得松弛枯萎，遭受的损伤可能会不可逆转。当叶水分充足时，它最上层

的细胞就像一排铺得很好的砖头，竖立在它们的两端。这一层被称为栅栏叶肉（palisade mesophyll）。

水和矿物质的供应

我们已经见识了叶片是如何被动地把水和矿物质吸入到维管组织中。这些矿物质中特别重要的是锰和铁，锰是叶绿素分子的重要组成部分，铁对于维持叶绿素的活性也是必不可少的。叶片中的叶脉必须足够舒展，才能有效地为叶片细胞提供水分和矿物质。

气体供应

空气中的二氧化碳为植物提供了碳，这些碳被结合到更复杂的碳基分子中，最终为我们和其他所有动物提供生存的基本需求。植物为了尽快吸收足够的二氧化碳进行光合作用，需要较大的叶表面积。为了实现这一点，叶片中的海绵状叶肉由松散的细胞组成，它们之间有大量的气腔，以平衡结构强度并满足细胞表面接触二氧化碳的需要。

△⊤水分充足的南瓜（*Cucurbita pepo*）叶片在阳光照射下的叶表面积最大（左），但缺水时的叶片（右）萎靡不振，减少了它们进行光合作用的表面积，往往会对叶片造成不可挽回的损害。

▷ 叶脉起运输系统的作用，分配必需的水分和养分。双子叶植物通常有网状的脉序。

▷ 相反，单子叶植物具有平行叶脉，但运输功能相同。以效率等功能为依据来解释单子叶植物和双子叶植物之间的差异似乎很在理，但这也很可能是演化的意外过程。

演化进行时

20 世纪 80 年代，二氧化碳是植物生长的限制因素。因此在英国，商业温室中需要注入额外的二氧化碳。然而，由于空气中的二氧化碳水平在过去 40 年里有所上升，额外的二氧化碳不再是必需，园丁们已经省去了这笔费用。由于二氧化碳不再是一个限制因素，温室植物的叶子已经变得更有生产力了。随着空气中二氧化碳水平的进一步升高，植物将如何变化和演化仍有待观察。

非典型叶的内部结构

尽 管有非常明确的"典型"叶，但这不一定是适合所有环境条件的最佳形式。在接下来的几页里，我们将介绍叶片对不同生境的适应。叶片的大多数适应性变化是通过肉眼或放大镜就可以看到的，但有一部分改变是看不见的，因为它们发生在叶片内部，而且大部分变化都是发生在分子水平上的。

核酮糖二磷酸羧化酶的问题

光合作用过程中有一个很大的设计缺陷。要理解这一点，我们首先需要提醒自己，我们所知的光合作用最早出现在至少24亿年前，当时地球的大气层氧气含量极低，但含有大量的二氧化碳。参与光合作用的酶之一，也许也是最重要的，是核酮糖二磷酸羧化酶（RuBisCO，或简称为rbc）。这种非常高效的酶改变了地球，但它是在与现在不同的时代演化产生的，当时二氧化碳的浓度比今天高得多。这些高浓度的二氧化碳和缺氧条件掩盖了一个问题，即在低于26℃的温度下，这种酶可以固定二氧化碳，但当温度高于这个阈值时，酶会越来越多地与氧气反应，从而释放二氧化碳。这一过程被称为光呼吸。在炎热的环境中，光呼吸对许多植物来说是个麻烦，特别是在缺水的情况下。

核酮糖二磷酸羧化酶是光合作用必不可少的一种酶，它可以固定大气中的二氧化碳，但它也是植物在炎热气候中生长的限制因素。

演化出来的解决方案

核酮糖二磷酸羧化酶功能缺陷的一个解决方案就是创造一种条件，可以使酶始终受到高浓度二氧化碳的影响，从而阻止氧气对其活性的影响。这涉及叶片的解剖和生物化学变化的精妙配合。改良后的解剖学结构被称为花环结构（见右文）。叶脉周围的细胞鞘巧妙地结合了生化特性，使细胞即使在高温下也能捕捉到二氧化碳。然后，包括固定二氧化碳的分子被输送到链条核心，这一核心由具有大量叶绿体的正常叶肉细胞构成。在这里，二氧化碳被重新释放并由核酮糖二磷酸羧化酶捕获，通过气体浓度的升高克服了与温度有关的问题。这就是众所周知的C4光合作用，而不是常见的C3光合作用。近80%的C4植物是禾草类或莎草类，但它也见于十几个科的植物中，包括玉米、甘蔗、高粱和一些大戟科植物。

甘蔗在世界热带地区被商业化种植，能够通过C4光合作用提高产量。

高粱是世界第五大粮食作物，也是另一种演化出C4光合作用的植物。

植物育种领域的圣杯

自从植物首次在陆地上定居以来，叶片中的花环结构已经演化了很多次。这是因为在我们目前的大气二氧化碳水平下，处于光合作用中心地位的核酮糖二磷酸羧化酶只能在 26℃ 以下工作。由于花环结构的改进，更高浓度的二氧化碳能够在植物叶片内部产生，从而克服这一设计缺陷。

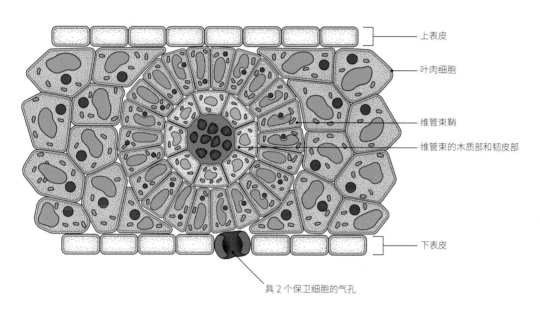

上表皮

叶肉细胞

维管束鞘

维管束的木质部和韧皮部

下表皮

具 2 个保卫细胞的气孔

◁ C4 植物叶片的横截面，展示特殊的花环解剖结构。这种解剖结构在高温下捕获二氧化碳的效率非常高。这种解剖结构对所有 C4 植物都是独一无二的，是一个非同寻常的平行演化的例子。

高效益但高成本

C4 光合作用效率提高的唯一缺点是植物必须投入更多的能量才能生存，所以这只是在高温下才有的好处。但人们已经认识到，如果水稻像甘蔗和玉米那样是一种 C4 植物，它就可能变得更为高产。研究人员正在努力实现这一转变，如果成功，变成 C4 植物的水稻可能有助于养活不断增长的人口。C4 光合作用的植物已经独立演化了多次，问题是如果自然选择多次创造了 C4 植物，那么人工创造又能有多难呢？

叶的颜色

如我们所见，由于绿色叶绿素的存在，大多数叶都是绿色的。然而，并不是所有的叶都是绿色的，那些目前看起来是绿色的叶片也不总是这样，它们在春天和秋天的颜色可能不尽相同。

⋀ 如果不是警告性的红色，石楠柔软的幼叶对食草动物来说将是一场诱人的盛宴。

⋀ 森林中鲜红的马醉木可能会对食草动物起到威慑作用。

春天的颜色

植物秋天的颜色变化是一种广为人知但又知之甚少的现象，新英格兰和日本北海道的传奇秋天就是一个例证。然而，也有许多植物在春天里有不同颜色的叶。例如，马醉木属（*Pieris*）、石楠属（*Photinia*）和鱼藤属（*Derris*）的幼叶一开始是各种深浅不一的红色，然后在当年晚些时候才变成绿色。这些都是常绿物种，这是巧合吗？为什么一种植物要花这么大代价合成一种后来被其取代的色素？除非一种色素具有提高适应性的功能。这些植物如何能与其他不产生这种过渡颜色的植物一起生存呢？没有人知道这些问题的确切答案。但这些植物的幼叶不会变绿，除非它们可以产生毒素或具有厚厚的难以下嘴的表面保护，以避免食草动物的伤害。一旦它们变成绿色，对食草动物来说就是一个信号，表明它们含有足够的营养，值得食用。因此，有人提出红色色素可以保护植物免受食草动物的伤害，因为食草动物已经了解到不能进行光合作用的叶子营养物质的含量较低。

秋色：持续的谜团

保持春天的颜色是常绿植物特有的特征，秋色只存在于落叶植物中。然而，它是可变的，颜色每年都会波动，部分取决于前一年夏天的天气。颜色因物种不同而不同，有时在同一物种的不同变种之间也会有所不同，而且还会随着土壤 pH 值的不同而不同。植物在秋天变色有两种可能的解释，这两种解释在不同的情况下都可能是正确的：要么是并无特殊意义的正常坏死，要么是对植物有利的过程。一种常见的解释是，随着日照时间的减少以及光合作用的减慢，绿色的叶绿素被分解，红色的色素显露出来。此外，一些色素是在秋季合成的，但原因尚未可知。

在观察者眼中

灵长类动物的眼睛对绿色变化的敏感性比对可见光光谱中的任何其他颜色的敏感性都更强，而雌性灵长类动物尤其擅长区分不同的绿色的色调和深浅。据说这在雌性照顾幼崽和觅食方面发挥了重要作用。因为这样一来，可以辨断果实是否成熟，从而在采摘过程中节省能量，而且草的颜色也能表明其含水量的多少。

落叶植物秋天的五彩斑斓是在它们的叶子脱落之前进行营养循环和回收的结果。

在日本北部的北海道可以见到最壮观的秋叶美景，那里的针叶树提供了绿色，与落叶树木令人惊叹的红色和橙色形成了鲜明对比。

合理的解释

植物呈现秋色的一个合乎逻辑的解释与养分的循环利用和有限资源的良好管理有关。正如已经提到的，植物要吸收和运输养分，特别是光合作用所需的铁和锰，需要花费大量的成本和精力才能获取。因此，在叶片落下之前回收这些养分似乎是明智的决定。有人提出，在铁和锰，也许还有氮的回收过程中，以秋色为特征的色素保护了枯叶中的组织，它们可能是回收过程中的中间化合物。但我们能肯定的是，目前还不知道为什么大自然在某些地方的某些年份表现出如此壮观的场面。

吸收还是反射？

树叶是绿色的，因为它们反射了我们认为是绿色的光中的波长，所以实际上它们"拒绝"了绿色，把绿色光"扔回"给太阳。植物吸收的波长是红色和蓝色的，如下图所示。

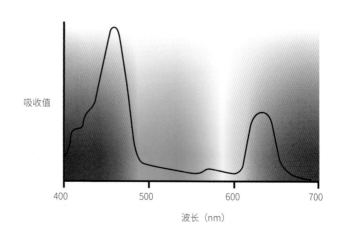

吸收值

400　　　500　　　600　　　700

波长（nm）

水分流失和气孔

(植) 物叶片中水分的蒸腾或流失是必要的，因为这种水分流失产生的吸力驱动着水分和养分从土壤和根部向需要它们的叶片移动。因此当水分充足时，水分在植物中的移动是不耗能的，但一旦水分短缺，植物就需要通过限制蒸腾作用来保持水分，而蒸腾作用正是气孔发挥作用的地方。

自动防止故障的位置

气孔就是叶片和其他植物器官上允许气体交换的通道，通常在黎明打开，黄昏关闭。然而，正如任何工程师都会告诉你的那样，在设计系统时，你要设法确保如果系统停止工作，它会默认停留到损害最小的位置。我们在关于气孔的设计中看到了这一原则，自然选择有利于调节叶片的水分损失。气孔由两个形似短香肠的细胞组成，被称为保卫细胞（guard cell）。它们的打开机制非常简单，类似两个气球。拿两个没有充气的圆柱气球，在每只气球的一侧放一条胶带。将气球并排放置，使胶带接触。当你同时轻轻地给两个气球充气时，它们之间会出现一个椭圆形的孔。

就气孔的两个保卫细胞而言，它们不是用空气而是用水保持膨胀的。因此，气孔的打开与叶片的膨胀密不可分：如果叶片及其保卫细胞松弛，气孔将自动关闭，从而减少进一步的水分损失和避免对植物造成不可挽回的损害。

▷ 这张扫描电子显微镜展示了烟草（Nicotiana tabacum）叶片表面的气孔。因为保卫细胞充水膨胀，所以此时是开放状态。

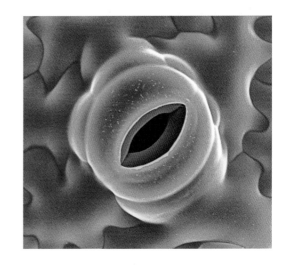

◁ 当保卫细胞松弛时，气孔关闭。因此，当植物受到水分胁迫时，气孔默认关闭。

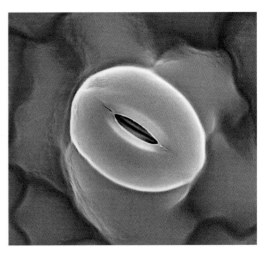

一个隐藏的好处

虽然蒸腾作用负责将水分和养分向上吸收，但它还有一个更微妙的功能。当水蒸发时，热量就会损失，这就是类似人类出汗的原理。这种散热损失可以使一些沙漠植物的叶冷却到比环境温度低15°C，如果没有这种热量损失，叶子可能会比环境温度高出20°C。当然，只有当植物有足够的水可用时，这种机制才能被启用。

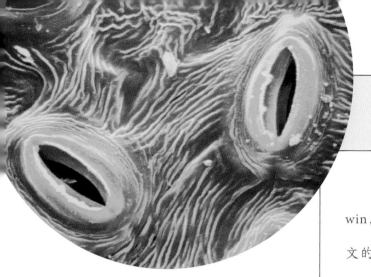

重要的气孔

弗朗西斯·达尔文（Francis Darwin，1848—1925）是查尔斯·达尔文的第七个孩子和第三个儿子，也是一名博物学家。他撰写了大量关于气孔的文章，并于1898年向伦敦皇家学会发表了关于这一主题的开创性论文。4.7亿年前植物在这片土地上定居后不久，就演化出了气孔。气孔可以帮助植物控制水分流失，这是早期陆地植物必须克服的第一个主要问题，因此必不可少。

为什么不只在晚上打开气孔呢？

如果白天是失水最严重的时候，也就是气温最高的时候，植物为什么不在那时关闭气孔，而在晚上打开气孔呢？答案是植物需要高水平的二氧化碳才能使核酮糖二磷酸羧化酶发挥最大的作用，二氧化碳需要通过气孔进入。我们先前了解到（见第154页），C4光合作用绕过了高温影响核酮糖二磷酸羧化酶效率的问题。温度升高还经常伴随着水分胁迫，演化已经发展出了另一种改良的光合作用过程来对抗这一点，这就是景天酸代谢（以下简称为"CAM"）。在这里，二氧化碳固定和核酮糖二磷酸羧化酶的工作并不是通过花环结构在物理上分开的，而是在时间上分开的。CAM植物在容易失水的白天保持气孔关闭。取而代之的是，气孔在夜间打开，二氧化碳被捕获，使用的酶与我们在C4植物中看到的酶相同，含有固定碳的分子被储存在细胞液泡中，直到早晨太阳升起。在早上，气孔关闭减少水分损失，二氧化碳以高浓度释放到叶片的空气空间，使核酮糖二磷酸羧化酶能够在高温下高效工作，这样光合作用最有效。

ⓣ 叶表面的气孔密度在不同生境的不同植物之间是不同的。条件越干燥，气孔越少。

ⓥ 叶片组织的横截面，显示一个开放的气孔，气孔下方有气腔，气体可以从气孔中被周围的细胞吸收。

ⓡ 查尔斯·达尔文的第三个儿子弗朗西斯·达尔文把他的大部分时间都花在了气孔的研究上。

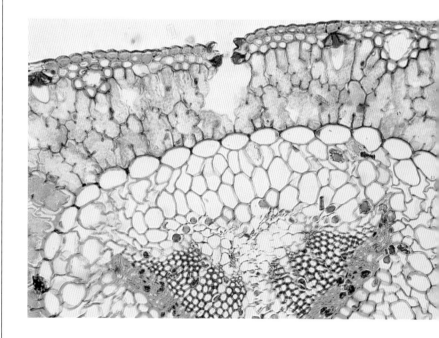

水的保存和贮藏

（水）对地球上的生命至关重要，但并不能将它看作理所当然。植物的叶片发展出了许多改良特征，以确保光合作用和水分损失之间的微妙平衡。这些改良可以在不同的时间尺度上发挥作用，这取决于水分胁迫持续多长时间。

气孔的选择

气孔的打开和关闭几乎可以立即改变植物通过蒸腾流失的水量。如果气孔位于叶片凹坑的底部，则可以减少失水量，这降低了空气通过叶片表面的干燥效果。在长期缺水的植物上，气孔往往较小。气孔密度与纬度之间也有非常明确的关系：植物分布越远离赤道，叶片上的气孔数越少。这可能有多个原因，节水只是其中之一。

表面解决方案

减少叶片失水量的一个非常简单的方法就是拥有更少、更小的叶片。还可以改变叶片的横截面形状，以减小体表面积。另一种常见的解决水分胁迫的方法是在叶片表面涂上更厚的防水角质层。常绿植物的叶往往比落叶植物的叶有更厚的角质层，落叶植物在可预测的季节性水分胁迫期间会落叶以减少水分流失。反射阳光是一种用来减少树叶吸收热量以及水分损失的策略，有光泽的银灰色树叶在水分胁迫地区更常见，特别是在高海拔地区。叶表面的毛被可以发挥两个作用：银色的毛被可将光线从叶片表面反射走，还可以通过减缓空气在树叶表面的移动速度来减少蒸发造成的水分损失。这是一种特别常见的适应，毛被一般见于树叶的下面。

⋀ 雪绒菊（Edelweiss chamomile）采用了一种植物常用的策略，在这些植物中，高水平的紫外线可能会破坏细胞，并且存在过度失水的危险，因此它的叶覆盖着银灰色的毛被，将光线从表面反射出去。

⋗ 银色鼠尾草（Salvia argentea）等植物叶表面的银灰色毛被减弱了叶表面的空气流动，导致饱和的微环境，从而减少了叶表面的蒸发。

△ 芦荟多汁的叶上长有锋利的刺，对食草动物来说不就那么可口了。

▽ 燕子掌（*Crassula ovata*）在其多肉的叶中储存水分，以便在干旱时期幸存下来。

靠积蓄生活

植物面临的一个常见问题是降雨不可靠且不规律。因此，在几天甚至几周没有下雨的情况下，储存水也是使其维持光合作用的一种方式。水可以储存在植物的许多器官中，叶就是其中之一。这些多汁的叶存在于广泛的植物类群中，例如青锁龙属（*Crassula*）、龙舌兰属（*Agave*）和芦荟属（*Aloe*）。但与储存水相关的一个问题是，它对动物形成一个相当大的诱惑。因此，对于叶储存水分的植物来说，长有盔甲和刺是很常见的，这样做是为了阻止食草动物偷走它们的补给。

肉质植物

如果降雨频率很低，而单次降雨量很大，那么植物就需要一个具有防水外壁的储水设备。不用惊讶，这就是我们在世界上许多肉质植物体上看到的不透水的外层。

▷ 芦荟的叶子本质上是储水容器，有厚厚的皮来防止水分流失。

⊲ 水葫芦是世界上最令人心烦的水生杂草之一，它叶柄上的浮力筏可以帮助它漂浮在水上。

漂浮的叶

可 以凭借叶片漂浮在水面上的植物其实生活在一个潜在的舒适环境中，因为作为植物，水和光——这生命的两个基本要素都十分充足。然而，它们必须保持漂浮状态，以最大限度地增加它们接收的光量，并且必须防止水进入细胞，稀释细胞内容物。周围的水可能缺乏营养，所以植物可能需要固定氮，或者周围的植物太多，需要把竞争对手排挤到一边（见第169页的方框）。

安全气囊

保持叶片漂浮的一种常见方法是让植物的某些部分变成气囊。可以通过疏散所有的细胞内容物来实现，这要么只留下一个纤维素质地的气腔包含着一个防水囊，要么是一个防水囊内含有若干个纤维气腔。水葫芦（*Eichhornia crassipes*）和水禾（*Hygroryza aristata*）的叶柄都是这样改良的。另一种是"捕获"空气的方法，通过叶片表面的毛被来实现。大藻（*Pistia stratiotes*）和槐叶萍（*Salvinia natans*）采用的就是这一策略。槐叶萍是一种漂浮的蕨类。应该指出的是，这类植物一点也不迷人，随着人类的迁徙，它们入侵了许多国家，压倒性地占据了栖息地，挤占了很多本土物种的生存空间。

⊲ 水禾也依靠空气来维持漂浮，但空气被困在它的叶片基部。

⊳ 大藻通过将空气夹在叶表皮毛之间，使其花序保持在水面以上。

非同寻常的合作

　　正文中列出的大多数植物都参与了生物入侵，其中一种还携带了秘密装置。生活在满江红（*Azolla pinnata*）叶片内的是红萍鱼腥藻（*Anabaena azollae*）的菌落，这种藻类能够固定氮，并将部分氮移交给植物，以换取庇护。非同寻常的是，12亿年前，满江红叶片中的叶绿体也是蓝藻。我们是否在见证演化的重演呢？鱼腥藻会不会再经历一次内共生事件，成为满江红细胞中的一种固氮质体？更重要的是，这能在我们的任何一种农作物的叶子中推广吗？

◁ 满江红非常轻，所以永远漂浮在水面上。

小植物

　　气囊也可以位于叶片内部，但这里存在冲突，因为叶片需要吸收二氧化碳，但如果它打开气孔，水也会进入。浮萍（*Lemna gibba*）的叶片上表面有气孔，但有一些证据表明这些气孔是不起作用的，要么保持持续开放，要么一直保持关闭。漂浮的满江红属植物（*Azolla* spp.）也是如此，其微小的叶被分成水面上的下部漂浮小叶和上部的气生光合叶。因为这些叶很小，就像苔藓一样，气体不是通过气孔进入内部空气空间，而是通过叶表面的扩散直接进入。

▽ 浮萍是青蛙和其他水生动物的藏身之处，由于片叶片中有气囊，它可以始终保持漂浮状态，并且很快就会覆盖水面。

可以移动的叶

为了将它们与其他主要的生物群体区分开来，植物不止一次地被描述为绿色的、静止的有机体，实际上，植物的叶并不是静止的。捕蝇草（*Dionaea muscipula*）是世界上最著名的植物之一，之所以声名在外，是因为它的叶确实会移动，其移动速度甚至比它们所诱捕的苍蝇的飞行速度还要快（见第 166—167 页）。

⌃ 克里特花葵跟踪太阳划过天空的路径，以优化光合作用。

跟着太阳走！

叶的运动是查尔斯·达尔文深入研究的另一个主题。正是他创造了向光性（diaheliotropism）这个术语，指的是叶在白天跟踪太阳的运动。从那以后，人们改变了对植物追随太阳的理解，我们现在将其称为侧向日性（paraheliotropism）。即叶与太阳始终保持恒定的角度，从而优化对光的吸收，并减少阳光从叶上反射的比例。我们在许多植物中都观察到了这些运动，例如克里特花葵（*Lavatera cretica*）、陆地棉（*Gossypium hirsutum*）和沙漠羽扇豆（*Lupinus arizonicus*）。不难理解，如果提高光合作用生产率带来的好处大于昼夜调整移动叶片的成本，那么它对于植物而言就是值得投资的能量。

⌄ 沙漠羽扇豆是另一种可以移动叶片来优化光合作用的物种。一整天，叶片对太阳光的照射保持在恒定的90°。

⌄ 陆地棉是一种特别有价值的农作物，它可以通过跟踪太阳来优化光合作用，从而提高生产力。

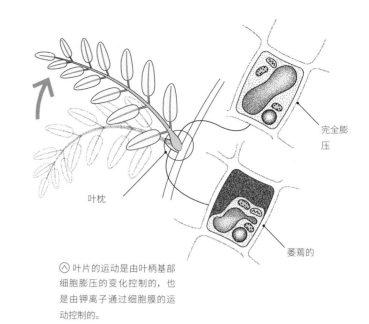

钾是关键

目前认为，含羞草（*Mimosa pudica*）快速的感振运动（seismonastic movement，对触觉的非方向性反应）和其他物种较慢的跟踪太阳运动和夜间运动是基于相同的分子机制。这意味着叶柄的细胞突然失去了膨压，进而导致不对称的塌陷，最终导致叶柄的弯曲。钾离子的活跃和快速运动参与了这一过程，气孔的打开和关闭可能也是由同样的机制引起的。

叶枕

完全膨压

萎蔫的

⌃ 叶片的运动是由叶柄基部细胞膨压的变化控制的，也是由钾离子通过细胞膜的运动控制的。

吓唬食草动物吗？

豆科植物中的一些成员因叶的运动而闻名，羽扇豆属植物的叶随着太阳运动而移动的现象也不足为奇。跳舞草（*Codariocalyx motorius*，syn. *Desmodium gyrans*）的三出复叶中有两片较小的小叶和一片大得多的小叶。一些人认为，快速的小叶运动有助于植物"决定"是否值得将大得多的小叶移动到一个更有利于跟踪太阳的角度。其他人认为这些运动的目的是威慑食草动物。后一种解释也是含羞草叶片快速移动的常见原因。然而，为什么食草动物不知道这些植物只是在试图愚弄它们，这一点还有待解释。

谢谢，晚安

大多数植物的气孔都位于叶片的下表面（或者是复叶中的小叶）。豆科植物在下午6点会将叶片对折，然后在第二天早上6点再次张开，这种情况并不少见。通过这种方式，相反的小叶下侧结合在一起，进一步降低了由于气孔关闭不良而导致失水的可能性。这是一种非常有利的策略，即使没有水分压力的植物也会在晚上折叠叶片，例如朱缨花属（*Calliandra*）植物即使在温室这种完美的条件下生长也会如此。

↻ 任何食草动物若想要吃一口含羞草都很可能会被吓跑，因为它想吃的食物会突然动起来。左图显示了叶片的自然位置。右边的图片显示了一片叶片被触摸时的反应。

食肉的叶

食肉植物的叶，通常生长在营养不良的基质上，是植物界中特化程度最高的叶之一。这些改动，例如消化猎物的酶汤，都需要很高的成本，但还有一个更大的好处：从被困动物身上获取氮和钾。值得重视的是，要注意到食肉植物不会靠消化动物猎物来获取能量，而是继续依赖光合作用来获取能量。

◁ 捕蝇草是一种"智能"植物，能够计数、记忆和辨别物体。

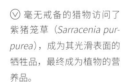

▽ 毫无戒备的猎物访问了紫猪笼草（*Sarracenia purpurea*），成为其光滑表面的牺牲品，最终成为植物的营养品。

捕蝇草

捕蝇草由两片叶组成的陷阱在猎物接近时会迅速关闭，这可能是由此处细胞膨压突然降低造成的。这很可能像其他类型的叶片运动一样，与钾有关。但除此之外，显然还有电子成分参与其中。重要的是，记忆也参与其中，因为当没有猎物出现时，植物的记忆会阻止陷阱关闭。

捕蝇草的叶片表面覆盖着一种名为毛状体（trichome）的特殊毛被。当触碰其中一个时，一定量的化学物质会释放到叶片中。从理论上讲，这种化学物质可以触发一个电脉冲来关闭陷阱，但是仅仅通过触碰毛状体释放的电脉冲是不够的。化学物质释放后，其浓度缓慢下降。然而，如果毛状体在第一次刺激后再次受到刺激，第二次释放的化学物质就足以使其浓度超过触发电脉冲所需的阈值，从而关闭陷阱。因此，捕蝇草的叶片不仅有记忆，而且还能计数，它可以区分无生命的物体（如一滴水或一根落下的树枝）和可能成为其午餐的活物。

演化在不断重复

叶可以通过几种基本的方式改变自身来吸引、捕捉、保留和消化动物。捕蝇草的方式最为特殊，但也有罐型陷阱和捕蝇纸型陷阱

等其他方式。罐型陷阱机制至少独立演化了3次，例如猪笼草属（*Nepenthes*）、土瓶草属（*Cephalotus*）和瓶子草属（*Sarracenia*），捕蝇纸型陷阱机制至少独立演化了4次，例如茅膏菜属（*Drosera*）、捕虫木属（*Roridula*）、捕虫堇属（*Pinguicula*）和腺毛草属（*Byblis*）。

陷阱

建造陷阱的第一步是将叶子向上表面折叠，形成"桶"。这并不仅仅局限于食肉植物，在锦熟黄杨（*Buxus sempervirens*）和变叶木

（*Codiaeum variegatum* var. *pictum* 'Nepentifolium'）的叶子中也有发现。下一步是将消化液分泌到诱捕器中。进一步的改进包括用蜡质使诱捕器的侧面光滑（尽管厚厚的防水角质层可能已经足够闪亮），并从陷阱边缘附近额外的花蜜腺分泌花蜜，以吸引昆虫前来饮用。

捕蝇纸类型

茅膏菜的捕蝇纸型陷阱构造比罐型陷阱更为直接，因为毛被是叶表面的一个非常常见的特征，而食肉植物的毛被只是分泌两种物质的腺毛。第一种物质是粘在昆虫身上的黏性物质。它挣扎得越厉害，动物身上的黏液就越多，直到它被覆盖得窒息或疲惫而死。第二种物质是分解动物猎物以释放其所含氮和磷的消化酶。不同类群的捕蝇纸型植物的腺毛在结构上有很大差异，这是一个很好的趋同演化的例子，不同的结构在植物体上执行相同的功能。部分种类的捕蝇纸型植物的叶片可以包在死去的动物身上，以增强叶子表面和猎物之间的接触。

◁ 猪笼草精心设计的陷阱通常捕捉昆虫，如蚂蚁和苍蝇，但有些物种大到足以捕捉小哺乳动物，如老鼠。

美丽但致命

在阳光的照射下，茅膏菜的毛分泌出黏性液体。但拥有这些上镜毛发的茅膏菜实际上正吸引着"晚餐"。这些黏糊糊的液体可以困住昆虫，并在它挣扎着逃跑时将其"吞食"。

▷ 昆虫一旦被困在圆叶茅膏菜（*Drosera rotundifolia*）的黏性叶子上，就没有机会逃脱，并会在黏液中窒息而死。

起防御作用的叶

叶 在支持和创造地球生物多样性方面起到了不可估量的作用。由于它们是动物重要的食物来源，以至于人们很容易忘记植物演化出叶不是为了喂养动物而是为了养活自己。一旦植物开始产生有营养的叶，动物就开始取食，一场军备竞赛就开始了：叶演化出防御能力，动物演化出对抗这些叶的能力。除了自卫，一些叶及其托叶已经演化成保护整个植物的结构。

保护自身的叶

孩子们与植物的第一次有意识地互动也许是当他们与异株荨麻（*Urtica dioica*）、漆树属（*Toxicodendron* spp.）或其他任何分泌或含有化学物质的植物相接触的时候，这些植物会对我们的皮肤产生轻微甚至非常严重的刺激。就荨麻而言，正是它们经过修饰特化的毛被提供了防御。在英国花园里，最痛苦的活动之一是修剪枸骨叶冬青（*Ilex aquifolium*）或十大功劳（*Mahonia* spp.）。这两种植物的叶缘都有硬刺，可以穿透市场上的所有园艺手套。许多叶可以产生毒素或长出一层很厚的角质层使它们难以消化，从而保护自己。

◁ 在扫描电子显微镜下，可以清楚地看到特化的毛，它们构成了异株荨麻的凶器。

△ 看似无害的异株荨麻会让不经意碰到它的人感到持久的刺痛。

仙人掌与大戟树的对比

南美洲发现的仙人山属（*Cereus* spp.）植物和在北非、东非和南非发现的大戟属植物（*Euphorbia* spp.）在外表上惊人地相似，成为演化史上一个最引人关注的例子。这两个群体演化出了同样的策略来应对降雨量极低且不均一的生境：失去叶片，变得多汁，依靠茎部进行光合作用。仙人掌的叶实际上并没有消失，而是被改造成刺状，以阻止食草动物。大戟选择了另一条路：除非有大量降雨，否则它们会丢弃叶，而它们的托叶已经发展成坚硬的刺。

保护植物的叶

叶既用刺和讨厌的毛被来保护自己，也在保护整个植物。在一些植物上，叶已经变成了一种防御结构，其主要目的就是对食草动物造成某种形式的伤害。豆科在本章中已经被多次提及，也许是因为这个拥有17 500多个物种的庞大群体在对叶的使用上比其他任何物种都更"富有想象力"。如果你想了解这方面的例子，那就去看看荆豆。人们很难判断构成这种植物体大部分的究竟是无叶的茎、尖的托叶还是尖的叶柄。很有可能这三个都被改造成了尖刺。

◁ 荆豆形成了难以穿越的灌木丛，它们有着令人难以置信的坚硬、锋利的刺。这种植物的几乎每一个部分都在某种程度上被改造成了尖刺。

⑦ 仙人山属这类的仙人掌科植物仙人掌通过从叶和嫩芽发育而来的尖刺防御攻击。

▽ 大戟科植物，如墨麒麟（Euphorbia canariensis），也有类似的武器，但它们的防御性尖刺来源于托叶。

植物推土机

多年来，南美王莲属（Victoria）植物叶片上翻的多刺边缘让植物学家们困惑不已。有人认为，它有助于防止水或动物接触叶表面。然而，当你在拥挤的环境中看到这些植物时，很明显，朝上的边缘就像一台非常有效的推土机，把其他树叶推到一边，或者干脆将竞争对手清除出场。

▷ 有了上翻的多刺边缘后，王莲（Victoria cruziana）就成了水生世界中的"恶霸"。

用于攀缘的叶

叶 还有另一个作用，那就是帮助植物向上攀登。植物向着它们光合作用所需的光线向上生长，努力胜过它们的邻居。一些植物变得木质化，可以自己站起来，而另一些植物则利用这些木本植物攀缘。攀缘有两种基本策略：缠绕在"宿主"植物周围的茎上，或者不时地用卷须或钩子抓住宿主向上爬。后一种策略涉及叶的变化。

△ 红莓（*Rubus futicosa*）在爬过其他植物时，用它们的刺保持自己的位置。

◁ 鸡冠刺桐叶子下面的后向刺不仅是一种防御机制，也是一种辅助支撑。

钩住

钩状物常见于蔷薇属（*Rosa* spp.）和悬钩子属（*Rubus* spp.）等植物的茎上。这个策略的机制非常简单。当嫩枝穿过其他植物生长时，向下或向后的钩子不会构成障碍。然而，当攀缘植物的重量开始将整个植物向下拉时，钩子就会抓住植物体上的任何东西，防止坠落。许多植物的叶、叶柄和叶脉上都有这样的钩。最恶毒的例子之一是产自南美的鸡冠刺桐（*Erythina crista-galli*），其叶下面的中脉上有非常锋利的小刺。这些刺在防止人类偷走其种子方面特别有效。当你把手伸到植物丛中去摘豆荚时，一时开心没有意识到棘刺，但是当你收手时就会被尖刺割伤。这是一个具有双重功能的例子，此处的作用是保护和攀缘。

扭曲的叶柄

不起眼的叶柄通常被看作是对叶子的支撑。但是一些叶柄负责的另一个功能是支撑整个植物。食虫的猪笼草属植物叶子的三个功能之一就是支撑植物（见第167页的图片）。

大不同的叶

豆科植物的叶比其他任何一类植物的叶变化都多，其目的之一就是攀缘。在这里，不是叶柄进行缠绕和悬挂，而是经过改造的小叶不断扭曲和卷曲，非常顽强地附着在它们接触到的任何东西上——包括相互之间。如图所示，豌豆田中的叶子在相互支撑的过程中形成了一个纠缠的整体。

▽复叶的小叶可以被改造成卷须，就像抓手一样，缠绕在支撑的植物周围，使自己保持直立。

小叶
卷须
叶柄

◁当豌豆等植物靠在一起生长时，它们的卷须缠绕在一起，形成自我支撑。

同样的功能在许多其他攀缘植物中也很常见，在几种铁线莲属植物中尤其明显。

▷园丁们都知道铁线莲属植物的叶柄会牢牢地贴在支撑物上。

在这里，叶的叶柄，有时是复叶中的小叶的叶柄，可以绕着它们接触的任何圆柱形物体扭曲。一种假设认为叶柄一侧的物理接触引起不均匀地生长，导致叶柄卷曲在寄主植物的枝条周围。还有一种假设认为植物生长激素参与了这一反应。查尔斯·达尔文也对此进行了实验研究。

形似叶的茎

叶 并不是由它们的功能、形状或颜色来定义的。然而，我们都知道，一般说来，叶是椭圆形的绿色光合作用器官。这意味着当我们在植物上看到扁平的叶片形状的绿色光合作用结构时，我们自然会认为它是一片叶，但有时我们会出错。避免这个错误的方法是仔细检查有没有什么不对劲的地方，比如从"叶"的中间或侧面长出的花果。

◁ 叶还是茎？叶下珠这片绿色的"叶"上有花的存在，暴露了这个结构实为茎的事实。

▽ 云桂叶下珠的绿色结构不如其近缘种狭叶叶下珠明显，但它仍然是茎而不是叶。

边上有一点

叶下珠属（*Phyllanthus*）是一个可能有1000种或更多种的大类群。乍一看，这些植物看起来相当正常，如有长长的单叶的狭叶叶下珠（*P. angustifolius*）或羽状叶的云桂叶下珠（*P. pulcher*）。然而，在一年中的部分时间里，它们的叶片看起来很奇怪，其边缘生出了鲜花。这就引发了两个问题。首先，这些不可能是叶，但它们是什么呢？第二，植物的叶去哪儿了？第一个问题的答案是，这些"叶"实际上是扁平的执行光合作用的茎，称为叶状枝。第二个问题的答案是，叶在它们应该在的地方，也就是说，它们是枝条上的附属物，末端是花。辨别的困难在于，这些嫩芽非常小，而且叶也非常非常小。

识别特殊性

假叶树（*Ruscus aculeatus*）是一种常见的灌木，原产于地中海北部海岸的林地，由于其红色果实相对较大，所以是温带花园中很受欢迎的观赏植物。任何普通观察者都会认为，这些果实正好位于叶的中间。然而，与叶下珠属植物物种一样，这些都是叶状茎，虽然它们与叶极为相似。

天生会模仿

  在加那利群岛标志性的温带月桂雨林边缘，生活着一种植物，它的茎缠绕在这里生长的树木上。这种名为仙蔓（*Semele androgyna*）的雌雄同株的植物，有看起来很大的羽状叶，甚至小叶上都有叶柄。然而，这又是一场骗局，因为这些其实都是叶状茎。当带有微小棕色叶的小嫩芽从叶缘生长出来，并最终开出小白花时，这种骗术自然就会被拆穿。这些花随后发育成肉质的绿色果实。

▽ 在仙蔓的"叶"缘可见果实，帮助我们判断其本质实为茎。

▷ 如果没有仙蔓的花，人们很容易就会把它排成羽状的叶状茎当成真正的叶片。

◁ 假叶树是另一种以茎作叶的植物，其叶状茎上果实的位置是判断其本质的关键。

形似茎的叶

一些植物特别是豆科和仙人掌科的成员，它们的叶特化成短的、尖尖的刺，以帮助保护植物免受食草动物的侵袭。豆科植物是将叶改造成茎状结构的创造大师，有些时候甚至让长颈鹿望而却步。

金合欢，蚂蚁和长颈鹿

金合欢属是肯尼亚稀树草原的标志性植物之一。因此，它们也成了长颈鹿的食物来源。然而，幼年长颈鹿对举腹蚁的叮咬非常敏感。为了招募这些蚂蚁保护自身免受长颈鹿的捕食，合欢荆棘树（*Acacia drepanolobium*）为这些昆虫提供了全套食宿。刺的根部膨大成为住所，食物则由花外蜜腺提供。这些雇佣了蚂蚁保镖的树种，其刺的长度要短于没有蚂蚁的树种，这表明养护蚂蚁的成本可以由减少物理防御的投入抵偿。这是对植物进行成本效益分析的又一个案例。

你在看什么？

当我们试图对植物进行分类，并将它们与其亲缘关系最近的类群进行分组（从演化的角度来看）时，我们会对二者的形态结构进行比较。为了正确对比，我们必须确保是在对相同器官进行比较。但是一些科的植物已经以特有方式对外观进行了修饰，使早期的分类学家倍

◇ ◇ 合欢荆棘树为蚂蚁提供食宿，以雇佣它们驱逐长颈鹿。

花外蜜腺

　　金合欢的叶子因其可以产生花外蜜腺而闻名植物界。花蜜是一种常见的引诱剂和物质奖励，由昆虫或吸引其他动物授粉的花朵使用。然而，植物也以其他方式利用动物，且以花蜜作为酬谢。黄金树（*Catalpa speciosa*）的叶上有花外蜜腺，用于吸引蚂蚁、瓢虫和其他捕食性昆虫。这对树有利，因为这些捕食者可以吃掉树上的主要植食性害虫——梓天蛾的卵和幼虫。

▷ 黄金树通过叶上的外蜜腺，为蚂蚁们提供营养丰富的甜味花蜜作为报酬。

感困惑，也让类比变得困难。豆科植物中有特别多的令人困惑的变化，而金合欢属的那些变态结构本身就可以成为许多书的主题。与之相关的是，在一个以具有复叶和发育良好的托叶而闻名的科中，金合欢通常似乎仅有单叶。然而，事实证明，这些"叶"实际上是叶柄，这些扁平的叶柄执行了真正叶片的功能。但这并不算完，因为一些金合欢的叶状结构实际上是叶状枝或扁平的光合作用茎。这告诉我们一个道理：永远不要以功能来判断植物体某一部位的本质。

◁ 叶，茎还是叶柄？例如绢毛相思（*Acacia holoseri-cea*）这样的豆科植物的叶往往具有欺骗性，其茎和叶柄都长得像叶。

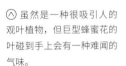

具有香味的叶

叶 为我们的花园带来了许多不同的气味，从美丽的柠檬马鞭草（*Aloysia citrodora*）到令人厌恶的巨型蜂蜜花（*Meliantus major*）。这些植物耗费资源生产气味分子的原因是多方面的，虽然有些与我们闻到的气味无关。

⚠ 虽然是一种很吸引人的观叶植物，但巨型蜂蜜花的叶碰到手上会有一种难闻的气味。

喜欢炎热

有味道的叶往往喜欢炎热的气候，因为它们含有芳香的油。这些油是高度易燃的，从而使植物变得易燃，在发生野火时熬过竞争对手。这些植物只有凭借强大的机制，才能在炎热的火灾中和看似愚蠢的自杀策略中幸存下来。它们是通过从地下储存器官（冠根）上的芽再生来做到这一点的，这常见于桉属植物。同样的植物可能会使用相同的油来降低光合作用的温度，方法是蒸发油而不是宝贵的水。油的蒸发潜热高于水的蒸发潜热，因此损失的热量更多，从而进一步降低了植物的热量。油性涂层也可以防水，植物可以通过这种方式帮助减少水分损失。此外，这些油还可以起到防晒霜的作用，有助于减少紫外线对植物的损害。

▷ 丛林大火引发了桉树根部的恢复性再生，使其能够在这些看似极端但非常自然的事件中幸存下来。

保护

就像动物一样，植物会受到病原体和捕食者的攻击，但由于它们是静止不动的，没有逃跑和躲藏的选择。这意味着它们要么必须时刻保持防御状态，要么必须有一种感知邻居受到攻击的方法，这样它们才能迅速建立起化学防线。一些植物［如岩蔷薇（*Cistus ladanifer*）］用它们的芳香油对软体动物等食草动物起进行威慑。其他的一些植物油是强大的抗生素，植物［如冬牛至（*Origanum heracleoticum*）］将其用于控制真菌感染——这正好可以为人类所用。当一些植物的叶片被食草动物破坏时，它们可能会发出化学信号，如茉莉酮酸酯［如素馨（*Jasminum grandiflorum*）］。很多植物利用这些信号作为产生驱避性化学物质的警报，以保护自己免受类似的攻击。植物利用叶片中的化学物质来保护自己的最后一种方式是使它们的叶对其他物种萌发的幼苗产生毒性。这方面臭名昭著的例子是彭土杜鹃（*Rhododendron ponticum*），它的落叶富含单宁，任何东西都不能在它所在的地方生长。

⊘ 小花仙客来（*Cyclamen coum*）是为数不多的能耐受彭土杜鹃单宁的植物之一，单宁可以抑制大多数潜在竞争者的生长。

诱惑性的气味

有人怀疑但尚未证实，某些植物叶片产生气味是吸引传粉者的策略之一。其中的逻辑可以在迷迭香（*Rosmarinus officinalis*）中看到，迷迭香的花相当不起眼，但这种植物通常会把蜜蜂迷得晕头转向。

植物的繁殖

所有生物都能繁殖。最早的细胞，像大多数现代细菌一样，简单地分裂成两个，每个新的个体都会获得母细胞的 DNA 拷贝。许多植物和一些构造简单的动物，也可以通过分裂成两个个体或萌芽出新的个体进行无性繁殖。

无性繁殖可以迅速增加种群中的个体数量——这在某些情况下是一种优势，但长远来看这种基因相同的种群却对新威胁的适应能力不足。另一方面，基因多样性高的种群更有可能庇护那些在新疾病或其他环境挑战中生存的个体。

基因的创新是通过突变而产生的，而突变可以迅速分享并与群体中的其他突变混合，比无法进行这类互动的有机体更具有优势。有性繁殖实现了这种基因混合。

植物可以通过精子和卵子的融合进行有性繁殖，就像动物一样，但主要的问题是植物不能移动。植物的演化史主要围绕着将精子从一个个体转移到另一个个体的各种复杂的方式，这最终形成了壮观而多样的花朵授粉现象。

无性繁殖

（想）象一下你可以用你的一个手指，给它提供营养，然后让它长成你自己的样子。这个常见的科幻场景其实与现实十分贴近，但这显然不是高等动物通常会做的事情。分裂或出芽生殖仅见于非常简单的无脊椎动物，如轮虫、海葵和珊瑚。但对于许多植物来说，这是生活中的一个常规部分。这样的无性繁殖可以使种群的规模迅速扩大，但所有个体的基因都是相同的。

△ 浮水天胡荽（*Hydrocotyle ranunculoides*）形成入侵的种群，通过长节间在水或潮湿的土壤上蔓延。节上生有一片叶、一簇根和一个进一步分枝的芽。

⊿ 日本京都的这片竹林是起源于单一种子的克隆种。在很长时间里，它通过地下根状茎的分枝向外扩散，定期向上长出绿色的茎秆。

▽ 草莓属植物可以通过特殊的细长茎（非常长的有顶芽的节间）形成广泛的克隆群体，在它们落地的地方产生新的植物。

植物生长单位

从本质上讲，植物生长涉及重复单位的产生，这些重复单位由短茎（节间）与叶和芽（在节处）相连组成。这样的单位可能会积累起来组成一棵巨大的树，但对于贴近地面的植物来说，它们也会产生根并形成庞大的群体。这是大多数单子叶植物的常规生长模式，包括禾本科、百合科、鸢尾科、姜科和兰科，以及一些水生草本如天胡荽属（*Hydrocotyle* spp.）和草莓。竹子是禾本科中一个庞大的类群，其居群可能由数千个遗传上完全相同的茎组成，这些茎是由一个广泛的地下根茎系统产生的。在基因意义上，这样的群体是一个巨大的个体，但当这些群体变得支离破碎时，新的"个体"就会出现。园丁们很容易利用这种自然生长模式来迅速繁殖这种植物。

不定芽

落基山脉的颤杨长出多条树干，它们不是来自地下的茎系统，而是水平生长在土壤表面以下的根。在根、树干下部或其他不寻常位置发育的芽称为不定芽。尽管如此，颤杨却比较特殊。大多数木本植物不是天然的无性系植物，但如果使用合适的激素，它们可以从插条上诱导生根。现代组织培养过程可以诱导更多植物进行非自主的营养繁殖。

从叶子而来的新植物

其他植物以更不寻常的方式产生类似胚的小个体。落地生根（*Bryophyllum pinnatum*）沿着它的叶子边缘从不定芽中产生"宝宝"。其他肉质植物，如非洲紫罗兰（*Saintpaulia* spp.）、秋海棠（*Begonia* spp.）和虎尾兰（*Sansevieria*），也可以由叶插条诱导产生新的植株。萱草属（*Hemerocallis* spp.）和姜科的一些成员在花凋谢后偶尔会在花序中产生小植株。苔藓和地钱经常产生一簇簇的胚状幼体，称为生殖托（gemmae），它们可以从母体中分离出来，并产生新的植物。

来自未受精花的植物

一些植物可以在不受精的情况下从花的部分生殖器官产生新的个体，通常是从卵子周围的组织而不是卵子本身产生新的个体，这被称为无融合生殖。药用蒲公英通常以这种方式繁殖，使其成为一种非常常见的世界性杂草。

自花受精

虽然不是严格意义上的无性繁殖，但一些植物利用自花授粉来产生大量个体，特别是那些在受干扰或不稳定的栖息地定居的物种。几种栖息在池塘边缘的茅膏菜属植物就是如此。但这些植物中的大多数会偶尔也会进行异交，将新的遗传基因引入种群。

△ 药用蒲公英的每个瘦果都有降落伞状的一簇毛发，可以随风飘散。每个瘦果都含有一粒没有受精就发育起来的种子。

◁ 落地生根的肉质叶子沿其边缘长有微小的植株，这些植株可以分离并形成新的单株。不定苗直接由叶片的营养组织形成。

绿藻的有性繁殖

陆 地植物的祖先是绿藻门植物。像大多数水生生物一样，大多数绿藻通过将精子细胞直接释放到水中进行有性繁殖。精子与附近母体植物上的卵子结合，产生二倍体受精卵（见第 24 页）。受精卵进行减数分裂，释放特殊的散布细胞，称为游动孢子（zoospore）。游动孢子也是能动的，类似于精子细胞，但它们的目的是在到达合适的位置时形成新的个体植物，而不是寻找卵子。

精子细胞遵循化学梯度

藻类精子细胞配备有鞭毛，通常只在细胞的前端有两个，并包含叶绿体和线粒体来推动它们的运动。卵细胞由亲本植物持有，通常由特化的细胞或简单的器官包裹，并释放出化学引诱剂。精子细胞沿着引诱剂的浓度梯度游向卵子。

游动孢子和远距离扩散

精子和卵子融合形成二倍体受精卵。在绿藻中，受精卵可能会短暂休眠，然后进行减数分裂，产生单倍体细胞（见左下图）。这些单倍体细胞采取游动孢子的形式，通常类似于精子细胞，但能够游更远的距离，也不需要考虑卵子释放的化学物质。当游动孢子到达合适的栖息地时，就会形成一个新的多细胞个体。然后这些成体进一步生长，进行光合作用，最终产生配子（精子和卵细胞），开始下一轮有性繁殖。如果来自基因不同的双亲的游动孢子到达并在非常接近的地方发育，精子细胞可能会使基因不同的卵子受精，实现基因的混合，保持种群内的遗传多样性。

减数分裂产生单倍体细胞

在大多数绿藻中，营养体（"成年"）的细胞是单倍体——每个细胞内都包含一组染色体。当精子和卵子结合时，产生的受精卵是二倍体——它包含两套染色体，双方配子各提供一组。减数分裂是核分裂的一种特殊形式，它将两套染色体再次分离成单套染色体。但在此过程中，由两个配子带来的染色体也被混合重组，导致游动孢子具有不同的双亲染色体组合。减数分裂通常经历两次核分裂，形成四个细胞。

◇ 绿藻，产生精子和卵子进行有性生殖，是陆生植物的前身。

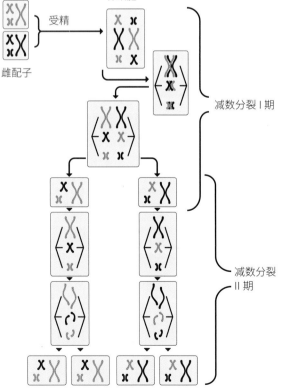

雄配子　　　二倍体成体细胞

受精

雌配子

减数分裂 I 期

减数分裂 II 期

孢子

▷ 在受精过程中，来自配子的染色体组合成一个二倍体集合。在减数分裂 I 期中，编码同一组基因的染色体配对。然后，它们以随机的混合方式分离到细胞的两侧，并再次形成单倍体细胞核。单倍体细胞中的染色体是两个原始配子的混合体。在减数分裂 II 期时，每条染色体上的两个相同的染色单体分离，产生四个单倍体细胞。

团藻的繁殖

团藻属（Volvox）植物生活在淡水栖息地，形成中空的球形藻体，由纤细的糖蛋白连接的鞭毛细胞组成。其内部是有性或无性产生的新群体。精子和卵子在分开的单细胞室内形成。精子细胞从精子室中出来，游向卵子，在卵室内会合。然后，受精卵形成一个厚壁的、抗干燥的孢子，可以在干旱环境中存活下来。它在萌发时会经历减数分裂。

⑦ 在这张暗场图像中，在较老的金团藻（Volvox aureus）中形成的新的幼体似乎在发光。

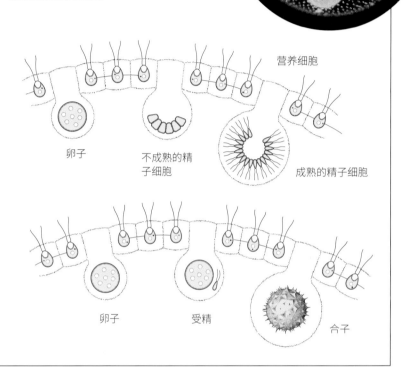

营养细胞

卵子　　不成熟的精子细胞　　成熟的精子细胞

卵子　　受精　　合子

受精过程类似于按顺序将一副红色纸牌和一副蓝色纸牌组合在一起。在这个类比中，减数分裂是将组合的牌堆再次分成两套完整的纸牌的过程，但红色或蓝色的纸牌会被随机分配给每套纸牌。例如，每一副新牌都还有红桃 A、2、3 等，但都是随机混合的红色和蓝色纸牌。

红藻—另一种策略

红藻是绿藻的远亲。它们不是产生数量相对较少的可以主动游动的精子，而是产生数量多得多的微小的不动精子，这些精子需要在水流作用下被动地扩散。类似的策略在植物中一次又一次地出现，比如那些依靠风来随机散布花粉的植物，它们不依靠精心设计的机制来诱导昆虫来完成这项工作。

生命周期

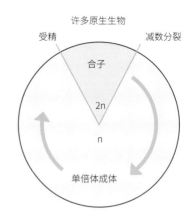

许多原生生物

受精   减数分裂

合子

2n

n

单倍体成体

（有）性繁殖中的一系列事件，包括减数分裂、配子的产生、受精和新个体的发育，被称为生命周期（life cycle）。一个新个体从胚胎到成年的发育通常涉及许多不同的阶段，配子的产生和精子到卵子的运动也是如此。许多生物还有特殊的散布阶段，涉及孢子、花粉或种子。因此，生命周期是多种多样的，且可能相当复杂。

> ⊙ 这些生命周期图显示了不同类型生物生长和繁殖的循环模式。二倍体阶段总是从精子和卵子的结合开始，而单倍体阶段总是从减数分裂开始。在简单生物体中，"成体"的生长和能量聚集活动发生在单倍体阶段，但随着生物体变得更大和更复杂，这些活动已经转移到二倍体阶段。

一些原生生物和所有高等植物，非动物

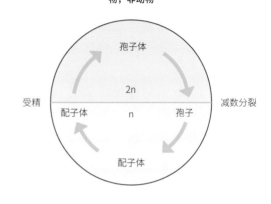

孢子体

2n

受精   减数分裂

配子体   n   孢子

配子体

动物

二倍体成体

2n

n

合子

配子

受精   减数分裂

受精和减数分裂

所有生命周期的共同点是两个核心事件，即受精和减数分裂。这两个事件将二倍体和单倍体阶段分开，并产生新一代功能正常的个体。在大多数绿藻中，二倍体阶段特别不起眼，合子在短暂休眠后随即经历减数分裂。这样的生命周期被称为单倍体优势。在动物身上，包括我们人类自己，情况正好相反。我们的身体是二倍体的，单倍体阶段很小，只由配子组成。因此，在绿藻中，减数分裂发生在受精后，直接产生新的单倍体个体，而在动物中，减数分裂发生在二倍体个体中并产生配子。

单倍体和二倍体阶段

真正的植物是在陆地上定居的绿藻的后代。它们有着共同的祖先，演化出能产生配子的独特的多细胞小室，包括苔藓和地钱，以及蕨类植物、裸子植物和被子植物。第一批植物就像它们的藻类祖先一样是单倍体。单倍体植物产生配子以启动有性繁殖，因此被称为配子体。陆地上的第一批精子细胞仍然必须在水中

或土壤中游动才能到达卵细胞。然而，游动孢子不可能进行远距离扩散，后来出现的二倍体植株经过演化，能够产生并散播干燥的不动孢子。这种直接由合子发育形成的二倍体个体称为孢子体。生命周期中包括多细胞单倍体和二倍体个体的生物体表现出世代交替现象（见右页方框）。

世代交替

石莼属（*Ulva*）是一种不寻常的海生绿藻属，俗称海白菜，其生命周期中有多细胞二倍体个体（孢子体）与外观相同的单倍体个体（配子体）交替出现。

在孢子体上，特化细胞经过减数分裂产生游动孢子，然后游动孢子会移动一段距离，定居并发育成新的单倍体个体。这种单倍体上的特殊细胞产生配子，配子均可移动，且雌配子稍大。这样的配子在水中混合融合。由此产生的合子将产生新的二倍体孢子体植株。世代交替是植物演化的中心主题。在陆地植物中，两个世代在形态上通常具有较大的差异。

⋀ 在石莼属的生命周期中，二倍体和单倍体在大小和外观上是相同的。

⋀ 石莼（*Ulva lactuca*）及其近亲是相对较少的生活在咸水中的绿藻之一，在海滨附近的岩石上可以形成大量的群体。

⋀ 石莼的个体类似于生菜或白菜，因此得名海白菜。

生命的周而复始

生命周期通常用圆圈表示，由末端回到起点，但必须记住，每次受精事件，都会产生一个基因截然不同的新个体。同样，当孢子产生时，可能会在远离双亲的地方建立新的植株。

作为单倍体和二倍体阶段的分界点，所有的生命周期都包括受精和减数分裂，但在不同的植物类群中两件事的发生差别很大。

早期陆生植物的繁殖

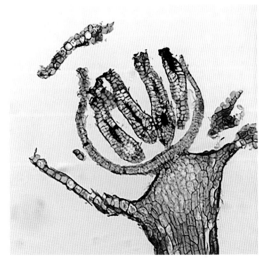

陆 地植物的祖先是绿藻，它们是单倍体（像大多数现代绿藻一样），经历短暂的合子时期，再经过减数分裂产生单倍体游动孢子。早期陆地植物与这些藻类祖先的区别在于演化出了保存精子和卵子的独特多细胞结构，以及演化出了产生和散布干燥孢子的二倍体孢子体。现代苔藓植物与它们早期的陆地植物祖先相比，变化可能相对较小，因此可以一窥这些早期陆生植物的结构和有性繁殖的模式。

⑦ 蛇苔（*Conocephalum conicum*）是一种简单的陆地植物群体，由扁平的分叉状叶状体组成。

▽ 在光萼苔属（*Porella*）植物中，精子细胞在被称为精子器的圆形小室中产生，每个精子器都位于一片特化叶片的基部。

◁ 光萼苔的卵细胞单生，每个卵都产生在一个被称为颈卵器的狭窄的花瓶状结构的底部。

精子器和精子产生

在苔藓植物中，精子细胞在被称为精子器（antheridia）的香肠形状的小球状结构中产生，精子生成组织被多细胞外壳包裹。精子细胞有鞭毛，通常形状奇特，并沿着浓度梯度游过土壤表面或植物之间的水游向附近植物上的卵细胞。苔藓植物和它们早期的陆地植物祖先因此被限制在足以进行有性繁殖的湿润的栖息地，它们必须靠近地面或其他相对平坦的基质才能生长。

然而，许多苔藓植物能够适应长时间的干燥——这些植物可以被认为是植物界的"两栖动物"。直到后来出现了种子，植物才摆脱了这一模式。

颈卵器与卵子产生

苔藓植物的产卵结构称为颈卵器（archegonia）。它们形似花瓶，每个只含有一个卵子。当卵子成熟时，颈卵器顶端形成一个开口，允许精子细胞进入，精子细胞被颈卵器中细胞释

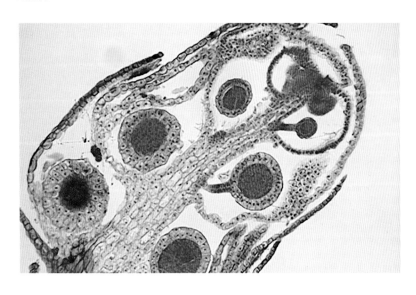

放的化学物质吸引。受精后，合子在颈卵器内开始发育成孢子体。为了避免自体受精，同一植物上的精子细胞可能在卵子准备好受精之前就释放出来，或者精子和卵子可能在不同的植物上产生（称为雌雄异株）。这两种策略都可以在今天的苔藓、地衣、蕨类植物和其他孢子植物中看到。颈卵器和精子器位于苔类和角苔类植物的叶腋部或茎叶尖端，或位于藓类和叶苔类植物的上表面。在"巨型的"地钱属（*Marchantia*）植物中，颈卵器和雄蕊位于伞状柄下（见下文方框）。

地钱特化的繁殖结构

在高度特化的地钱属中，精子器嵌入伞状结构，被称为雄生殖托（antheridiophore，见右上图），向上表面开放以释放精子细胞；颈卵器倒挂在类似但开放的结构的辐条下方，被称为雌生殖托（archegoniophore）。由于体型较大，教学上地钱通常被用来作为苔类的代表，但它们并不是这类植物的典型代表。地钱的叶状体是内部分化的，上层有专门的气室，而大多数苔类植物的横截面更均匀。地钱也会无性繁殖，在杯状结构（胞芽杯，gemmae cup）中产生小的盘状胞芽（gemmae）。当被雨水冲刷出杯状结构时，胞芽可以直接长成新的配子体。

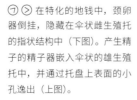 ⑺ ⊳ 在特化的地钱中，颈卵器倒挂，隐藏在伞状雌生殖托的指状结构中（下图）。产生精子的精子器嵌入伞状的雄生殖托中，并通过托盘上表面的小孔逸出（上图）。

孢子体与远距离扩散

陆 生孢子植物为了保证有性繁殖的成功进行，无论是已经灭绝的还是存活下来的，单倍体植物都必须保持较小的体型，并在基因混合的种群中紧密地生长在一起。这种混合种群是通过孢子的长距离传播形成的——就像在藻类的游动孢子中一样，但在陆生植物中，耐干燥的孢子散布在空气中。所有现存陆生植物的孢子都是由二倍体孢子体个体产生的。

▷鞘毛藻属是一种单倍体的绿藻，它们生活在岩石表面和淡水中。植物从中心向外生长，形成圆盘状。精子和卵子在圆盘内的特殊细胞中产生，受精卵经过减数分裂产生鞭毛状游动孢子。鞘毛藻属物种是现存陆地植物的近亲。

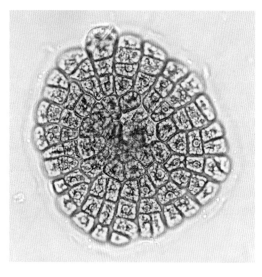

孢子传播

早期陆地植物最关键的演化转变发生在孢子适应空气扩散的过程中。在鞘毛藻属和其他绿藻中，受精卵经过减数分裂产生游动孢子，游动孢子在建立新的单倍体植株之前游动一段距离。游动孢子在干燥的陆地上走不了很远，所以早期陆生植物的孢子失去了鞭毛，变得更小、更多，并被包裹在坚硬的细胞壁中。坚硬的外壁被一种名为孢粉素的高度耐用的物质加固。这种物质也存在于一些绿藻中，形成坚硬、耐干燥的休眠孢子。最早的陆地植物孢子可能是通过物理作用传播的，比如洪水，或者可能是附着在古生动物的脚上，它们几乎同一时间出现在陆地上。当孢子与来自不同孢子体的孢子一起降落在合适的栖息地时，产生了配子体的混合种群，随后是另一轮有性繁殖。

孢子体

因为干燥的孢子是被动散布的，不需要生命功能或运动的器具，所以它们更小，产生的数量很多（这一策略类似于红藻产生被动、不动精子的策略——见第 183 页的方框）。因此，在陆地植物中，受精卵不会立即进行减数分裂，而是进行多次分裂，产生大量二倍体组织，其中大部分最终经历减数分裂，产生大量单倍体孢子。二倍体细胞的繁殖体构成了孢子体，这是一种遗传上截然不同的单株植物。孢子体在颈卵器内开始发育，并依赖配子体获取营养和水分。至此，陆地植物表现出单倍体和二倍体世代的交替，但形式不同于与其亲缘关系较远的石莼（见第 185 页的方框）。在早期的陆地植物和所有现代苔藓植物中，单倍体配子体世代仍然大且长寿，而孢子体世代小而短暂。

钱苔属植物的繁殖

现代苔类植物中，钱苔属（*Riccia*）植物可以帮助我们一窥早期陆生植物可能的模样，因为它们似乎被改造或重新适应了环境，以便于孢子的简单传播。与鞘毛藻一样，钱苔属植物的配子体生长为扁平的叶状体，孢子体非常简单，缺少大多数现代苔类孢子体中具有的可以帮助孢子囊随风传播的柄。孢子囊也缺乏许多其他苔类植物中发现的弹丝（蠕虫状细胞，扭曲以将孢子推出）。其精子和卵细胞在配子体表面的精子器和颈卵器中产生。当卵细胞受精时，受精卵发育成圆形的孢子体，仍然嵌入配子体体内。孢子体外具一层简单的细胞，其内的组织经过减数分裂产生 100 ～ 200 个孢子。孢子在亲本解体之前通常不会散开。

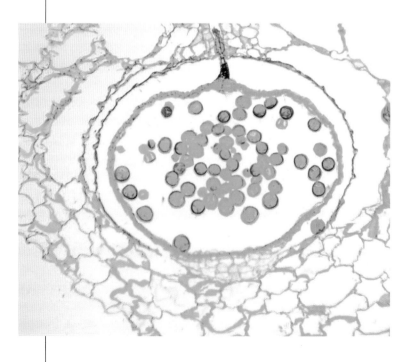

◁ 这种简单嵌入黑鳞钱苔（*Riccia nigrella*）的孢子体通过其内部组织的减数分裂产生了许多孢子。在亲本配子体解体后，这些孢子得到释放，并会在水流或动物的帮助下扩散。

◁ 现代单倍体苔类，浮苔（*Riccia natans*）在湿润的土壤上形成平坦的群体，从中心起点向外扩散成分叉的叶状体。

泥炭藓生长在茂密的沼泽中，随着时间的推移，其不易腐的残留物使沼泽积累了厚厚的沉积物。这些泥炭资源可被挖出来用作燃料或园艺。

这种金发藓形成厚厚的直立茎簇。其他藓类沿着树干、裸露的根或岩石的表面爬行。密集的藓类群落如海绵般吸收并保持生存和繁殖所需的水分。

苔藓植物孢子的散布

（苔）类、藓类和角苔类统称为苔藓植物。数以千计的苔藓植物在世界各地生活得多姿多彩，但它们内部既缺乏运输水分和物质的维管组织，也缺乏深度吸收水分的根系，储存水分的能力也很弱，因此大多数物种经常进行休眠。它们之中的许多物种生活在潮湿的栖息地，这种功能的局限性增加了有性繁殖的挑战。例如，我们在巨大的泥炭藓沼泽中看到的营养体是单倍体配子体，其精子需要水分才能运动。

孢子体较小

苔类、藓类和角苔类的二倍体孢子体都较小，只产生一个孢子囊，并在短暂的生命中依附和依赖配子体。典型的孢子体由从配子体吸收养分和水分的基足、蒴柄和单个孢蒴组成。蒴柄由足部和发育中的孢子囊之间数量相对较少的细胞发育而来，随着孢子成熟，孢蒴迅速伸长。一旦孢子释放，孢蒴就会萎缩解体。然而，配子体有时会存活很多年，并会在条件和季节允许的情况下反复进行有性繁殖。

许多苔藓的孢蒴在开口周围有 1～2 组齿，这些齿随着湿度的变化而开合，以便于孢子扩散。

就像大多数苔藓一样，黄丝瓜藓（*Pohlia nutans*）的孢子囊在细长的茎上隆起，帮助它们更好地利用风传播微小的、轻巧的孢子。

提高孢蒴

苔藓植物已经演化出几种方法来提高它们的孢蒴，以便更有效地将孢子发射到经过的微风中。泥炭藓和其他几种苔藓由配子体亲本组织形成柄，而不是在孢子体本身形成柄。在巨型的地钱属中，孢子体发育成倒挂在承载颈卵器上的伞状结构（见第187页的方框）。角苔属（*Anthoceros*）植物的孢子体是一种完全不同的形式。它们以角状结构的形式生长，通过基部细胞的分裂而伸长（称为居间生长）。减数分裂发生在内部细胞内，从更成熟的顶端开始，一直持续到底部产生新的细胞。孢子同样从孢蒴顶部向下成熟，在孢蒴壁裂开时释放出来。

释放孢子

苔藓植物的孢子大多是被风吹散的，这是将微小物体远距离输送的最有效方式。许多苔藓孢蒴有一个精细的结构，即蒴盖，当孢子成熟时就会弹开。它们通常在孢蒴的喉部周围有一圈牙齿，孢子随着湿度的变化进出孢蒴，有助于帮助孢子暴露在气流中。与之相反，许多苔类植物会在孢子囊内产生蠕虫状的结构，被称为弹丝，被随着湿度的变化而扭曲，以疏散孢子并将其推出。

△ 与许多苔类植物一样，角苔属植物是扁平的舌状体。孢子体长出细长的杆状，从基部开始生长。这里看到的较老的尖端已经裂开，释放出孢子，而新的孢子正在从底部相继产生。

昆虫传播

动物传播孢子在苔藓植物中并不常见。在一些不抬高孢子囊的苔藓植物中，比如钱苔属，孢子可能会通过大型动物的脚运输，但在壶藓科（Splachnaceae）植物的成员中，孢子更适合由昆虫传播。它的孢蒴是彩色的，会发出恶臭，以吸引以粪便或腐肉为食的苍蝇。孢子具黏性，可以附着在来访昆虫的身体上。这种气味在吸引腐肉昆虫授粉的开花植物中很常见，但在苔藓植物中罕见。

▽ 不同寻常的奇异小壶藓（*Tayloria mirabilis*），其孢子有黏性，在五颜六色、气味难闻的孢子囊中产生。寻找粪便的苍蝇被骗降落，并带走孢子。

不产生种子的维管植物的繁殖

（早）期维管植物，包括今天继续繁盛的几大类群，不产生种子，而是通过孢子传播。它们包括蕨类植物，以及与蕨类植物有亲缘关系的蕨类植物如松叶蕨属（*Psilotum* spp.）和木贼属（*Equisetum* spp.），以及一个单独的谱系，即石松类。它们都有小且短命的配子体和大而独立且长寿的孢子体，这与苔藓植物的模式截然相反。然而，与苔藓植物一样，它们的精子仍然必须在土壤表面的水中游动，才能与卵子结合。

短命的配子体

蕨类配子体大致呈小地钱的形状，但颈卵器和雄蕊位于下表面而不是上表面。与苔类植物不同的是，蕨类配子体的寿命很短，仅够卵子受精和新孢子体胚胎的早期发育。松叶蕨和木贼的配子体是不同的，它们更像块茎，部分或全部生活在地下。它们不进行光合作用，而是依靠共生真菌为它们提供营养。

长寿的孢子体

随着配子体变小，寿命变短，孢子体变大，独立生存，寿命延长。我们所熟知的蕨类植物、松叶蕨和木贼都是孢子体世代。苔藓植物是配子体占优势的，而不产种子的维管植物及随后产生的种子植物都是孢子体占优势的。

孢子体独立于配子体，可以无限生长和分枝，并能存活多年。它们可以长得很高，最终产生数十亿个孢子。维管植物也会产生根系，所以它们与苔藓植物相比，在干燥的栖息地活动的时间更长。只有配子体短暂存在时，才需要土壤表面的水分。

蕨类植物中的孢子囊

蕨类植物中，大量孢子囊直接在叶片上产生，通常聚为一簇，被称为孢子囊群（sori）。这样的孢子囊群可能被一种叫作囊群盖（indusium）的叶状组织所覆盖。减数分裂发生在孢子囊内，每个孢子囊产生数百个孢子。在现代蕨类的初级分支中，孢子囊有一种特殊的张开机制。当孢子囊成熟时，它的壁开始逐渐干燥。在孢子囊周围一圈的特殊细胞被称为环带（annulus），在这个干燥过程中，张力不断增加，直到孢子囊壁撕裂，孢子被抛向空气中。然后，这些微小的孢子被风吹走，有时会走上数千英里。

石松、木贼和松叶蕨中的孢子囊

石松的孢子囊在简单的锥形球果中产生，每个孢子囊位于苞片基部。相反，木贼中的孢子囊是在常规的或特化的枝条末端的复杂圆锥体中产生的。在特化的松叶蕨类植物中，裸露的孢子囊通常是 2～3 个为一束。

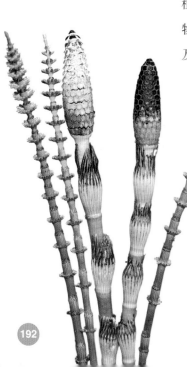

问荆的孢子体由快速生长的直立枝条组成，有些枝条顶端有球果状的孢子囊。叶在节处轮生，在其所有现存的物种中，叶都退化成较短的鳞片。

蕨类植物的生命周期

在蕨类植物的生命周期中，孢子体和配子体世代的历时与苔藓植物相反。蕨类植物主要是孢子体世代，它可以活很多年，甚至几百年，每年可能产生数百万个孢子。孢子是通过孢子囊内的减数分裂产生的。它们萌发产生小的单倍体配子体，产生颈卵器和精子器。当卵子由游动的精子细胞受精时，就形成了新的二倍体孢子体植物。

∨ 蕨类植物主体是长寿的孢子体世代。

成熟孢子体

幼年孢子体

孢子囊群

蕨类植物生命周期

从孢子囊中释放的孢子

配子体

异形孢子植物

一些不产种子的维管植物，例如水生蕨类植物和一些石松和卷柏等，通过其配子体的特化已经演化出类似种子状的结构。像种子一样，这些结构内具有二倍体的胚，胚的外部还储存有大量营养物质，但与真正的种子不同的是，它们没有单独的种皮，还有其精子细胞仍然必须在水介质中游动，而种子植物中的精子细胞在花粉粒内移动。最著名的例子当属卷柏属（*Selaginella*）植物。

大孢子和小孢子

在卷柏属植物中，配子体专门承载精子细胞或卵细胞，它们在大小和外观上都有很大的不同。孢子产生在孢子囊中，就像蕨类植物和其他无种子的植物一样，但是发育成产卵配子体（大配子体）的孢子（被称为大孢子）的直径大约是那些注定要产生精子的配子体（微配子体）的孢子（被称为小孢子）的20倍。大孢子和小孢子的产生被称为异形孢子现象（heterospory），进行这种繁殖的植物大多数是水生或半水生的。值得注意的例外是卷柏属植物，它们出现在各种或干燥或潮湿的栖息地。

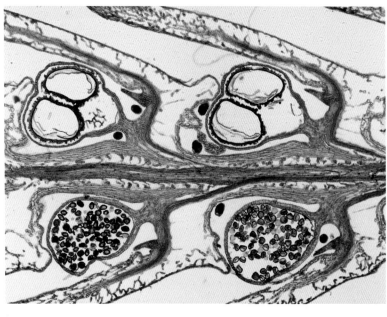

Ⓣ 卷柏（*Selaginella ornithopodioides*）的叶子很小，呈鳞片状，但生在分枝的茎上，形成类似蕨类的排列方式。孢子囊产生在上部分枝上。

Ⓒ 卷柏属植物产生两种截然不同的孢子，这种现象被称为异形孢子。在枝条的上部，每个孢子囊有2～3个大孢子，这些大孢子将发育成特化的雌配子体。在下侧，孢子囊有大量的小孢子，小孢子发育成雄配子体。

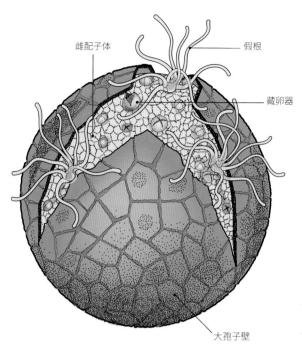

雌配子体　　　　　　　假根

藏卵器

大孢子壁

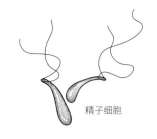

精子细胞

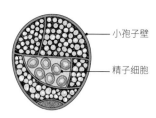

小孢子壁

精子细胞

大配子体

大孢子相当大，当它们在孢子囊中成熟时已经充满了营养储备。这些孢子太重了，不能被风吹散，但有些孢子可能会被动物带走或随水流移动。它们在内部进一步分裂形成配子体，最终使大孢子壁破裂。大孢子落到土壤上之后，通常在孢子壁朝上开口的一端形成颈卵器。

小配子体

卷柏属植物的小孢子本身比典型的蕨类孢子大，但人们对它们是如何散布的知之甚少。它们不发育独立的配子体，而是在内部分裂，在孢子体内产生一个大的精子器。孢子壁破裂释放成熟的精子，这些细胞遵循雌配子体释放的化学物质浓度梯度，游向卵细胞并使它受精。

种子状的子代

游动的精子细胞在颈卵器中让卵子受精。二倍体受精卵是孢子体世代的开始，在大孢子内发育，从配子体组织中吸收营养。大孢子及其密闭的胚可能会被水流或动物进一步扩散，但人们对此知之甚少。幼孢子体继续生长，最终独立于配子体。

🕓 产生卵细胞的大配子体在大孢子壁内发育，最后部分破裂，露出颈卵器。小配子体在小孢子壁内发育并分化为许多精子细胞。

其他异形孢子植物

除卷柏属外，异形孢子也存在于邻近的水韭属（*Isoetes* spp.）中，这是一种生活在潮湿沼泽中的植物。它们的孢子囊位于或低于土壤平面，在草状叶片的基部。在中泥盆世至石炭纪的沼泽森林中，一些古老的树蕨类植物中也存在异形孢子现象，如封印木属和鳞木属（*Lepidodendron*）。在一些水生蕨类植物中也发现了这样的例子，例如萍属、槐叶萍属和满江红属。

胚珠和花粉

真 正的种子含有胚和储存的食物——就像成熟的卷柏大配子（见第195页），但有一些显著的区别。种子的胚和贮存营养的组织被外套状的珠被（integument）包围，而不是大孢子的壁。年幼的种子被称为胚珠（ovule），是配子体发育、受精和胚胎发育的场所。花粉粒是内部配子体高度退化的孢子。在接下来的几节中，我们将会看到裸子植物的种子和花粉的发育。

⋀ 一枚非常年幼的松果很难辨认出来。它需要两年半的时间才能发育完成，在此期间，它将被授粉，卵将受精，胚珠将成为种子。

胚珠

在裸子植物中，幼小的胚珠通常是卵形的，被单个珠被包围，基部有短柄，顶部有一个狭窄的开口，被称为珠孔（micropyle）。从技术上讲，幼胚的内部是一个大孢子囊，但它只产生一个大孢子。减数分裂发生在大孢子母细胞中，最终形成4个单倍体细胞，但其中3个会解体，只剩下一个。与早期的植物不同，大孢子很小，里面没有储存食物。取而代之的是，一种叫作珠心（nucellus）的食物贮藏组织包围着大孢子。大孢子从来不见天日。它不会形成坚硬的防水外壁，也不会像其他孢子那样散布。取而代之的是，它会直接发育成胚珠内的大配子体，在成为发育成熟的种子之前，胚珠一直附着在母体植物上。发育中的大配子体吸收珠心的大部分食物储备，占据胚珠内部。通常会产生2个卵子，但只有一个会受精。

花粉粒

作为由特化的孢子囊演化而来的第一批胚珠，花粉粒由小孢子演化而来。花粉粒比卷柏属的小孢子更小、更轻，因此更适合被风或动物传播。产生精子的雄配子体在花粉粒内发育，然后才从亲本植物上脱落，非常微小。它只由两个功能细胞组成，其中一个细胞将形成被称为花粉管的突起，另一个是生殖细胞，会分裂形成两个精子细胞。在古老的种子植物，以及现存的古老裸子植物中，如苏铁和银杏，精子细胞是有鞭毛的，但它们从来没有像早期植物那样被释放出来在土壤液体中游动。更高

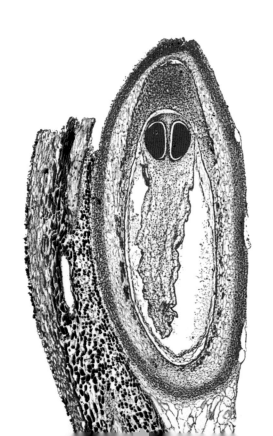

▷ 这张图片显示的是胚珠（椭圆形），里面是配子体组织，包含两个颈卵器（深蓝色），每个颈卵器都包含一个卵子。花粉粒落在上端，花粉管穿过厚厚的配子体组织，吸收其中的营养物质，慢慢接近卵子。仅此一项过程就可能需要数月时间。通常，每个珠鳞上只有一枚胚珠发育成种子。

级的种子植物，如其他针叶树和被子植物，有不活动的精子。

卵子的受精

花粉粒通过空气，随机地由风或更直接地由动物携带到另一株植物上的胚珠上。到达胚珠时，花粉粒通过珠孔的一滴液体进入外部花粉室。然后，它形成花粉管，花粉管穿透大配子体的贮藏组织，并向卵子延伸。精子细胞被释放到一个内室，要么游动，要么被吸引到卵子里。

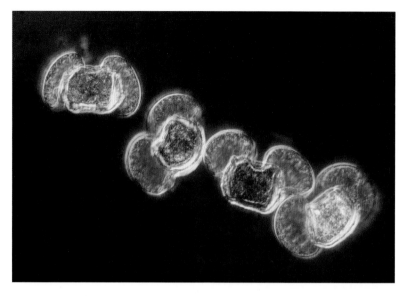

⑦ 在这张欧洲赤松（*Pinus sylvestris*）花粉的暗场图像中，致密的、产生精子的配子体组织被染成红色，而花粉粒壁和蓬松的"翅膀"被染成蓝色。"翅膀"降低了花粉的总体密度，协助其有效地借助风扩散。

▷ 因为松树的花粉是被风随机散布的，所以它们必须产生大量的花粉，以确保一些花粉会降落在附近树木的雌性球果上。这种花粉在化石记录中非常丰富。

包裹种子

当胚珠成熟成为种子时，珠被可能会形成多个特化层以保护幼胚和内部的食物储备。在某些情况下，珠被变得肉质，颜色鲜艳，以吸引有助于扩散的动物，就像雪生罗汉松（*Podocarpus nivalis*）。其他的，如松科（Pinaceae）植物的种子生在球果里，珠被较薄。

早期的种子植物

（最）早产生真正种子和花粉的植物是出现在泥盆纪末期的古生代种子蕨类。它们类似于现代蕨类植物，因为它们在树干上有大的复叶，树干仅有简单或稀疏的分枝。然而，与蕨类植物不同的是，它们有真正的次生生长，具有几层次生木质部和次生韧皮部。它们很可能是不产种子的前裸子植物的近亲，但茎更简单。它们的胚珠和小孢子囊直接着生在叶片上。

古生代种子蕨类植物，如皱羊齿属（Lyginopteris），有硕大的复叶（A）。种子和小孢子囊直接在叶片上着生，就像楔羊齿属（Sphenopteris）（B）一样。最早的胚珠，如腭籽属（Genomosperma）植物的胚珠，由不完整的由叶裂片构成的珠被（C）。

最早的胚珠

胚珠由古老的大孢子囊演化而来，最初可能是由叶裂片包围形成一个笼状的屏障。这些裂片逐渐融合在一起，形成一个连续的珠被，只在顶端留下一个小开口，供精子细胞进入。珠被很可能是一种适应，以保护营养丰富的珠心免受食草性昆虫的伤害和干燥失水。仅具胚珠的叶片和叶状结构称为大孢子叶，而仅具花粉的称为小孢子叶。

最早的花粉粒

花粉粒是在直接生于小叶上的简单小孢子囊中产生的。早期的花粉可能是被风吹散的，但也很可能由试图吞噬幼小胚珠的食草性昆虫携带。这些昆虫可能携带粘在它们身上的花粉颗粒，然后这些花粉颗粒通过摩擦留在了胚珠黏性尖端上。如果种子蕨类植物确实是所有其他种子植物的祖先，那么现代裸子植物和被子植物中产生胚珠和花粉的结构都可以看作是特化的叶或小叶。

中生代的种子植物

裸子植物与早期爬行动物，还有恐龙共生在地球上，种子植物具有更复杂的产生花粉和胚珠的结构，通常位于球果或高度特化的孢子叶中，这些孢子叶与营养叶截然不同。也许没有一个比那些已经灭绝的本内苏铁（Bennettitales）更精致了。在该植物的复杂球果中，胚珠着生在中央的圆柱上，并被复杂分枝的产生花粉的结构和坚韧的外部苞片所包围。尽管整个两性结构与被子植物的花相似，但在结构细节上它们是如此不同，因此它不可能像通常认为的那样是真正的花的直系祖先。这些巨大的结构为种子提供了保护，以抵御当时更具攻击性的食草动物。

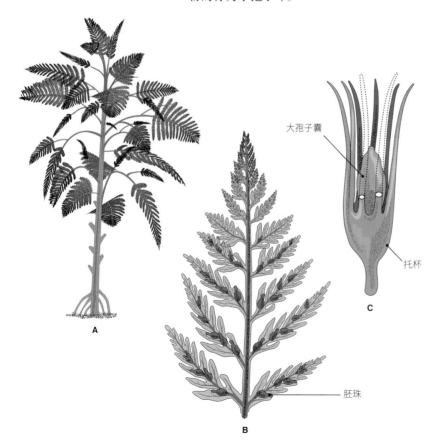

大孢子囊

托杯

C

胚珠

A

B

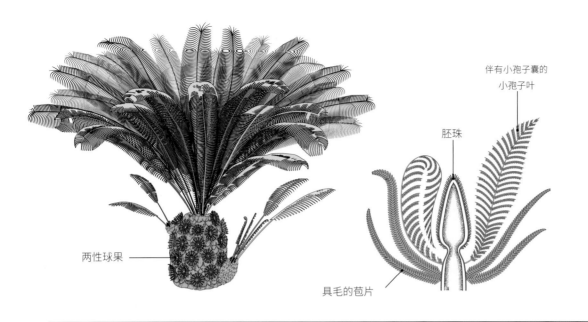

伴有小孢子囊的
小孢子叶

胚珠

⟨ 左图: 拟苏铁属 (Cy-
cadeoidea) 植物, 一种已
灭绝的中生代本内苏铁, 树
干上有两性的球果。右图:
拟苏铁属植物的两性球茎,
具有大的产生小孢子的复
叶, 胚珠着生在中轴上。

两性球果

具毛的苞片

苏铁的故事

　　苏铁是另一类中生代种子植物, 是从古老的种子蕨类植物演化而来的, 但与本内苏铁不同的是, 许多物种存活到了今天。它们保留了更简单的叶状胚珠和花粉结构。苏铁属植物的大孢子叶明显呈叶状, 叶柄下部有复叶和胚珠。它们松散地围绕在植物的顶芽周围。然而, 在更高级的属中, 大孢子叶更简单、更小, 并且聚集成球果。所有苏铁的小孢子叶都很小, 聚集成球果。像种子蕨类植物和本内苏铁一样, 苏铁也有很大的复叶。大多数都是简单的复叶, 类似于现代的棕榈叶, 但在苏铁科中, 波温铁属 (Bowenia) 植物的叶子与种子蕨类植物一样是二回复叶。其他现代种子植物的祖先, 如松柏类和银杏, 也存在于中生代, 但具有更紧凑的繁殖结构和更简单的叶子。

⟨ 和拟苏铁属植物一样, 苏
铁也出现在中生代, 虽然它
们表面与本内苏铁相似, 但
它们的繁殖结构要简单得多。

⟨ 在苏铁属植物的成员中,
例如来自澳大利亚的这株蛇
纹岩苏铁 (C. ophiolitica),
胚珠沿着与叶极为相似的大
孢子叶的边缘着生, 在枝顶
端形成一簇松散的大孢子叶。

苏铁和银杏的有性繁殖

苏 铁和银杏保留了古代繁殖方式的某些方面。它
们会产生花粉粒和胚珠，就像裸子植物和开花植物
一样，但精子细胞有许多被称为纤毛的微小鞭毛，
这是涉及自由游动精子的生命周期的残余。它们的
果实被改造成适合动物传播的形式。

▽ 银杏是种子植物中的活
化石。它有扇形的叶子，类
似于某些蕨类的小叶。这种

耐寒的树在温带城市里被广
泛种植，因为它能耐受空气
污染。

银杏的繁殖

银杏是古老种子植物谱系中唯一的幸存
者，其特征是叶片呈扇形，叶脉分叉。中国是
否还存在野生银杏现在仍有争议，因为它在中
国已经被培育了数千年。花粉和胚珠分别生在
不同的树上（即雌雄异株），这是一种防止自
花授粉的策略。花粉在松散的、有弹性的雄球
花序中产生，被称为柔荑花序，适合于风力传
播。胚珠着生结构通常由短柄末端的两个裸露
胚珠（有时是一个）组成。

当胚珠准备受精时，它们的顶端会产生一

▽ 银杏的精子相当大，顶
端有许多鞭毛，苏铁也是如
此。一旦进入胚珠，它们仍
然必须游一小段距离到达卵
子所在的地方。

种黏性的液滴，这会捕捉到随机在风中旋转的
花粉颗粒。一天结束时，液滴收缩，将花粉粒
拉入胚珠顶端的小室内，在那里花粉管出现并
发育成一个微小的雄配子体。它需要长达 5 个
月的时间才能产生两个精子细胞，精子细胞上
数千个微小的鞭毛在细胞顶部三分之二的位置
排列成螺旋带，实现运动功能。然后，精子细
胞需要游动非常短的一段距离，到达卵细胞
处，其中通常只有一个精子能够完成授精。

在小配子体发育的同时，大配子体（珠
心）正在扩张，并储备了足够多的能量。在受
精后一段时间，胚珠从树上脱落，嵌入珠心内

的胚胎继续发育。由珠被发育而来的肉质外层，散发出一种特殊的食物气味。据说这是为了吸引食腐动物，它们吞下胚珠帮助其扩散。

苏铁的繁殖

虽然苏铁的祖先出现在二叠纪，但它们仍有许多现存的物种，银杏也同样起源古老。苏铁的精子发育和受精过程与银杏相似，但其种子会变色，并附着在大孢子叶上，直到成熟。植物也是雌雄异株的，除了少数苏铁，花粉和胚珠都是在大型球果中产生的，其中的大孢子叶类似于小叶子，沿着中脉最多可有 12 个胚珠。在该属中，大孢子叶在树干顶芽周围松散地产生。这种顶芽在繁殖后继续产生叶片，将成熟的大孢子叶推到一边。

⌄ 在苏铁属植物中，胚珠生长在叶状的大孢子叶上，排列成松散的簇状，而不是闭合的球果。

苏铁的传粉

虽然传统上人们认为苏铁是像银杏和其他裸子植物那样由风传粉，但现在人们知道大多数苏铁其实是由象甲或蓟马这样的小昆虫授粉的，这些昆虫以雄性球果中的花粉为食，但常被与雄性球果相似的颜色和气味引诱到雌性球果中。通常情况下，当昆虫进入雌性球果时，一些花粉粒会粘在它们的身体上，随后由于摩擦这些花粉粒会掉在里面的胚珠上。但那里没有昆虫吃的东西，所以过了一会儿昆虫就离开了。这是一个欺骗传粉者的例子，这一现象在被子植物中广泛存在。

⌃ 大多数苏铁，如美丽波温铁（*Bowenia spectabilis*）（顶部图）和大泽米铁（*Macrozamia lucida*）（上图），球果在授粉前保持紧密闭合。在这里，昆虫一直在雄性球果中进食，在花粉供应不足时离开。然后，它们可能会被引诱到雌性球果中。

松柏类植物的繁殖

（松）柏类植物是现存裸子植物中分布最广、数量最多、种类最多的一种。它们的胚珠是典型的木质大球果，但有时它们很小，像水果一样。最大且寿命最长的乔木——红杉和巨杉都是松柏类植物。松柏类植物的叶子仍然很小且结构简单，大多数是针状叶或鳞片的形式，尽管也有一些是扁平的和刀片状的。它们构成了与苏铁、银杏和被子植物不同的谱系，因为以上所有这些植物都有更复杂的叶子。

产花粉的柔荑花序

松柏类植物都是以风为媒的。它们的花粉在被称为柔荑（catkin）的细长、有弹性的雄球花中产生（与银杏相似），释放出较轻的花粉烟雾（见第 178 页和第 223 页照片）。在一些针叶树，特别是松属植物上，花粉粒上有两个气囊，以增加它们在空气中的浮力。在花粉粒内，管核形成花粉管，而生殖细胞分裂形成两个不活动的精子，飘浮到花粉管的顶端。

▷ 针叶树的球果，如冷杉的球果，发育非常缓慢。授粉时间较早，但花粉管生长和种子发育需要数月时间。

▽ 在这张松雄球果纵切拍摄的显微镜图像中，可以清楚地看到小孢子囊内正在发育的花粉粒。

带有胚珠的球果

胚珠通常生在大的木质球果中，但也有一些有趣的例外。在松科植物中，球果结构比较复杂，苞鳞最初围绕球果轴线呈螺旋状排列。种鳞在每个苞鳞的腋部发育，随着它们的成熟，它们成为主要的结构，既承载胚珠，又形成坚韧闭合的球果鳞片。这种结构可以被理解为在原始松柏类植物中发现的一种分枝球果结构的改进。其他松柏类群的球果结构甚至更小，有时苞鳞和种鳞完全融合在一起。松果的发育极其缓慢，从萌发到种子释放需要长达两年半的时间。

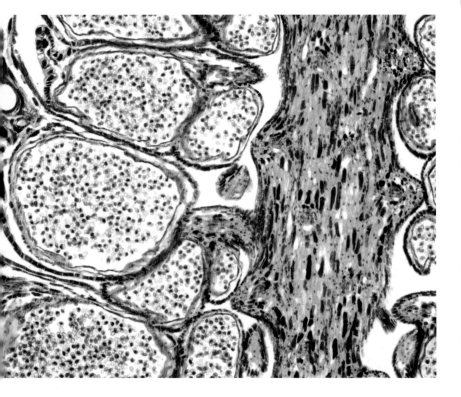

浆果状的球果

罗汉松属（*Podocarpus*）植物的球果很小，基部有几个不育种鳞融合在一起，形成一个色彩鲜艳的珠托。可育胚珠（通常只有一个）从珠托顶部冒出，并被另一种叫作套被（epimatium）的特化圆锥形苞鳞所覆盖。罗汉松属许多种植物的珠托颜色是蓝色、紫色、红色或黄色的，种子通常是绿色或蓝色的，这也是为了动物的传播而进行的改进。杜松（*Juniperus* spp.）的球果很小，是肉质和蓝色的，适合动物传播。在红豆杉属（*Taxus*）植物中还发现了第三个色彩鲜艳、适应动物传播的类型。在它们缩小的球果中，基部的单个珠鳞被改造成一个鲜红色的肉质结构，叫作假种皮（aril），它像甜甜圈一样包围着单个种子。这样的适应演化在针叶树的历史上是相对较新的，构成了与食果鸟类趋同演化的一个例子（见第 211 页）。

⊙ 红豆杉浆果状的果实，有从单个苞鳞发育而来的颜色鲜艳的假种皮。这是一种适应鸟类扩散的方式。

▷ 刺柏（*Juniperus* spp.）的"浆果"实际上是小球果，鳞片在里面变得肉质，成熟时紧密融合在一起，也由鸟类传播。

松树和云杉种子的传播

松属和云杉属植物的种子通常"长有翅膀"，以便在微风中散布。但其中一些物种，如北美的沼泽松和欧洲阿尔卑斯山的瑞士石松（*Pinus cembra*），它们的种子由动物采集并掩埋。然后，未被食用的种子可能会发芽并形成新的树木。

◁ 灌状买麻藤 (Gnetum gnemon) 生长在热带森林中，具有与许多开花植物相似的大而扁平的叶子。此图中，一片叶子的基部已经开始长出一串幼果。

▽ 一些麻黄属物种，例如单子麻黄 (E. monosperma)，有色彩鲜艳的种皮来吸引鸟类。鸟儿吃掉种皮，但把种子吐出来，起到了传播的作用。

买麻藤类植物的繁殖

买麻藤类植物是一类古老而神秘的裸子植物，其中只有 3 个属现存至今：买麻藤属植物主要由热带的藤蔓或乔木组成，叶对生；麻黄属植物是一种沙漠灌木，叶轮生，退化为微小的苞片；以及百岁兰属植物，包含仅在非洲西南部纳米布沙漠中发现的单一奇特的物种。一些买麻藤类植物的繁殖特征表面上与被子植物相似，这使得一些植物学家认为这两个群体是密切相关的。然而，基于 DNA 序列的系统发育研究表明，买麻藤类植物极有可能是松柏类植物特化的一个专门分支，但具有更复杂的球果。

▷ 满月麻黄 (Ephedra foem-inea)。左图：雄球花，蜜滴在球果的远端中心，由不育胚珠产生。右图：雌球花在珠孔开口处产生类似的传粉滴。

产花粉的球果

所有现存的裸子植物都是雌雄异株（雄蕊和雌蕊位于不同的植株上）。花粉生在小而复杂的球果中，小孢子叶表面上类似于被子植物的雄蕊。麻黄的一些种类是由昆虫授粉的，就像买麻藤属和百岁兰属植物一样。而其他物种是通过风授粉的，这被认为是买麻藤纲植物的一种特化。

麻黄的多种用途

很多人都知道以前人们使用麻黄提取物来帮助减肥。生物碱类药物麻黄碱主要存在于中国的草麻黄 (E. sinica) 中，但最终被发现有严重的副作用，已在很多国家被禁用。其生活在美洲的物种中缺乏麻黄碱，被美洲原住民和欧洲定居者用来泡茶。

产胚珠的球果

具胚珠的球果很复杂，但通常只产生一粒种子。胚珠与其他裸子植物的胚珠具有相同的结构：直立，只有一个珠被，但有一个格外突出的管，产生授粉滴。在某些情况下，雌配子体表现出与被子植物相似的变化，但细胞数量减少了。在买麻藤属和百岁兰属物种中，不再有颈卵器。取而代之的是，特定位置的细胞充当卵子的角色。

成熟的种子

买麻藤种子有色彩鲜艳、肉质的珠被，适合动物传播，而麻黄种子则被色彩鲜艳的圆锥形珠鳞包围，以达到同样的目的。与之相反的

◁ 买麻藤的种子有一层肉质的种皮，对鸟类很有吸引力。裸子植物中类似果实的种子可能演化得相对较晚，可能是在白垩纪，也就是吃浆果的鸟类演化之时。

是，百岁兰的种子适应了风的扩散，它具有一个纸质的"翅膀"，类似于我们在许多松树种子上看到的"翅膀"，这可能是因为其生境干燥，不适合可以帮助植物传播种子的鸟类生存。

奇特精妙的百岁兰

百岁兰只产生两片叶子，但可以持续植物的整个生命周期。它的叶片从基部的分生组织开始不断延长，可达 4 米长，这一特征在单子叶植物中也颇为常见。在较老的植物中，叶子纵向分裂，在茎的顶部周围形成许多叶子的外观。纳米布沙漠几乎没有降雨，所以百岁兰似乎依赖于从更东边的平原地区渗出的地下水，因此它们有广泛的根系。一些水也可能是从海洋凝结的雾中吸收的，这是生活在这里的昆虫和其他动物的主要水源。大多数百岁兰属植物的年龄约为 500 年，但对一些个体的碳测年结果表明，它们的年龄达到了惊人的 2000 年。

◁ 来自非洲西南部沙漠的百岁兰，只有两片叶子，它们终生从植物的根部继续生长。

◁ 与大多数麻黄和麻黄属植物不同的是，百岁兰属的种子干燥扁平，由风传播。这里可以看到种子从左上角的球果中释放出来。

被子植物的花

被子植物演化出一种独特的两性孢子叶球，我们称之为花（更多内容见第 6 章）。被称为心皮（carpel）的雌性生殖器官位于孢子叶球（strobilu）的顶端（在更扁平的花的中心），雄性花粉产生的器官被称为雄蕊（stamen），位于雌蕊的下面或外面。在典型的花中，被称为花被片（tepal）的有色或保护性器官包围着性器官。所有结构都连接到被称为花托（receptacle）的平台上，并被花柄（pedicel）举到高处。花被通常分为两轮：外轮通常是绿色的萼片（sepal），内轮为彩色的花瓣（petals）。

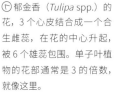

⌄倒挂金钟（*Fuchsia* spp.）的花是特殊花型中的一种，相比于标准的萼片、花瓣、雄蕊和雌蕊。只有像蜂鸟这样敏捷的传粉者才能通过倒挂的方式接近花朵背面的花蜜。

⌄郁金香（*Tulipa* spp.）的花，3 个心皮结合成一个合生雌蕊，在花的中心升起，被 6 个雄蕊包围。单子叶植物的花部通常是 3 的倍数，就像这里。

⌃花蔺（*Butomus umella-tus*）也是单子叶植物，花三数，但代表了更古老的离生心皮状态，即 6 个心皮保持彼此分离。

心皮的情况

心皮可分为被称为子房（ovary）的含胚珠的腔室和长短各异的被称为花柱（style）的颈状部分，以及位于顶端的一个被称为柱头（stigma）的接受花粉的表面。心皮的演化起源仍然是一个谜。它们可能是特化的大孢子叶、茎状结构或两者的组合。在更古老的被子植物中，心皮仍然彼此分离，但在大多数情况下，心皮融合成一个单一的结构，称为雌蕊（pistil），具有共享或紧密排列的柱头。当心皮像这样连接在一起时，授粉大概会更有效，因为授粉动物一次短暂的访问就可以同时为所有心皮提供花粉。在多心皮雌蕊中，通过共用薄的内壁和坚固的外壁，也可以加强对发育中的胚珠的保护。

被子植物花的标准结构

典型的被子植物的花由萼片、花瓣、雄蕊和雌蕊组成，它们总是按这个顺序附着在一个花托上，其下还具有花梗。花的器官排列成这样的两性孢子叶球被认为是被子植物演化的一个关键特征。在更特殊的花中，某些器官，如花瓣，可能会缺失。单性花也很常见，特别是在风媒授粉的植物中，或是花被压缩成花序。在这种情况下，雌花的雄蕊缺乏或不起作用，雄花的心皮和雌蕊也会有退化现象发生。

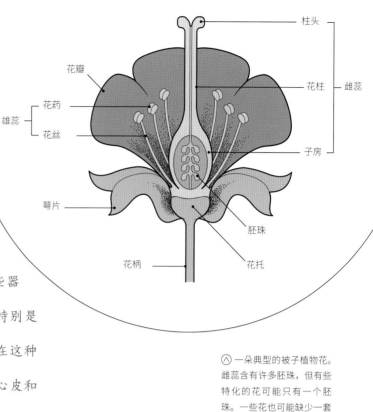

∧ 一朵典型的被子植物花。雌蕊含有许多胚珠，但有些特化的花可能只有一个胚珠。一些花也可能缺少一套或多套结构。

雄蕊

典型的被子植物雄蕊由 4 个细长的花粉囊（小孢子囊）连接成一个被称为花药的共同结构。花药在一种叫作花丝的细茎上凸起。在一些较古老的被子植物中，雄蕊扁平，或多或少呈叶状，上表面有 4 个平行的花粉囊。特化的雄蕊可能有较少的花粉囊。花粉的大小、形状和纹饰各不相同，因此经常可以被当作识别地质地层、考古遗迹或法医证据的植物材料。

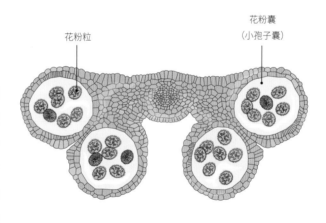

花被片：萼片和花瓣

花被片一般呈叶状，被认为是从围绕生殖器官的叶子演化而来的。在更古老的被子植物中，一系列的花被片可能从外面的绿色和树叶状，到离雄蕊和心皮近处变成更五颜六色的花瓣状。通常，花被片分化成两轮：外部的叶状

萼片和内部彩色的花瓣。作为吸引传粉者的主要器官，花瓣可能具有高度修饰性的形状、颜色、图案和香味。

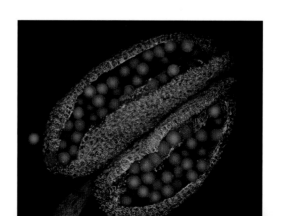

◁ 左图：拟南芥花药的荧光显微照片。

上图：在横截面上，可以看到一个花药由 4 个平行的花粉囊组成，不过两边的两个花粉囊可能会结合在一起，看起来像一个花粉囊。

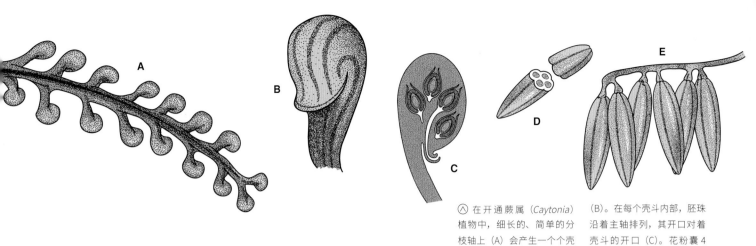

△ 在开通蕨属 (Caytonia) 植物中，细长的、简单的分枝轴上 (A) 会产生一个个壳斗。每个壳斗都是弯曲的，所以它的开口面向它的基部 (B)。在每个壳斗内部，胚珠沿着主轴排列，其开口对着壳斗的开口 (C)。花粉囊 4 个聚成一组 (D)，着生于分枝上 (E)。

被子植物心皮和胚珠的起源

被子植物起源问题的关键在于理解它们独特的心皮、雄蕊和胚珠是如何通过对早期裸子植物结构的改造而形成的。某些生物的化石记录对于追踪它们的演化史非常有用。然而，就开花植物而言，化石记录很少。已知的与被子植物关系最密切的化石似乎是开通蕨目，但这两个类群之间仍有相当大的差距。亲缘关系更远的植物化石也可以提供有关祖先性质的线索，但这些线索目前还不为人所知。

壳斗的难题

在许多中生代裸子植物中，胚珠在被称为壳斗的结构中受到保护。在许多方面，它们的功能就像心皮，保护胚珠免受干燥和食草性昆虫的侵害。在早期大孢子囊保护结构的演化中（见第 198 页），壳斗似乎是从包裹在胚珠簇周围的叶裂片演化而来的。与其他裸子植物一样，在所有已知的壳斗化石中，胚珠都是直的，并且只有一层珠被。然而，被子植物特有的胚珠在轴上往往向后弯曲（倒生），有两层珠被。反过来，胚珠被心皮包围。因此，心皮很可能不是从任何已知裸子植物的壳斗直接演化而来的，否则被子植物胚珠仍然是直的，没有第二层珠被（见右文的方框）。

▽ 在开通蕨的化石上可见产胚珠的壳斗，这些壳斗在特殊枝条的两侧排成两列。

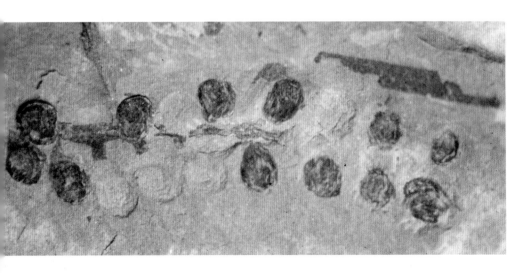

第二层珠被

　　根据一种有说服力的理论，一些类似于开通蕨属的古代植物的壳斗成为被子植物胚珠的第二层珠被，而不是心皮。这些壳斗是弯曲的，这样开口就背对着底座。胚珠沿着壳斗的背面排列，而不是像大多数被子植物心皮那样沿着边缘排列。这一理论认为，壳斗中的胚珠数量减少到一个，并且壳斗紧紧地围绕着单个胚珠，成为第二层珠被。由于原始的壳斗向后弯曲，被子植物胚珠也呈这种形态。

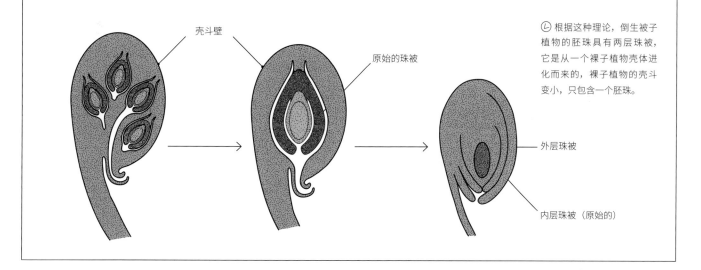

壳斗壁

原始的珠被

⤵ 根据这种理论，倒生被子植物的胚珠具有两层珠被，它是从一个裸子植物壳体进化而来的，裸子植物的壳斗变小，只包含一个胚珠。

外层珠被

内层珠被（原始的）

从小孢子叶到雄蕊

　　在开通蕨目中，花粉在高度分枝的结构中产生，但花粉囊（小孢子囊）是拉长的，并平行地结合在一起，通常是4个一组，就像被子植物中简单得多的花药一样。如果像这样的东西是被子植物雄蕊的祖先，我们不清楚它是如何变成一个单一的四囊单位的，也不清楚它与一些古老的被子植物家族中的扁平的叶状雄蕊有什么关系。

大孢子叶到心皮

　　至于第一批心皮是如何包裹胚珠的，我们的证据就更少了。在中生代化石记录中，有一个可能的祖先结构的空白。事实上，关于最早的心皮是什么样子，有两种不同的观点。传统观点认为，心皮的祖先是简单的叶状大孢子叶，边缘排列着胚珠。它们沿着中脉折叠在一起，把胚珠裹进里面。这是被子植物中发现得最多的形式。在另一种观点中，原始胚珠是展开的壶状结构，里面只有一个或两个胚珠。最古老的被子植物都有壶状的心皮，这表明最初的被子植物也有同样的心皮，但在裸子植物化石中并没有发现合适的古代结构来解释这种心皮是如何演化而成的，也不能同时解释两层珠被和倒生的胚珠形状。

古老的被子植物

被 子植物系统树的最早分支被称为 ANA 支，源于无油樟目（Amborellales）、睡莲目（Nymphaeles）和木兰藤目（Austrobailyales）。目前，无油樟目仅由一个物种组成，被认为是第一个分支，因此是最古老的，紧随其后的是睡莲目和木兰藤目。ANA 支和木兰类组成了基生被子植物，它们表现出了明显的古老特征。

离生心皮

早期的花是压缩的枝条，含有叶状的花被片以及紧凑的可能是叶状或茎状的产胚珠或花粉的结构。起初，这些部分都是彼此分开的，但后来以许多不同的方式连接在一起，以适应动物和其他外力更有效的授粉。心皮彼此分开（离生心皮），围绕中心轴呈螺旋状或轮状（圆形）排列。离生心皮在 ANA 支和木兰类中占优势，在基部单子叶和基部真双子叶植物中也是如此。合生心皮的转变在所有这些主要类群中都是平行发生的。雄蕊、花瓣和萼片也会以各种方式结合在一起。

囊状型或对折型心皮

传统的心皮演化模式认为它们是对折的叶状结构，沿着内折的边缘有胚珠，有点像现代的豌豆荚。心皮的边缘是封闭的，但在柱头的区域是松散的。这是现代木兰科植物、单子叶植物和真双子叶植物心皮的基本形式。然而，人们在 ANA 支的基部发现了一种截然不同的心皮类型，因其祖先早于所有其他被子植物，这一发现似乎与传统模式相矛盾。在这些古老的被子植物中，心皮呈囊状，顶部未密封，背面只有一个或几个胚珠排列。这些心皮看起来更像是在胚珠上向上拉起的管子，尽管在无油樟和其他 ANA 物种中，柱头确实显示出折叠的迹象。不幸的是，缺乏可以证明这两种类型之间关系的化石。

◇ ⬆ 无油樟被认为是最古老的被子植物。左边是一簇簇不显眼的小雄花。雌花（下图）由不同于萼片和花瓣的一系列花被片和一些分开的囊状心皮组成。每个心皮包含一粒种子。

菟葵属（*Eranthis*）植物是基部真双子叶植物毛茛科的一个成员。在这些植物中，心皮彼此分离，具有折叠的结构，每个心皮内含有许多种子。

一些古老的被子植物雄蕊呈叶状，上表面有 4 个明显平行的花粉囊。

核果

无油樟的囊状心皮和其他一些 ANA 支被子植物具有含一枚种子的红色果实，被称为核果（drupe）。这种果实适合鸟类的传播，在热带森林朦胧绿色的映衬下，红色格外显眼。这样的果实与裸子植物如买麻藤属、红豆杉属和罗汉松属的果实状结构的发育是平行演化的（见第 203 和 205 页）。无油樟的无缝囊状心皮说明没有密封心皮的古老被子植物也能发育出这样的果实，但许多双子叶植物（如李子和樱桃）、木兰类植物（樟科）和单子叶植物（棕榈）的对折形心皮中也演化出了类似的果实。因此，红色小核果的演化与食果鸟类的演化密切相关。

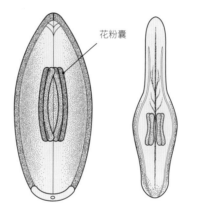
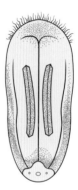

花粉囊

木兰藤属　　　瓣蕊花属　　　单心木兰属　　　木兰属

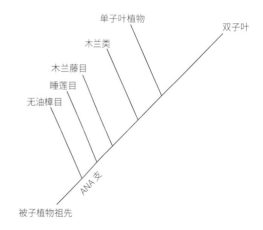

单子叶植物

木兰类

双子叶

木兰藤目

睡莲目

无油樟目

ANA 支

被子植物祖先

缺失的一环

基部被子植物的雄蕊，包括木兰类，通常是扁平叶片状的，表明其祖先也是叶状的。这与开通蕨目高度分枝的花粉囊结构形成了鲜明对比。科学家们至今还没有发现能够连接被子植物雄蕊和早期裸子植物结构之间的化石，以解释被子植物心皮的起源。

被子植物主要类群的简化系统发育树。无油樟是最古老的分支中唯一现存的成员。睡莲目和木兰藤目是古老的 ANA 支的另外两个成员。

花色、蜜腺和气味

为了适应不同动物的视觉能力，花朵的颜色相当多种多样，色调各异。花蜜对一些动物来说是一种额外的刺激，在花的不同部分都有蜜汁，最常见的是在心皮或花瓣上。花蜜可能会积累在花朵的基部或花瓣的被称为距（spur）的管状特殊延伸部分。气味是在被称为气味腺（osmophore）的特殊腺体中产生的。

△ 花朵有各种可能的色调，每种颜色的图案都是为了吸引特定的传粉者而量身定制的。无色的花朵可能适合风授粉或依靠花朵气味吸引授粉者。

▷ 这两种外观截然不同的花是热带棕榈属（Ptychosperma）的雌花（顶部）和雄花（底部）。然而，两者都会产生花蜜滴，这是让昆虫从一朵花移动到另一朵花的共同点。

花色

花朵的颜色与授粉动物的视觉能力密切相关，花卉色素已经演化成各种可以想象到的色调。例如，红色特别容易出现在适合鸟类授粉的花朵中。然而，红色可以由无关的化合物产生，这表明花色素的演化是平行的。在许多植物中，红色到蓝色的色素属于花青素，但在石竹属（Diantus spp.）、仙人掌以及在甜菜（Beta vulgaris）的主根中，色素属于甜菜拉因类。然而，黄色的花，如水仙花和毛茛中的花，是由类胡萝卜素着色的，这种色素同样也存在于胡萝卜根中。花甚至可以利用人类看不

见的光的波长，比如紫外线。对蜜蜂来说，花中的一块紫外线色素可以形成强烈对比的黑色图案（见第 253 页的方框）。

花蜜

花蜜是一种韧皮部中流淌的特别有营养的植物汁液，最开始可能是无意中渗漏到花中的。在现代植物中，蜜汁由特化的腺体产生。它们主要由糖组成，但许多特定物种当中特有的物质赋予了果汁及其衍生的蜂蜜独特的味道。对于与植物共同演化的种类繁多的动物而言，被子植物产生的花蜜是巨大的营养来源。蜂鸟、蝴蝶、蛾子、蝙蝠以及许多种类的

非花蜜的报酬

生于南非的长角双距花（*Diascia longicornis*）隶属于玄参科（Scrophulariaceae），其长距内充满了一种营养丰富的油，而不是花蜜，这些油是特地为某些蜜蜂准备的。这种油比花蜜有更高的热量，因此对适应于取食它的特定蜜蜂很有吸引力。这种蜜蜂的雌蜂有特化的多毛前腿，它们用这些前腿从狭窄的花距中取油。

⊘ 长角双距花为昆虫提供了另一种食物报酬，在其长距内储存有一种营养丰富的油。

蜜蜂和苍蝇都部分或全部依赖它们。反过来，蜜蜂酿造的蜂蜜喂养许多野生动物，包括熊和人类。

气味

花朵产生的气味也千差万别。它们通常是甜的或具麝香味的，以吸引各种各样的动物，特别是在晚上，因为颜色此时毫无用处。玫瑰和许多其他物种的芳香对于吸引传粉者从而实现植物的有性繁殖至关重要，但具有讽刺意味的是，它们也被用于制造香水和其他香水产品，满足人类吸引配偶的需求。然而，并不是所有的花香都如此令人愉悦。有些散发类似腐肉的气味（见第81页），吸引了更多可怕的传粉者，还有一些模仿昆虫的性信息素，引诱雄性进行虚假的性交。

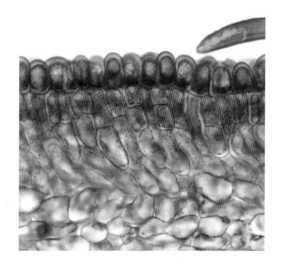

◁ 细叠星藤（*Ditassa gracilis*）卵形的表皮细胞和它们下面的微红色细胞形成了一个产生气味的腺体。

▽ 蜂鸟几乎完全以藏在细管中的花蜜为食。鸟类授粉的花通常是红色的，因为鸟类对这种颜色的敏感度很高。

花序与超级花

特 化枝条或分枝枝条上的花组成花序。在许多植物中，小花紧凑地组合成花序，类似于一朵大花，或功能类似于一朵大花。

毛地黄的花形成一个简单的花序，称为总状花序。花在较长的时间内一次成熟一朵，引诱传粉者日复一日地前来授粉。这最大限度地促进了异花授粉，因为访花昆虫必须每天都到访不同的个体。

花序

许多植物的花序，如木槿属（*Hibiscus*）和木兰属植物，花沿着普通的多叶枝条或枝条的顶端单生。花序由一簇更紧凑和分离的花组成，其中的叶子被改造成苞片。苞片通常比普通叶小，可以是绿色的，也可以是与花序分枝相同的颜色。但也有些比较大，颜色鲜艳，承担着吸引传粉者的功能。花序内的花通常按顺序一次开放一朵或几朵。这建立了传粉者重复造访的模式，传粉者可能会日复一日地回到同一花序。

超级花

在其他花序中，花的开放可能是同步的，以便在更短的时间内进行大规模授粉。这发生在许多种类的棕榈中，其中单性雄花和雌花出现在相同的花序上（即它们是雌雄同株的），但它们的花期是错开的。研究表明，在新大陆热带的桃果椰子属（*Bactris*）植物和新

几内亚的水柱椰属（*Hydriastele*）植物中，包围花序的大苞片一经打开，雌花就会开放。小昆虫被一种独特的香味所吸引，大规模前来，将先前开放的花序中的花粉带到新的花序中。这些昆虫以未开放的雄花的组织和花粉为食，当雄花开放花粉散落时就会离开。这些花序的功能就像一朵单花，其中花粉的释放和柱头的可接受性是交错的，以避免自花授粉。

在水柱椰属植物的花序中，微小的雌花可同时被授粉，但大部分隐藏于更大的雄花下。后者将会在 24 小时之后开放。

◁ 一品红是一种复合花，其大的彩色苞片可以吸引传粉者到中心的小花簇上。

复合花

复合花是一种花序，其功能不仅与一朵花相同，而且还经过改造，使其外貌与一朵花相似。这些"复合花"中最著名的是菊科植物，但在天南星科（Araceae）、一品红（*Euphorbia pulcherrima*）和山茱萸属（*Cornus* spp.）植物中也很常见。在每种情况下，花序边缘周围的苞片或特殊的花都经修饰，看起来像一朵花的花瓣。在向日葵和一品红中，位于中心的小花顺序开放，就像在更简单的花序中一样，但在天南星科中，雄花和雌花通常是同步的，以便进行大规模的授粉活动，就像上面描述的桃果椰子属植物和水柱椰属植物那样。

▽ 飞廉（*Carduus nutans*）属于菊科，其成员都有非常紧凑的花序，看起来像是一朵花。

吸引昆虫

天南星科植物花都很小，聚集成花序，其功能就像一朵大花。这些花紧密地排列在中央的穗状花序（spadix）上。一种被称为佛焰苞（spathe）的大苞片保护幼嫩的穗状花序，有些会有鲜艳的颜色以吸引传粉者，或者有时会形成一个小室，将传粉者困入其中过夜。授粉发生在 24 小时内。当大的佛焰苞打开时，雌花是可授状态，附属物发出一种气味来吸引苍蝇和其他昆虫。后来，雄花散落花粉，昆虫粘上花粉飞走，重复这个循环。

◇ 巨魔芋（*Amorphophallus titanum*）的无数小花密集地排列在中央的穗状花序上，并被一个大的佛焰苞包围着。

传粉和受精

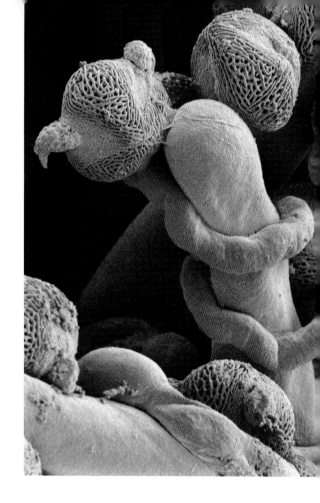

(被) 子植物的花粉粒不像裸子植物那样进入胚珠。相反，它们在柱头上萌发，花粉管长入心皮，到达子房内的胚珠。精子是不活动的，直接被送到胚珠顶端的卵细胞处。第二个精子核与大配子体中的两个极核结合，形成一个被称为胚乳（endosperm）的三倍体营养组织。与裸子植物的胚珠不同，这种"双受精"必须发生在胚珠能够生长或进行食物储备之前。

◁ 这张彩色扫描电子显微镜图片显示的是在龙胆属植物（Gentiana sp.）柱头上萌发的花粉，其狭窄的花粉管向着子房内的胚珠蜿蜒而去。

▽ 一种典型的被子植物花粉粒，已经萌发形成花粉管。顶端附近可见两个精子核，一个与卵子结合，另一个与两个极核结合，形成三倍体胚乳。

花粉萌发

相容的花粉粒落在花湿润的、可受精的柱头上就会萌发。花粉管由花粉粒内的管细胞产生，并沿着化学物质 γ-氨基丁酸（GABA）的浓度梯度生长，穿过柱头和花柱的组织。

双受精

在被子植物中，会发生一种独特的双受精现象。两个精子中的一个与卵细胞结合，卵细胞正好位于胚珠珠孔内。然后形成受精卵，并发育成二倍体胚胎。第二个精子细胞也进入胚珠，但不会使卵子受精。取而代之的是，它越过已经受精的卵子，与位于胚囊中心的大细胞中的两个极核结合，形成了一个三倍体的细胞核，中央细胞随后开始发育成多核或多细胞的营养贮藏组织，称为胚乳。因此，在被子植物中，储存组织的形成直到受精才开始，而不是像其他种子植物那样在受精之前开始。这种策略使得能量不会浪费在没有受精的胚珠上。

自交不亲和性

事实上，大多数被子植物和大多数生物一样，都有避免自花受精的机制。有些是基于器官上的障碍或是雌花受精和花粉释放时间上的差异。然而，许多植物使用的机制是使柱头识别属于同一个体的花粉粒。在不同的被子植物群体中，许多自我识别的形式都是独立演化的。通常，这些都是基于特定基因（s基因）编码的蛋白质。在一个种群内部，这些基因存在于许多等位基因中，因此具有不同的遗传背景的个体可能具有不同形式的蛋白质。例如，在月见草属（*Oenthera* spp.）种群中，可能存在多达37个s等位基因。如果花粉粒中的蛋白质与柱头上的蛋白质相同，就会发生一系列反应，抑制花粉管生长。

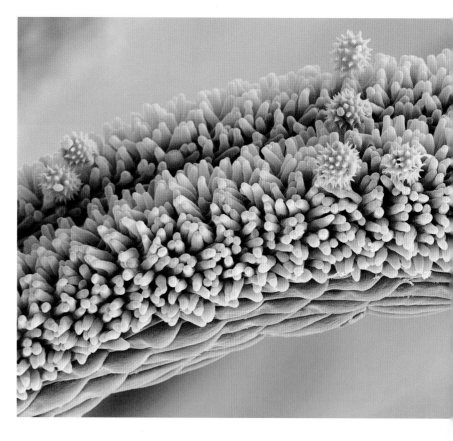

排斥外来花粉

如果外来物种的花粉落在柱头上，也需要阻止其使卵子受精。不同的物理和化学机制都会让花粉粒不能附着在柱头表面，或不能充分水合让花粉管生长，或不能正确定向花粉管，也不能通过雌蕊的组织。在芸薹属植物中（诸如卷心菜、芥菜、西兰花等），启动排斥外来花粉的细胞间识别是复杂的S蛋白系统的一部分，这一系统也同时排斥着遗传背景相同的花粉。

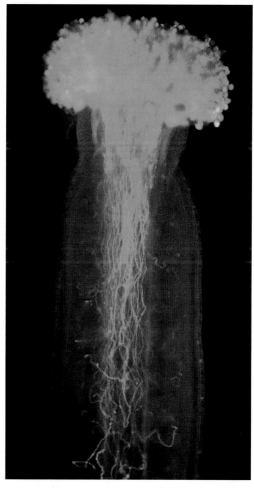

⊙ 在这张山金车（*Arnica montana*）花的彩色扫描电镜照片中，可以看到一些花粉粒（灰色）粘在柱头（黄色）的指状突起上。花粉管经过柱头、花柱和子房，历经漫长的旅程才能到达胚珠。

⊙ 这张拟南芥整个雌蕊的暗场图像显示了许多花粉管，从柱头上萌发的花粉粒向下延伸到子房，每个花粉管都将连接一个胚珠。

◁ 橡子是单籽果实，其干燥、坚硬的果壁紧紧地附着在种子上。其壳斗是由小苞片组成的。

▷ 黑莓是由一朵花的不同心皮形成的聚合果。每个小果中包含一粒种子。

果实

（随）着种子成熟，包裹它们的心皮成熟成果实。果实以不同的适应性方式帮助种子的传播。有些在成熟后会干枯，然后简单地裂开释放种子，自行散播；而另一些则作为散布结构本身被保留下来。这些情况下的果皮可以通过风、水、动物或机械方式进行扩散。肉质水果适合动物食用，当它们吃软软的果肉组织时会散播种子。有关种子和果实的更多详细信息，请参阅第 7 章。

授粉刺激果实发育

当胚珠开始发育成种子时，它们会释放生长调节激素，主要是生长素，刺激子房壁开始发育成果实。果实的一部分无籽品种时有发生，要么偶然产生要么是人工培育。无核香蕉

和无花果不经授粉发育，自古以来就是无性繁殖。无核香蕉的祖先是突变体，每个核有 3 组染色体（它们是三倍体），这使得正常的配子产生和受精变得困难。在这种植物中，生长素是在没有胚珠受精的情况下产生的。无籽西瓜的生产模拟了这种方式，但由于西瓜（*Citrullus lanatus*）是一年生植物，每一代都必须通过杂交创造出新的三倍体种子。

肉果的成熟过程

在许多肉果中，一旦种子完全发育，就会释放出第二种激素——乙烯，这会导致水果的快速变化，使其对动物传播者更具吸引力。这些变化被称为呼吸跃变（climacteric change），包括颜色变化、软化、淀粉向糖的转化以及产生香气。经历呼吸跃变的水果包括苹果、香蕉、番石榴、蓝莓、杏子和西红柿。这样的水果可以在长成但还未完全成熟的时候

▽ 西瓜的巨大果实中，厚硬的果皮保护着在甜美多汁的果肉中生长的大量种子。

采摘，随着乙烯的产生，这些水果将继续成熟。商业种植的香蕉、西红柿和梨都是通过这种方式收获和运输的，运输过程中或运输后通常会使用乙烯气体来催熟。消费者也可以把这种水果放在纸袋里，以保留天然乙烯，加速成熟。其他水果，如草莓、柑橘、葡萄和菠萝，成熟较缓慢，没有乙烯的突然变化或刺激，所以必须留在植物上继续发育。

最早的果实

最早的果实是肉果还是干果仍是个未知数。如果心皮是通过叶状大孢子叶的折叠演化而来的（见第 209 页），那么早期的过渡性果实可能只是在种子成熟时展开，就像现代的果囊或荚果一样。肉果不开裂，在成熟过程中有额外的发育阶段，可能出现得更晚。然而，最古老的被子植物，如无油樟，大多结有小的肉质核果。如果这些是第一种水果，那么就必须寻找一种完全不同的、至今仍不为人所知的祖先结构形式。

 在新喀里多尼亚的热带森林中，吃水果的鸟类可以看到无油樟壶形心皮内成熟的单籽的红色核果。

干果的传播

当果壁随着成熟变硬变干时，它在种子传播中就会扮演不同的角色。蒴果打开释放种子，但在坚果、颖果和瘦果中，干燥的果壁仍然是单个种子周围的保护层。这些干果大部分都是由动物采集和埋藏的，但在药用蒲公英中，在单种子瘦果（更确切地说是连萼瘦果）的顶部形成了一个降落伞般的附属物，使其适应于风力扩散。

欧亚槭（*Acer pseudo-platanus*）形成了干燥的有翼果实（翅果），这是这一大属的共同特征。

6

球花和花

球花和花是产生种子的器官，种子则是植株幼体的"生存舱"。然而，在将保护外壳、营养供应和胚组合在一起成为种子之前，植物还有很多工作要做。例如，当植物（和其他有机体）繁殖时，它们通常会借机对其基因进行重新洗牌，以产生可以适应新环境的更优组合。这种重新洗牌通过产生配子（精子和卵子）来实现，然后配子与其他配子混合，最好还是来自不同的个体。这时，问题就出现了。

当植物发现另一个想要与之分享配子的个体时，它们不能像动物那样移动。因此，球花和花不仅必须能够产生配子并助其扩散，还要担任胚的助产士。它们实现这些功能的方式多种多样，因为尽管裸子植物和被子植物拥有共同的祖先，但后者并不是直接从前者演化而来的。球果和花的演化起源还是一个未解之谜。

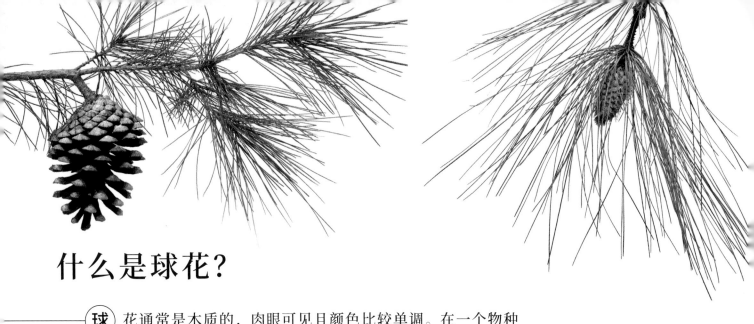

什么是球花？

（球）花通常是木质的，肉眼可见且颜色比较单调。在一个物种中，总是有两种类型的球花：较小、数量较多的雄球花可以产生传递精子的花粉；较大的雌球花是产生卵子并孕育种子的场所。这种各自独立产生精子和卵子的方式减少了自交的机会，而在一些物种中，一个植株只能产生一种类型的花，彻底杜绝了自交的可能性。

⌃ 松树有独立的雌性（左）和雄性（右）球花，巧妙地降低了自交受精的风险。雄球花比雌球花数量少，体积小。

较小的雄球花

球花是由鳞片组成的，这些鳞片被称为孢子叶（sporophyll）——字面意思就是"产生孢子的叶"。在较小的雄球花中，它们相应较小的孢子叶被称为小孢子叶（microsporo-phyll），在较大的雌球花中，它们被称为大孢子叶（megasporophyll）。当你仔细观察雄球花时，你会发现小孢子叶呈螺旋状排列，就像一些真正的叶子一样，而且它们几乎总是棕色膜质的结构。小孢子在小孢子叶上的小孢子囊中，发育成四细胞花粉粒。每个花粉粒最终产生两个精子细胞，但在此之前（通常是在花粉管开始生长之后），它必须从雄球花中释放出来，然后降落在同一物种的雌球花上。为了帮助其飞行，裸子植物的花粉外面通常附着两个巨大的气囊。据记录，针叶树花粉在北美可以传播长达 100 千米的距离。

⌄ 与其他众多裸子植物的球花相比，落叶松属植物的球花色彩更为鲜艳，但原因尚不清楚。

雌球花

乍一看，雌球花似乎只是由更厚、木质化

程度更高的孢子叶组成的大号雄球花。但事实并非如此，它们不是由单个的大孢子叶组成，而实际上是高度特化的短枝，有时被称为种鳞复合体（seed-scale complex）。短枝也是呈螺旋状排列的，每个分枝都由两部分组成：不育的苞鳞和在此之上形成胚珠的坚硬的珠鳞。胚珠是由珠鳞上的大孢子囊产生的大孢子发育而成。大孢子囊受到珠被的保护，珠被将发育成种皮。胚珠是卵子所在的位置，也是花粉中精子寻找的最终目的地。

紧要关头

当花粉粒落在雌球花的花粉滴上后，它就会萌发生长出一条花粉管，向卵子不断延伸。花粉粒的到来当然也会被雌性生殖器官察觉，于是它便开始发育，产生卵子。当花粉管到达卵子时，精子就会被释放出来。如果精子和卵子是相容的，一个精细胞将与卵细胞融合，并有望发育出胚。先前保护大孢子囊的珠被继续保护胚胎，为产卵器官提供营养的组织继续为胚提供营养，直到幼体可以通过光合作用维持自己的生命。这里描述的整个过程可能需要长达两年半的时间。

△ 阿勒颇松（*Pinus halep-ensis*）幼嫩未成熟的绿色雌球果，大孢子叶紧密闭合起来。

△ 成熟后，雌球果的大孢子叶会变成棕色并张开，从中释放出种子，其中可能只有一小部分含有可存活的胚胎。

花粉尘

春天，任何把车停在针叶树下过夜的人都会注意到早上覆盖在车辆油漆上的黄色灰尘。这些都是花粉聚集成的粉尘，由数百万个单独的花粉颗粒组成。如果你轻拍一朵充满成熟花粉的雄球花，就会得到一团花粉尘作为奖励。据计算，一粒裸子植物的花粉粒成功传递精子并最终产生可存活的种子的概率不及百万分之一。

▽ 依赖风媒传粉风险很高，因此裸子植物通常会向空气中释放足量的花粉以保证授粉的成功。

不寻常的球花

有些裸子植物产生的球花非常不典型。最极端的例子是麻黄，它们的花看起来更像被子植物的花，而不是裸子植物的球花。麻黄中还出现了双受精现象，这几乎是被子植物的一个重要特征。这一发现使得有人认为该属是被子植物和裸子植物之间演化过程中"缺失的一环"。但令人遗憾的是过去15年的所有研究证据都不支持这一理论，被子植物的起源仍然是个谜。

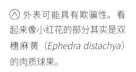

∧ 外表可能具有欺骗性。看起来像小红花的部分其实是双穗麻黄（*Ephedra distachya*）的肉质球果。

▽ 虽然看起来很像浆果，但欧洲刺柏（*Juniperus communis*）的"浆果"其实是一个肉质的雌球花。

⌐ 欧洲红豆杉（*Taxus baccata*）鲜红色的肉质假种皮是整个植株上唯一不具强烈毒性的部位。

杜松子酒中的浆果

杜松所在的刺柏属是较知名的裸子植物类群，这都得益于它们在杜松子酒的制作和调味中扮演着重要的角色。其用于调酒的植物部分通常被描述为浆果，但"浆果"是一个既有精确的植物学定义，又有不太精确的口语含义的词。要说明的是，杜松的"浆果"不是植物学术语中的浆果，因为其肉质部分是由雌球花的鳞片融合形成的。

打气筒的新用途

苏铁的远古祖先可能会给植物保护工作者带来问题，因为特定物种的传粉者可能已经灭绝，导致这种植物无法自然完成传粉。在一些苏铁物种中，例如刺叶非洲铁（*Encephalartos ferox*），如果没有象甲长鼻子的帮助，花粉就不能到达雌球花内足够深的位置。在这种象甲已经灭绝的情况下，园艺家们巧妙地使用了装满花粉和水的自行车打气筒，将花粉喷射到雌球花里，这样它们就可以游到足够近的地方去接近卵子。最近，打气筒已经被更复杂的玻璃吸管取代了！

红豆杉的浆果

拉丁语中的"bacca"是浆果的意思，这是欧洲红豆杉学名的由来。红豆杉球果鲜红的肉质部分，其实是由雌性生殖部分所在的嫩枝末端衍生出来的假种皮。假种皮似乎对脊椎动物特别是鸟类极具吸引力，同时也是对它们将种子从母体上带走的奖励。假种皮几乎是树上唯一无毒的部分，表明其功能就是帮助种子传播。尽管通过鸟类的肠道对种子来说似乎有些危险，但还是有大部分在旅途中安然无恙。这是因为与哺乳动物相比，鸟类的肠道效率较低。一些植物还会在果实的肉质部分添加泻药，进一步降低种子被消化的风险。

甲虫狂热

随着时间的推移，无数生命在地球历史舞台上登台，谢幕，有一类生物似乎已经度过了它们的黄金时代，那就是苏铁。这些裸子植物早在 2.85 亿年前就出现了，并在 1.35 亿年前格外繁盛，但就像许多类群一样，它们在地球大灭绝事件中遭受了打击。它们中的一些种类具有裸子植物中最大的球花，它们会分泌一种含有糖和氨基酸的液体来吸引和奖励可以作为授粉者的动物。有些球花甚至会为自己预热，这对来访的甲虫特别有吸引力。以甲虫作为传

粉者也表明了这些植物的古老起源，因为早在鸟类和蜜蜂等更具标志性的传粉者出现之前，甲虫就已经是一个兴旺发达的类群。今天，仍然可以看到作为传粉者的象甲在西部澳洲铁树（*Macrozamia riedlei*）的球花上进食。

△ 西部澳洲铁树是一类早在 2.85 亿年前就存在的古老裸子植物的一员，而当时少数的传粉昆虫就是甲虫。

◁ 象甲是被裸子植物"招募"的第一批传粉昆虫。

超级精子

世界上最大的精子不属于鲸鱼或其他大型脊椎动物，而属于苏铁。它们长达 0.3 毫米，肉眼可见，人们认为可能是因为苏铁的精子必须游得比其他大多数精子更远才造就了这种巨大的体型。这是苏铁的特征之一，表明它们是一个古老的类群。

什么是花？

（花）通常是人们选择特定品种的植物种在花园里的原因，它们总是启发着诗人和剧作家，从奥马·海亚姆（Omar Khayyam）到威廉·莎士比亚（William Shakespeare）。在许多宗教和文化中，花也具有重要的象征意义。例如，佛教中莲花（*Nelumbo nucifera*）代表了从生活的泥泞困苦中涌现出来的纯洁觉悟。但所有这些对植物来说都无关紧要，因为它开花的原因要务实得多。

⊘ 不可否认的是，莲花的确分外迷人且在宗教上也具有重要意义，但莲花最重要的功能是产生种子，使植物的生命得以延续。

有些神秘

花的存在就是为了产生具有种子的果实，而种子内可能含有可存活的胚。90% 以上的植物都是被子植物。尽管花在自然界中几乎无处不在，但它们的演化起源仍是一个未解之谜。查尔斯·达尔文称之为"讨厌之谜"，150 年后仍然如此。因此花朵结构的构建和自然选择的谜团，势必也与种子的演化历程密不可分。但出人意料的事实是，虽然花负责产生种子，但种子在花之前很久就产生了——事实上，是在 1 亿年前。

植物并非动物

植物不是动物，这样的断言看起来似乎是陈词滥调，但理解这句话背后的真实含义往往受到这样一个事实的阻碍，即学校里讲授的动物生物学知识远远超过对其他任何生物类群的介绍。因此，试图让所有有机体都符合动物的生活方式往往是很诱人的，这就导致了许多问题。植物和动物之间的一个鲜明的区别在于，当动物开始它们的生命时，它们的生殖结构已经发育好了（尽管还不成熟），但植物每年都会重建相同的结构。

⌃ 一年生植物每年都需要重新长出生殖器官，秋英就是一个典型例子。

花的岗位职责

如果你作为植物的招聘顾问，希望雇佣花，你必须向未来的应聘者清楚地描述需要什么技能。该岗位的基本职责是：

· 可以产生传递给其他花的花粉
· 选择合适的花粉来提供精子
· 选择最合适的花粉
· 培育出可存活的卵细胞
· 能为精子和卵子融合创造条件
· 生产胚的食物供给
· 容纳种子
· 生产有利于保护种子的果实

理想的职责是：

· 促进花粉在不同植物上的花之间的传递
· 开发一种媒介，既能从合适的植物中带走花粉，也能把花粉带到合适的植物中，包括吸引动物并提供奖励
· 生产有利于种子传播的果实
· 分工合作是可以接受的，一朵花负责与花粉产生和传播有关的职责，另一朵花负责其余的工作。如果设置了分工，那么分工不同的花可以在同一株植物上，也可以在不同的植物上

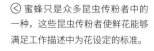

⌃ 蜜蜂只是众多昆虫传粉者中的一种，这些昆虫传粉者使鲜花能够满足工作描述中为花设定的标准。

花序

仅有少数植物只开一朵花。事实上，很难说出许多使用这种策略的物种的名字——除了那些花最大[大花草属（*Rafflesia*）]和最小[无根萍属（*Wolffia*）]的物种（见第230—231页）。一些多年生植物，例如贝母、兜兰和王莲，一次只能开一朵花，当然它们在很大程度上是例外。相反，大多数植物的花序由两朵或两朵以上的花组成，这表明这一策略有一定的优势。

它们是怎样做到的？

植物学家对许多领域都很感兴趣，例如控制植物发育的因素。花序潜在的发育模式是很有限的，这表明花芽顶端存在着一些发育上的限制。这一点还没有完全被研究清楚，但科学家们正在不断识别出一些控制花的产生和位置的不同基因。在我们了解植物是如何产生花序之前，还需要进行大量的调查研究。

数量更安全

为什么生产数量上多于一朵的花更好呢？首先，这样的策略延长了植物处于繁殖模式的时间，因为花往往很脆弱，寿命较短。这一观点得到了如下事实的支持：兜兰属（*Paphiopedilum*）这类具单花的植物，具有非常健壮、长寿的花，充分发挥功能的时间可长达两个月（这也使它们成为非常好的室内观赏植物）。其次，植物开花的时间越长，传粉者从另一株植物带来花粉的机会就越大，从而促进异交，得以降低近亲繁殖的风险和所有相关影响。然而，同时产生许多年龄相近的花也有风险，来访的授粉者可能会给植物自花授粉。因此王莲一次只开一朵花，第一天是雌性，第二天是雄性，从而将这种风险降至零。

⊤ 贝母（*Fritillaria falcata*）每年只开一朵花，赌上它全部的成功授粉和结实的机会。

⊤ 独活属植物（*Heracolum* spp.）通过为授粉者增加花朵数量来将授粉的风险最小化。

▷ 景天属植物（*Sedum* spp.）是会在几周或几个月的时间里开出众多花朵的植物代表。

花序类型

花排列成花序的方式多种多样。一些植物产生有限花序，其中主轴末端为一朵花，而无限花序上最老的花是那些从主轴基部产生的花。一些花序被描述为总状花序，其中只有一个主轴；或者聚伞状，没有主轴；或者圆锥状，其中分枝末端为一朵花。有些被描述为单花序或复花序，这取决于是否有任何二级分支。有些花序在每朵花的基部都有苞片，而另一些则没有。所有这 4 个变量都可以自由组合在一起。虽然花序的类型有很大的变异空间，但还有许多属于植物可以产生却最终未能实现的类型，这表明在花序结构上存在一些我们不知道的发育或遗传限制（见下文方框）。

花序类型

在植物分类中，花序类型比花的颜色或大小具有更重要的价值。不同花序类型在演化上的优势很难判定，实际上可能没有任何优势。但并不是每一个特征都必须有优势——生物学只要求工作得足够好就行了。

复二歧聚伞花序

复伞形花序

总状花序

伞形花序

二歧聚伞花序

单歧聚伞花序

单生于茎顶

穗状花序

圆锥花序

杯状聚伞花序
（纵切面）

肉穗花序和佛焰苞

花托膨大的
头状花序（纵切面）

穗状花序

单生于叶腋

花的多样性

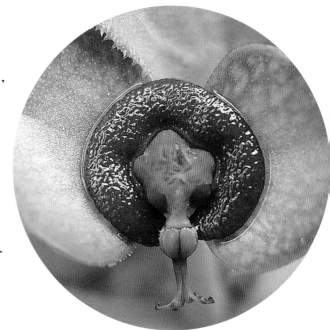

在 生物学中，没有完美的有机体或完美的物种，因为环境中的变数太多，有机体必须不断地做出妥协。这些妥协通常是大小和数量之间的平衡，例如在繁殖过程中可以清楚地看到，一株植物要么开很多小花，要么开几朵大花。类似地，一株植物可能会产生许多小种子或几个大种子——这一点稍后会有更多介绍（见第 286—287 页）。

⊤ 大戟雌花虽然缺少常见的装饰部分，但却具有繁殖所必需的所有部分：柱头、花柱和子房。

∨ 地球上最大的花，大花草需要长达两年的时间才能发育完全并产生花粉。

最大的花

地球上最大的花是由大花草（*Rafflesia arnoldii*）产生的，这种植物在许多方面都很奇怪。第一，它寄生在崖爬藤属（*Tetrastigma*）植物上，崖爬藤的部分基因转移到了大花草上。第二，它们的寄生关系十分密切，两个物种形成了嵌合体，其中两种不同类型的组织紧密相连，看起来像是一个组织。第三，花的大小十分惊人，直径可达 800 毫米，重达 7 千克，几乎需要两年的时间才能开花，这时也就是花粉释放之时（这便是我们所说的植物"开花"的时刻）。大花草第四个奇怪的特点是它闻起来像腐肉，可以吸引苍蝇和其他昆虫传粉者。人工培育大花草是非常困难的，但它的一个近亲沙巴大花草（*R.keithii*）已经被东马来西亚沙巴公园的工作人员成功培育出来。

最小的花

花可以很小，甚至到肉眼看不见其组成部分的程度。然而，只要用一个 10 倍的手持放大镜，就会打开一个新的世界。不足为奇的是，世界上最小的花属于最小的开花植物无根萍属。这些植物可以小到 0.6 毫米 × 0.33 毫米，或者说，和苏铁的精子一样大。花很小，也很简单，由一个雄蕊和一个心皮组成。大戟属植物的雄花也一样很小，因为它们只有一枚雄蕊，没有心皮。

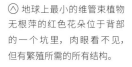

微小的无根萍

世界上最小的开花植物也会开非常小的花，这是不可避免的。这些花将不成比例地大，因此开花将不成比例地消耗植物的能量。这可能就是为什么无根萍大部分时期都是无性繁殖的，它们通过微小的个体叶子脱落并漂离母体植物。

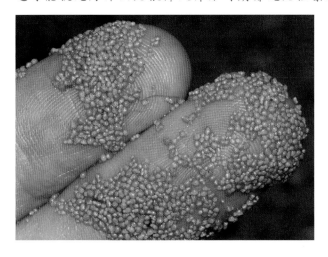

◇ 地球上最小的维管束植物无根萍的红色花朵位于背部的一个坑里，肉眼看不见，但有繁殖所需的所有结构。

◁ 无根萍的个体都很小，类似于小绿点，除非用手持放大镜检查，否则没有可识别的特征。

数量多的好处

每株植株开花的数量是由其整体大小和花的大小共同决定的。一株植物一年开花数量的最高纪录是 6000 万朵，保持者是生长在新加坡植物园的一棵贝叶棕（ *Corypha umbrulifera* ）。开花 8 个月后，结出了数百万个果实。但这个故事有一个可悲的结局，因为植物付出的繁殖成本过于巨大，4 个月后它就死了。尽管成本高昂，但生命周期中单次大规模开花的物种并不少见。这种一次结实植物的寿命从拟南芥的八周到栽培的大叶龙舌兰的（ *Agave salmiana* var. *ferox* ）上百年不等。

◔ 贝叶棕保持着单株一年开花最多的植物记录。

花的无性部分

——（花）的"理想职责"之一（见第 227 页）是吸引动物帮忙将花粉转移到合适的授粉者那里，并给它们奖励。通常，这些职责是由围绕着花，被统称为花被（perianth）的两轮结构来完成的（源自拉丁语前缀 peri-，意思是"周围"，以及希腊语单词 anthos，意思是"花"）。有时，花被周围会轮生一圈额外的结构，被称为副萼。

⌄ 酸浆的橙红色灯笼实际上是花萼融合起来形成的。

花萼

花萼（calyx）一词源于拉丁语，意思是"遮盖"或"隐藏"，这暗示了花朵外部最常见的功能：遮盖和保护幼嫩、发育中脆弱的花。一般来说，花萼由扁平的绿色结构组成，称为萼片，但也并不绝对。例如，在东方嚏根草（*Helleborus orientalis*）中，花萼实际上色彩鲜艳，呈花瓣状。在酸浆（*Physalis alkekengi*）中，花萼是围绕果实的朱红色的"灯笼"。但你不能指望花萼是海绵状的。

花冠

花被的内轮被称为花冠（corolla），它源于拉丁语，意思是"小花环"。这种描述也具有一定的合理性，因为它通常由被称为花瓣的五颜六色的扁平结构组成。但这也有例外，例如圣诞玫瑰（Lenten rose）的花冠其实就是由蜜腺形成的。在一些嚏根草的园艺品种中，花朵没有蜜腺，而在蜜腺应该所在的地方出现了

⌄ 虽然嚏根草（*Helleborus* spp.）的装饰部分很像花瓣，但其实是花萼。

闪闪的花蜜

花蜜是很"昂贵"的。花艳丽的部分用于吸引传粉者，并表明此处有食物。但如果这些部位还闪闪发光，就会增大传粉者发现它们的机会。

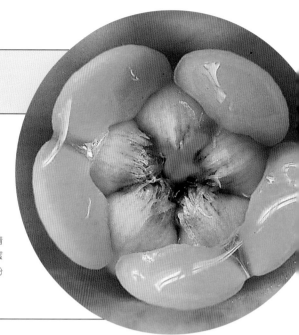

▷ 在没有五颜六色花瓣的情况下，花中闪闪发光的花蜜（如大戟）可以使花朵对传粉者更具吸引力。

花瓣。虽然这样降低了那朵花授粉的机会，但它有助于证明蜜腺就是在我们期待看到花瓣的地方。嚏根草是一种毛茛科植物，如果你仔细观察毛茛属植物的花瓣，就会在花瓣底部发现很小的蜜腺。

甜味剂

蜜腺在植物的许多不同部位都有发现，但大部分都在花中，因为花蜜是对来访的授粉者的奖励之一。动物传粉者的体型越大，花分泌的花蜜就越多，对植物而言成本就越大。花蜜是一种非常甜的物质，具有非常高的热量。如果花蜜还有香味，它也可以兼作传粉者的引诱剂。

人人为我，我为人人

香气和花蜜的产生并不局限于花的任何特定部分。花萼、花冠、花药和花粉都可以产生气味，但通常不同的部位产生不同的气味（见第 242—243 页）。同样，在萼片、花瓣、雄蕊和心皮上都可以找到蜜腺，或者花的另一个部分以蜜腺盘的形式提供这一功能。花外蜜腺可以在植物的其他地方找到，叶子往往是最常见的位置（见第 175 页的方框）。

◁ 示沼泽驴蹄草（Caltha palustris）的一朵"典型"的花，有颜色鲜艳的花冠或花瓣。

▷ 大亚马逊蚁凭借它们为植物提供的"服务"得到奖励，花蜜从这些植物叶子上的花外蜜腺中产生。

花的有性部分

(前) 文给出的花的岗位职责（见第 227 页）假想非常清楚地强调了花在被子植物有性繁殖中所起的作用。但大约有 5 万种植物在不开花的情况下进行有性繁殖，这说明开花不是必需的，如果认为流行等同于成功，那么最成功的有性繁殖方式就是花。正如在第五章中看到的，植物和动物一样，使用精子和卵子进行繁殖，但这些细胞产生的过程完全不同。

雄性部分

为了进行有性繁殖，必须产生精子。这一过程是在花粉粒内进行的。花粉粒由花药产生。花药释放花粉的方式多种多样，最常见的是从顶部到底部纵裂。比如在白花百合（Lilium candidum）的花中看得就很明显。或者，花药可以像管子一样，当准备释放花粉时，在一端开出一个小孔。这在杜鹃花科中比较常见。花粉释放后，花药通常会脱落。

⌄ 当花药纵向开裂并扭转过来暴露内部花粉时，花粉会从白花百合的花药中释放出来。

雌性部分

花的雌性部分比雄性部分更复杂，主要是因为它们需要为胚提供发育的场所。花的雌性器官称为心皮，必须通过柱头对合适的花粉进行监督、选择，然后花粉管沿着花柱向下生长，在此过程中选择出最佳花粉。精子在胚珠中释放后，心皮必须提供构建种子的所有必要资源，然后再将种子送到不那么友好的外部世界。它还会产生果实，以帮助种子继续前进。

⌄ 茄属（Solanum hispidum）植物的橙色雄性部分与蓝色花瓣形成了鲜明的对比，这使它们对于传粉昆虫而言尤为显眼。

地球上最快的植物运动

少数物种可以主动喷出花粉，帮助其花粉传播，例如草茱萸（*Cornus canadensis*）。它的花瓣仅需 0.5 毫秒就能展开，这是当前科学记录到的最快的植物运动。在此过程中，它将花丝和花药的尖端从花中甩出，而花药中的花粉则散落到落在花上的动物身上。

世界上最简单的花

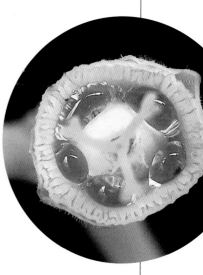

我们知道有些花只执行雄性或雌性的功能。如果一朵花是雄花，它将只产生雄蕊。实际上，要完成其基本职能，只需要包含一个雄蕊即可。此外，植物可以将吸引昆虫或提供奖励的工作"外包"出去。大戟属植物就广泛采取这种策略，其雄花仅由一个雄蕊组成。雌花更复杂，由 3 枚具单胚珠的心皮组成。这些看起来最简单的雄花和雌花以似乎反复无常且令人困惑的

⊙ 从左起: *Euphorbia septentrionalis*、*E. neohum-bertii*、*E. cupularis* 和 *E. ochinulata*。大戟属物种具有一组简单的雄花和雌花，排列在一起形似"正常"的花。

方式在植物上排列成普通花的模样，由一束雄花围绕着一朵雌花。

花的形状

花的形状分为两大类。其一是规则花，如蔷薇属、毛茛和郁金香，也称径向对称或辐射对称的花，可以用两种或多种方式将它们切成两半，以使每一半成为另一半的镜像。另一类则为不规则花，如紫藤（*Wisteria* spp.），金鱼草（*Antirrhinum* spp.）和蝴蝶兰（*Phalaenopsis* spp.）。这些花为两侧对称，只能找到一个对称轴。

⊘ 兰花为两侧对称花，仅具一个对称轴。

哪个先出现？

演化是生物学领域最伟大的法则。因此，植物学家总是想弄清楚为什么植物的某个特定特征会比另一种被替代的特征更具优势。人们还深信，生命体会随着演化历程变得更加复杂。如果这种观点属实，那么较简单的结构就应该为原始状态，而较复杂的结构为衍生状态。按照这种逻辑，规则花中，轮生的萼片、花瓣、雄蕊和心皮比较相似，应该更接近史上第一朵花状态。这看起来确实是正确的，实际上在一些最古老的化石花（木兰属）中，所有的萼片和花瓣看起来都非常相似。但是，即使我们接受规则花更加原始的设定，我们也并不清楚当前具规则花的谱系是否是由曾经的不规则花转变来的。

何时不规则更占优势呢？

花的演化仍然是一个巨大的谜团。如果哪位生物学家最终解开开花植物的起源之谜，那必将青史留名。但一旦出现了第一朵花，就很容易理解不规则花被选择的原因，而达尔文的确将其作为解释自然选择如何工作的模型。想象一朵普通的花，任何大小合适的动物都可以从任何其他物种的花上带来花粉。柱头可能会被不合适的花粉沾满，从而减少正确种类的花粉授粉的机会。因此，如果花的结构发生任何变化，可以选择授粉媒介，带来合适的花粉，演化上则会处在有利地位。不规则花似乎经常与提高传粉媒介特异性以及效率有关。可能还有其他利于不规则花的因素，例如不规则花朵可能更有利于保持花粉干燥。

⊙ *Porana oeningensis* 是原始辐射对称花的少数现存化石之一。

⊙ 辐射对称或径向对称的花有许多对称轴，并且可以通过多种方式将其切成相等的两半。

花是如何变成不规则的呢?

不规则的花朵可能有优势,但是植物如何修饰花朵呢?哪些遗传变化会导致花的结构发生变化?这个问题似乎有几个答案,在某些情况下,所有答案都是正确的。首先,有一个控制对称性的基因与控制花序结构的基因相连。似乎在无限的总状花序上最常见的是不规则花,而规则花在总状和聚伞花序结构上更常见。不规则花至少分别演化了 25 次,仅在菊科中就演化了 3 次。如上所述,在某些情况下,花的不规则性得到了扭转,但有些部分丢失了,这在遗传上更加复杂,因此不太可能发生。据说园丁经常报告说正在生长的洋地黄 (*Digitalis purpurea*) 只在花序的顶部有一朵规则的花,这已经被证明是由单个基因的突变引起的 (见右文方框)。

有趣的洋地黄

洋地黄通常有无限花序,这意味着它会继续在其先端产生新花,直到它死亡或者被茎下部更成熟的花叫停。在一个名为 " Monstrosa " 的突变体中,花序顶端会产生相对较大的辐射对称花,开花就此结束。此突变体于 1869 年首次被记录,此后已出现多次。

◇ 洋地黄的突变体会在花序轴的顶端产生一朵辐射对称花,而其他花仍保持两侧对称。

找到基因

当研究人员试图找到哪些基因负责植物的发育时,他们会寻找相关基因被破坏的突变体植株。例如,在一朵普通的毛地黄花中,四个花瓣融合在一起成为一个管。但是,有一个常见的毛地黄品种,其中四个花瓣没有相互融合。在这种植物中,负责将幼芽中的花瓣融合在一起的基因被破坏掉了。

◁ 一株洋地黄的突变体,证明其两侧对称花是由四片花瓣愈合形成的。

授粉

（授）粉是继食草行为后最为人熟知的植物与动物的相互作用之一。实际上，在某些情况下，它被视为一种特殊的取食方式，因为来访的动物并不是为了植物本身的利益，而是为了植物提供的"报酬"。授粉是两种生物之间最紧密的联系之一，也是一种动植物平等相遇的方式。在自然界中，除植物外，没有任何其他生物能够信赖别人安全准确地交付精子。

◁ 蜜蜂从银靛木（*Psorothamnus* sp.）花中收集亮橙色的花粉作为帮助植物授粉的奖励。

▽ 非洲白鹭花（*Hydnora africana*）散发着粪便的气味，可吸引其自然传粉者，腐尸甲虫。

◁ 魔芋属植物佛焰苞的外观和气味像腐烂的肉，对授粉的蝇类极具吸引力。

一切从吸引开始

授粉可能是两种生物之间共生的一个完美例子，但这只是在这一关系建立之后。刚开始，其中一个合作伙伴必须采取第一步，植物很可能率先迈出这一步，使其自身具有吸引力。如果有动物可以识别现有信号，并与某种好的事物相关联，植物就可以利用这样的信号。此处有一个不讨人喜欢的例子，苍蝇倾向于粪便的味道，因此具有粪便气味的花朵也将引起苍蝇的注意。颜色和气味是常用的引诱剂，植物可以将它们熟悉的形状和图案结合使用。

远交的需求

植物是一种无法自行按计划的方向长距离移动的生物。这就给其卵子和精子与其他个体的精子和卵子的结合带来了挑战。如果有来自相同或亲缘关系密切的有机体的精子和卵子结合，则有近亲衰退的风险。在这种情况下，亲缘关系较近的个体之间有性生殖更容易产生含有更多有害基因的后代。当所有这些不良基因的作用加在一起时，有机体就容易繁殖失败。这对于孤立的小种群至关重要，因为除了接受自己或亲戚的基因外，别无选择。近交衰退是保护生物学家努力避免的事情，但对于一些极濒危物种也无能为力。

奖励一直都受欢迎

当植物引起了动物的注意并激发出它们的兴趣后，就必须确保动物会一次又一次地返回，并访问其他具有相同诱人信号的植株。作为简单的生物，动物很容易满足。如前所述，常见的奖励是可以吮吸的能量丰富的香甜花蜜，或者为它们提供可以轻咬的富含淀粉的组织。奖励也可能是其他形式，例如增加寻找伴侣的机会，甚至是提供产卵场所，就像榕属植物（Ficus spp.）所做的一样（见第 302 页）。

◁ 榕树果实为榕小蜂（Cera-tosolen galili）的授粉服务提供现成的育婴房作为奖励。

应该保持多近的关系？

植物与其授粉者的关系对保真度和可靠性有很好的需求，总而言之，信任非常重要。这可能导致某些关系变得非常排外，只能涉及一种动物和一种植物。虽然这保证了动物传递花粉的精确性，确保始终将花粉带到正确合适的位置，从而减少浪费。但同时，这种关系也会变得极其脆弱。例如，如果一个伙伴改变了自己的行为或消失了，另一个可能会遇到麻烦。当气候变化时，有机体可能会改变其行为，甚至可能由于灭绝事件或迁徙而消失。随着气候变化及其相关影响的加速发展，这些紧密的联系似乎并不是一个好现象。

花的颜色

植物的主要颜色是绿色，而任何关于植物颜色的变化都是出于以下两个原因之一：首先可能是巧合，例如树皮的颜色是其所含分子的副产物；第二，该颜色具有功能并赋予选择优势，以补偿其生产成本。风媒传粉的花普遍都很单调，而由动物授粉的花则多姿多彩。这个非常有力的证据表明花的颜色是为动物设计的识别信号。

◇ 勿忘草（*Myosotis* spp.）这样的蓝花特别受蜜蜂的喜爱。

▷ 鸟媒传粉的花通常为红色或明黄色，像这种长嘴捕蛛鸟（*Arachnothera longirostra*）喜爱的那样。

颜色如何产生

花的各个部分由色素（化学的）、细胞形状和结构（物理的）着色。植物的颜色组成涉及四大类分子。第一类为四吡咯类，包括叶绿素，参与光合作用和其他光敏活性活动。其他三类为类胡萝卜素、类黄酮（包括花青素）和甜菜碱，它们都存在于花中，包括花粉和花蜜。这三类分子包含数百种不同的颜料，它们以多种组合形式组合在一起，创造出我们看到的令人眼花缭乱的色彩。色素要么储存在细胞液泡中，要么储存在细胞质或液泡中的质体中（例如花色素体）。温度、细胞 pH 值、金属离子、是否含糖以及细胞形状的改变都会引起颜色变化。表皮的细胞可以是圆锥形的，扁平的或具尖的，而圆锥形细胞会使颜色饱和度显得更高。

花瓣颜色

众所周知，花瓣颜色是吸引各种授粉媒介的关键。达尔文引入了授粉综合征（pollination syndrome）的概念，明确定义了花的性状组合会始终与传粉者的特定行为联系在一起。虽然不是普适性的真理，但达尔文的观点也广受认可，一般而言通常可将特定的颜色与特定的传粉媒介联系在一起。例如蜜蜂通常被蓝色和黄色吸引，甲虫被白色或暗淡的颜色吸引，蛾类在暮色下被吸引到白色和黄色的花附近，蝴蝶喜欢任何明亮的色彩，鸟喜欢红色和明亮的黄色，苍蝇喜欢白色和棕色，而蝙蝠喜欢大型的暗色花朵。

色彩鲜艳的花粉

花粉的鲜艳色彩通常与花朵的花瓣颜色形成鲜明对比，这是园丁们熟知的。但这可能是个例外，因为理想情况下，植物不希望其花粉被非传粉者吃掉。爬行动物、鸟类和许多昆虫的可见光谱都包括紫外线，但人类却不可见。在紫外光下，花粉的颜色与花朵的中心相同，就好像该植物试图将其隐藏一样。

色彩鲜艳的花蜜

花蜜有时具颜色或香气，这是一个性状具有多个功能的经典示例。在各种生境下，有色花蜜在整个演化树上至少独立演化了 15 次。一项仅覆盖 67 个分类群的研究发现，有色花蜜与以下 3 种情况相关：脊椎动物传粉者（例如毛里求斯的蜥蜴）、岛屿栖息地和海拔高度。花蜜中颜色的功能，可能是非功能性状，可能是提示传粉者的诱人信号，可能是防止盗蜜者的排斥信号，或者可能是色素具有抗生素作用，以确保花蜜可以安全食用。

▷ 蜜蜂不仅喜欢蓝色花，也喜欢蓝色花粉。这只蜜蜂正在从野蓝蓟（*Echium wildpretii*）的红色花中采集蓝色的花粉。

翡翠葛的花

有时，大自然会也产生一些看起来不真实的颜色，例如翡翠葛（*Strongylodon macrobotrys*）的花朵。这种植物由蝙蝠授粉，由此出乎意料地产生了这样的花色。花瓣上覆盖的锥形细胞令其呈现出非同寻常的"不自然"色彩，这使人联想到剑桥大学运动队所穿的偏绿的剑桥蓝服装。

▷ 翡翠葛拥有奇异的蓝绿色花，由蝙蝠授粉，会为授粉者提供花蜜作为"报酬"。

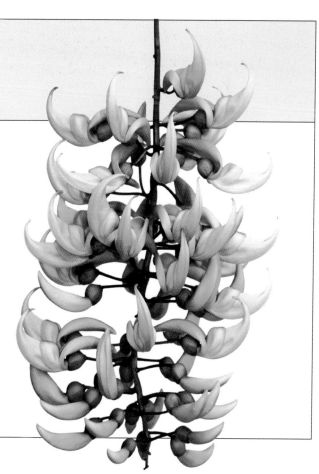

花的香气

许 多人无法抗拒玫瑰的花香，尤其是一些经典品种的香味。花散发出的气味是由分子量小、结构简单易挥发的有机化合物构成的，这些化合物很容易穿过细胞膜，迅速蒸发并扩散一定距离。目前科学家们已经鉴别出大约1700种化合物，还有更多有待确认，植物们将这些分子混合在一起，产生了无数种香型组合。大多数花朵使用20~60种化合物来制造其气味，少数花朵只使用一种，也有些则使用多达150种。

香气的产生

植物大部分的气味主要依靠三类化合物产生：萜类化合物（包括556种化合物），脂族化合物（528种），苯类和苯丙烷类化合物（329种）。在这些类别中，有些特定的气味以首次提取它们的植物命名，例如香叶醇、樟脑、薄荷脑、香兰素、茉莉醇等。尽管以这些植物命名，但这些化合物不只存在于这些植物中，甚至并不代表在它们当中最常见。例如，香叶醇和香茅醇在玫瑰中就要比天竺葵和柑橘花更常见。对于我们这些不是化学家的人来说，气味也更简单地分为香味和臭味。

气味产生的位置

大多数植物部位都会产生气味。在某些植物中，根、茎、叶和果实闻起来会有臭味，但是植物中最常散发气味的部分无疑是花。在花中，没有哪个部位是唯一的产生气味的部位。例如，在烟草属植物的花朵中，花瓣产生大部分气味，但雄蕊，花柱和柱头以及萼片也产生

细嗅蔷薇

嗅觉感受细胞使动物能够检测到气味。蜜蜂的触角中有多达170个不同的感受细胞，而果蝇只有62个，因此蜜蜂可以检测到更多种类的化合物。一项研究声称，蜜蜂在接触到的1816种不同的气味组合时，最多可以检测和记住1729种，它们总共可以识别出7000多种花香，并且与花香组合有关。鸟类学家对于鸟类的嗅觉功能是否发达仍存在争议，但是很明显，鸟媒花通常气味较弱。当授粉媒介被气味吸引时，它将沿着"之"字形路线接近花朵，并不断测试气味浓度最高的位置。相反，如果授粉媒介被视觉信号吸引，它就会沿直线前进。

▽ 烟草属物种的甜香气味主要由花瓣产生。

⋀ 蜜蜂在早晨最活跃，为了利用这一点，杜鹃花就在早上释放香气。

⊐ 蔓生盘叶忍冬（*Lonicera caprifolium*）在夜间由飞蛾授粉，太阳落山时最香。

气味，只不过程度有所减轻。在玫瑰的花朵中，萼片、花瓣、花药和花粉在香水生产中起着相同的作用，但产生的化学物质各不相同。萼片和花瓣产生的大部分气味是脂肪酸衍生物，而花药合成的是苯环类化合物，花粉则产生萜类化合物。

气味产生的时间

与颜色一样，我们可以对气味的类型进行一些概括，以使其与不同的动物类型相匹配。但是，气味产生的时间很重要，并且与传粉媒介有关。例如，仅在深夜和黄昏才能闻到由飞蛾授粉的花的香味，例如烟草、忍冬和夜间开花的仙人掌。相比之下，许多兰花、杜鹃花和金鱼草在清晨最香，因为这时它们的授粉媒介最为活跃。

绿色的花

如果植物的花是绿色的，那么它必须依靠气味吸引传粉者。例如产自墨西哥的绿萝桐（*Deherainia smaragdina*），其花的雄蕊在释放花粉后会开裂，随后才将其柱头暴露在进入的花粉中。传粉者会被奇特的气味所吸引，这种气味非常类似于青少年穿过的球鞋。

▽ 绿萝桐的绿色花很不起眼，它是通过令人掩鼻的气味吸引传粉者的。

能发热的花

目 前，已经发现了数百个物种的花和花部结构可以进行内部主动发热。这些植物主要集中在被子植物演化发育树的基部。在裸子植物中，也有一种苏铁可以发热。因此这应该是一个独立演化多次的功能，它的产生可能基于不同的原因。通常情况下，它似乎与甲虫授粉、雌雄同体（雌性部分首先成熟）和花的巨大化有关。

⋀ 臭菘开花前要产生大量的热来融化覆盖在花周围的雪。

▷ 无论周围环境如何，莲花都会将花朵保持在一个恒定的温度上。

为什么会有自主发热的花？

第一个也可能是最明显的理由是，这可以让花香飘得更远。人类也常这么做，通过将香水涂在手腕脉搏处，（脉搏穴位是人体血管靠近皮肤表面的区域）可以更好地使香水发挥作用。然而，花朵可以发热的植物通常会散发出令人反感的气味。花朵发热的第二个原因是保护它们不受霜冻的损害，例如臭菘（*Symplucpus foetidus*）的花就可以在雪中绽放。第三，高温被认为是对甲虫的一种吸引或奖励。最后，也是最近的一项研究表明，温度越高，花粉萌发和花粉管生长越好。研究还发现，一些南极附近的大型草本植物内部温度比环境温度高出 10℃，但它们不是通过消耗自身储备能量来提高温度，而是通过结合毛被、颜色和形状来增加对太阳热量的吸收。

它们如何做到的呢？

热量是从花的 3 个不同部位产生的。例如，在莲花中，一半的热量产生于花托，四分之一由花瓣产生，其余的由雄蕊产生。这使得花朵可以在花期的不同时间以不同的方式利用热量。所有产热植物产生热量的机制似乎是相同的，即通过线粒体耗能产热。该过程由一种抗氰化物的替代氧化酶（AOX）控制，该酶受到基因表达水平和合成后浓度的双重调控。

让"顾客"满意

　　热量的产生不仅与开花时间一致，而且在一天中也会有所不同。例如，巨大的王莲（*Victoria amazonica*）产热曲线就是双峰型，白天产热较低，日落时达到顶峰，也就是人们可以看到授粉的甲虫进出花朵时。为什么甲虫总与这些温暖的花朵密切相关呢？因为甲虫的活动对能量的需求非常高，不管在哪儿它们都喜欢保持温暖。花发热温度的最高纪录（46℃）保

持者是喜林芋（*Philodendron solimoesense*），它由在其花室内交配的甲虫授粉。研究表明，与在花中交配相比，甲虫在露天交配所需的能量是前者的 2～4.8 倍。通过促进甲虫的繁殖，这种植物有助于确保其传粉者存活下来。

◁ 王莲为访花甲虫创造了一个温暖的环境。

◁ 喜林芋通过提高自身温度，给其传粉甲虫提供了理想的交配环境。

植物不是动物，但……

　　植物和动物这两个群体之间通常很难进行类比，发热作用是二者共通的领域。产热植物可以将花的温度控制在一个很小的范围内，而不受环境温度的影响。最夸张的例子是臭菘（*Symplucpus foetidus*），它可以在环境温差超过 37.4℃的情况下，将花内温差控制在 3.5℃范围内。这是通过 AOX 酶的活性调节实现的，它的活性与环境温度成反比。

◁ 臭菘的花可以将温度控制在一个很精确的范围内。

花蜜和花距

花 距在植物传说中占有崇高的地位，主要归功于达尔文的大彗星兰（*Angraecum sesquipedale*），这是一种在马达加斯加发现的芳香的白色花朵，它那令人印象深刻的距长达 450 毫米，基部有一个蜜腺。这位博物学家观察了这朵花，推断它一定是由一只长着足够长的喙并能到达距底部的蛾子授粉的。二十年后，人们发现了为这些花授粉的长喙天蛾（*Xanthopan mganii predicta*），从而证实了达尔文的推测。

▷ 产自北美的深红耧斗菜（*Aquilegia formosa*）是由蜜蜂和蜂鸟授粉的。

▷ 与深红耧斗菜来自同一地区的毛耧斗菜（*Aquilegia pubescens*）是由鹰蛾授粉的，这可以免去与其近亲杂交的风险。

△ 大彗星兰有着长达 450 毫米的超长花距。

昂贵的蜜汁

花上的许多部位都能找到花蜜，甚至在植物体的其他器官上也有，例如叶片。蜜腺常见于花距里面。花距是某些植物的花瓣向后或向侧面延长成管状、兜状等形状的结构，在花距的远端或尖端有分泌花蜜的腺体。蜜腺的大小、形状和结构各不相同。它们产生的花蜜不仅从韧皮部渗出，而且是有目的制造。这意味着花蜜的生产有成本，有成本的地方就一定有补偿性收益。产生花蜜的数量与蜜腺的大小成正比，如果花蜜没有被传粉者（或盗蜜者）吃掉，那么它就会被花朵重新吸收，至少部分成本将得到补偿。

造一个管状口袋有多难？

这个问题的答案似乎不是很清楚。许多不同的开花植物都能产生距。这是一个经历了很多次演化和丢失的特征。它也是一个演化非常快的特征，这意味着它可能只涉及很少的（也许只有一两个）基因变化或突变。一项详细的细胞水平研究证明耧斗菜（*Aquilegia* spp.）花特有的花距是由细胞的不对称扩张，而不是细胞分裂形成的。此外，研究还发现花距的长度不与细胞的数量成正比，而与单个细胞的长度成正比。这意味着想要制造更长的管子是非常简单直接的。

先有长距还是先有长舌头

无论是在遗传水平上，还是在授粉和物种形成的生态水平上，耧斗菜、金鱼草、翠雀（*Delphium* spp.）和乌头（*Aconitum* spp.）等类群都得到了广泛的研究。研究发现，短距种由蜜蜂和熊蜂授粉，中等长度种由蜂鸟授粉，长距种由鹰蛾授粉。人们一度认为花朵和传粉者是协同演化的，随着时间的推移一起变化。但

◁ 长喙天蛾的长喙刚好可以为大彗星兰授粉。

发育过程中的改变

美丽的地中海翠雀（*Delphinium staphisagria*）的花一开始看起来就像毛茛科的其他成员一样，呈辐射对称状，花瓣上有蜜腺。然而，在它们发育到将近一半的时候，距开始生长，花变得左右对称，随着这种变化，其潜在的传粉者的数量急剧下降。

△ 发育阶段的不同使地中海翠雀的花可能是辐射对称也可能是两侧对称。

现在的观点认为，只有花发生了变化，而动物保持不变。距的长度只是70种耧斗菜花朵的形状变量之一，它们在颜色、气味和方向上也有很大的差异。这些因素中任何一个或全部的变化都可能导致传粉者的变化，从而导致生殖隔离，物种形成，也就是发生了演化。这一过程可能发生得非常快，以至于如果对其进行人工杂交，这些物种间仍然可以产生可育后代。深红耧斗菜和毛耧斗菜很容易杂交，但仍然是独立的物种，这完全得益于为它们授粉的不同动物——深红耧斗菜的传粉者是蜂鸟，毛耧斗菜则是鹰蛾。

有毒的花蜜——为何？

自然界总是令人惊讶，总能发现一些与最简单的假设相矛盾的案例。花蜜是给传粉者提供服务的奖励或报酬，所以它具毒性并不合逻辑，但这是普遍存在的事实。我们还不知道为什么花蜜对某些生物体有毒，目前仅有四个假设：第一，有毒的花蜜可以阻止盗蜜者，前提是合适的传粉者能够忍受这种毒素；第二，有毒的花蜜可以选择特定的传粉者，从而减少带给花的无用花粉的数量；第三，花蜜可能只对生活在花蜜中的微生物有毒；最后，它可能是"无意地"从周围组织中渗入的——如果它对传粉者没有伤害，那么这就不是问题。这显然还需要进一步地研究。

复合的花

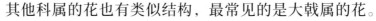

花 有时比表面上看起来更复杂。以雏菊
（*Bellis perennis*）为例，如果你让熟悉这种植
物的人描述其花的对称性，他们几乎会不约而
同地认为雏菊是规则的辐射对称花。但无论他们
选择对称还是不对称，都是既对又不对的答案，因为
雏菊不是一朵花，而是伪装成一朵花的花序。

其他科属的花也有类似结构，最常见的是大戟属的花。

⊙ 雏菊的花序通常由两种
花组成，位于中心的黄色辐
射对称的管状花和外轮两侧
对称的舌状花。

◁ 蒲公英缺少中心管状花，
整个花序都是由黄色的舌状
花组成。

可变的花萼

菊科小花的花萼不像花冠那样常规。在该科的一些
成员中，花萼完全不存在，如果有，也可能由一圈膜状
组织或大量的单毛组成。在某些情况下，透过手持放大
镜可以看到它由多分枝的毛组成，看起来像是细小的梳
子。菊科的 24 000 种植物因难以辨认而名声在外，但不
可否认它们十分美丽。

把洋地黄压扁就成了雏菊

前文（见第 237 页的方框）提到了广为流
传的洋地黄品种"Monstrosa"其正常的总状
或穗状花序上为不规则管状花，而顶端长有一
朵大的规则花。想象一下，假设你可以踩在洋
地黄花序的顶端，将花序轴从 1.8 米压扁到 2.5
厘米，而完美地不损坏任何一朵花。这个压缩
的短茎被称为花托，中间有一朵规则花，周围
有许多不规则花。每朵花的基部都会有一个苞
片，整个花序都会被许多苞片包围，就形成了
所谓的总苞。于是你就得到了与雏菊大致相同
的一朵"花"。虽然这是我们想象的结果，但
它说明了一个重要的事实，即虽然雏菊乍看起
来很奇怪，但它只是我们以前遇到过的一种花
序的变型，它被称为头状花序（capitulum）。

分工不同

菊科是世界上多样性仅次于兰科（Orchi-
daceae）的第二大植物科，其成员在营养器官
和花卉特征方面都有很大的多样性。它们中的

许多确实有类似紫菀（Aster spp.）或雏菊的花序，即在花序边缘有一圈不规则花，具有向外放射排列的长带状花瓣，在中部有一簇较小的规则花，这些小花可能是不同的颜色。边缘花被称为舌状花（ray floret），通常是雌性的，没有任何雄性部分。它们的功能是吸引传粉者。花盘中央的小花通常是两性的，它们产生花粉和大部分种子。

▷ 高山紫菀（Aster alpinus）的紫色花瓣实际上是一朵朵独立的小花，这在菊科中十分典型。

柱塞

花盘上的小花以一种有趣的方式来展示它们的花粉。五个雄蕊围绕心皮呈环状，但花药融合成一管。花粉被释放到管子的中心，然后花柱和柱头沿着管子的中心生长，像柱塞一样把花粉推出。为了防止自花授粉，特有的双叉Y形柱头在沿管子向上移动时牢牢闭合，只有当花柱脱离花药时才会张开。

另一类菊科成员

菊科中还有以蓟为代表的另一类成员。它们的花都是一样的，都是规则的两性花，有一个由五个融合的花瓣组成的长管花冠。蓟通常在头状花序周围有非常美丽但多刺的苞片，这在植物鉴定中非常有用。蒲公英和山柳菊（Hieracium spp.）也只有一种类型的小花，但这些都是射线状或舌状的小花。这一类中最奇特的花序当属蓝刺头（Echinops spp.），其花序是花序的集合——由单花的头状花序组成的集合，每个小头状花序都有精心设计的总苞片。

△ 用10倍的手持放大镜观察一朵雏菊的"花"，会发现有非常多的小花，其中大多数都有必备的雌性或雄性器官。

▽ 蓝刺头的花序是由许多小花序进一步融合形成的复杂花序。

249

适应脊椎动物传粉的花

花 大多由飞行动物授粉，而且大多数飞行动物都是传粉者。主要的例外是蜻蜓和它们的近亲，和花蜜相比，它们更喜欢吃传粉者。为花朵授粉的大型飞行动物包括蝙蝠和鸟类，但非飞行脊椎动物也是重要的参与者，例如蜥蜴和负鼠。可以预料，喂养这些动物的花彼此之间将有极大差异，更不用提那些由小得多的无脊椎动物授粉的花。

⑤ 蝙蝠，例如这只浑身覆盖着花粉的长鼻蝙蝠（Leptonycteris yerbabuenae），是笨拙的传粉者，需要容易接近且健壮的花朵，产生大量的花蜜作为奖励。

⑤ 长着长嘴的鸟，比如这只白颈蜂鸟，非常擅长从长管状的花朵中提取花蜜。

蝙蝠传粉

蝙蝠是一类被研究得较为充分的传粉者。因为它们主要在夜间活动，视觉感知有限，因此由它们授粉的花通常颜色不鲜艳，一个著名的例外是翡翠葛（见第 241 页的方框）。蝙蝠有点笨拙，所以花朵必须很健壮，虽然授粉者本身拥有令人惊叹的导航能力，但花朵通常在植物的最外面容易接近的地方。此外，蝙蝠是非常耗能的动物，一方面是因为它们体型较小，另外是它们的生活方式，所以蝙蝠授粉的花朵必须产生大量的花蜜作为奖励。典型的蝙蝠授粉植物是大叶龙舌兰，它可以产生大量的花蜜，以至于从花中滴下来的花蜜可以积累在花序下面叶子上的池子里。蝙蝠授粉的植物中最引人注目的一种是蜜囊花（Marcgravia evenia），其花序上方有一片凹进去的叶，为花的回声定位提供了一个探测灯塔。

鸟类传粉

由鸟类授粉的花朵也会产生大量的花蜜。例如，鸡冠刺桐（Erythina crista-galli）每晚每朵花产生 1 毫升的花蜜。豆科植物的花朵翻转了 180°，以确保花粉被放置在适合鸟类的部位。由鸟类授粉的花往往是管状的和红色的，通常为两性花，柱头在花药上方伸出。这种设计会让接近的鸟儿在喝到花蜜前，将先前访问的花中的花粉带到这朵花的柱头上，随后收集花粉，再带给下一朵花。与蝙蝠授粉的花朵不同，由鸟类授粉的花朵可能很脆弱，因此许多物种，特别是蜂鸟，在这类植物上空盘旋时会非常小心和体贴。

蜥蜴传粉

爬行动物，特别是蜥蜴，并不是传粉者的理想候选，因为大多数蜥蜴是肉食性的，而那些植食性的蜥蜴通常还会消耗大量的果实以及花、花粉和花蜜。食用含有花蜜和花粉的花朵并不会帮助授粉！然而，在包括新西兰、巴利阿里群岛、毛里求斯和马德拉在内的几个海洋岛屿上，人们观察到蜥蜴在喝本土和非本土植物的花蜜。为什么岛上的花比大陆上的花更容

易由蜥蜴授粉呢？这一点尚不清楚，但可能的原因是在岛屿上没有足够合适的昆虫或哺乳动物充当传粉者，只有大型蜥蜴才会到达岛屿，而大蜥蜴通常是食草动物。最后，蜥蜴可以在露天状态下活动而不会被捕食。

△ 鸡冠刺桐花雄蕊和柱头的排列减少了自花授粉的可能性。

▽ 虽然花主要是由有翼动物授粉，但当其他脊椎动物，如这种夏威夷壁虎饱餐花蜜时，也可以帮助花朵授粉。爬行动物传粉者几乎都出现在海洋岛屿上。

脊椎动物成为传粉者需要具备哪些条件？

脊椎动物要成为传粉者，它必须履行一些义务：

· 定期造访花卉

· 非破坏性取食

· 食物很大一部分来自花粉或花蜜

· 收集和运输花粉

· 可以向正确物种的柱头上传递花粉

· 可以提高到访植物的种子产量

如果这些义务没有得到履行，那么动物就是访客，而不是传粉者。

蜂类传粉的花

（花）和蜜蜂几乎是授粉的同义词，然而花至少比蜜蜂早出现了 2500 万年。蜜蜂由黄蜂演化而来，这些早期黄蜂的猎物之一是已经开始授粉的甲虫。可能是黄蜂更喜欢甲虫身上花粉的味道，而不是甲虫本身的味道，所以它们开始直接飞向花朵。人们认为，蜜蜂和花卉多样性的迅速增加是齐头并进的——换句话说，多样性促进了多样性。

⟨∧⟩ 为花朵授粉的不仅是群居蜜蜂，还有一些独居蜜蜂，比如普通黄蜂（Bombus pascuorum）。

⟨∨⟩ 尽管柳花是风授粉的，但经常会有饥饿的蜜蜂造访，它们会以花粉为食，并可能意外地为其授粉。

⟨<⟩ Lithurgopsis 和所有切叶蜂科（Megachilidae）蜜蜂一样，其收集花粉的毛发（花粉梳）位于腹部的下方。这只蜂用仙人掌花的大花粉粒填满了它的花粉梳。

⟨>⟩ 这只 Andrena 蜂在喝到花蜜之前，必须经过充满花粉的花药和一个柱头（隐藏在花药中）。通过这种方式，花确保了来访的蜜蜂为它们授粉。

演化出来的匹配

多亏了覆盖在蜜蜂身上的毛发，使得蜜蜂成为非常高效的花粉运输者。群居蜜蜂是非常好的沟通者，因此可以一起工作，在同一物种种群之间传递花粉。植物之间为了吸引传粉者的注意力而竞争，它们会不惜一切代价赢得蜜蜂的喜爱。植物使用的小伎俩不仅是富含能量的花蜜，还包括在它们的花蜜中加入咖啡因、尼古丁和其他令人上瘾的物质，给蜜蜂一个回来的理由。

最佳的蜂类传粉者

　　有些蜂类是特别好的传粉者，其中包括独居的壁蜂属（*Osmia* spp.），它们建造泥土结构的巢来存放它们的卵。壁蜂不产蜜，这意味着它们对花粉比花蜜更感兴趣。然而，它们成为受欢迎的商业传粉者还有其他原因。首先，它们拜访的花比蜜蜂属（*Apis* spp.）多。其次，它们没有其他蜜蜂的花粉筐，这意味着它们很忙乱，当它们飞来飞去时，花粉会从它们的身体上脱落。最后，与其他蜜蜂相比，它们能在较低的温度下活动，因此一年中，它们有更多的可活动的月份，以及白天有更长的活动时间。

为蜜蜂设计一朵花

　　蜜蜂和黄蜂会造访许多不同的花朵，特别是在我们的花园里，那里充满了蜜蜂以前从未遇到过的奇异物种。因此，很难概括哪些花卉特征与蜜蜂关系最密切。但还是有一些类型的花通常是由蜜蜂授粉，例如豆科植物的蝶形花。在这些花朵中，雄蕊和柱头被两片融合的花瓣隐藏和保护起来，只有当蜜蜂伸进花中触及蜜腺深处时，才会接触到。这种设计在蜜蜂授粉的金鱼草上也很常见。

紫外光下的真相

△ 在可见光（左）和假彩色反射紫外线（UV）光下（右）的月见草属植物。在紫外光下，花的蜜导清晰可见，旨在帮助它们的传粉者找到目标。

　　蜜蜂所见的世界与我们人类很不同。大多数人的眼睛可以看到光谱从紫色到红色的部分，而紫外线和红外线对我们来说是不可见的。而蜜蜂可以看到紫外线的颜色。但它们也为此付出了代价，在光谱的另一端，黄色和橙色变成了模糊的黄绿色，而红色（和红外线）则变成了黑色。花朵利用这一点，在它们的萼片和花瓣上加上了"指路牌"，只有它们喜欢的授粉者才能看到，并被吸引进来。

蛾类和蝴蝶传粉的花

人们很容易认为飞蛾和蝴蝶十分相似，但事实上，当谈到它们的授粉行为时，这两个群体就像蝙蝠和鸟类一样，完全不同。首先，蝴蝶在白天活动，而大多数飞蛾是夜间活动的。其次，蝴蝶的嗅觉不是很发达，而飞蛾主要依靠嗅觉。最后，蝴蝶善于感知形状和颜色，而飞蛾由于是在夜间活动因此不善于感知形状和颜色。它们授粉的花朵反映了这些不同之处。

⊙ 余甘子（*Phyllanthus emblica*）的花有短的花冠管，对于飞蛾授粉的花来说，这并不典型。

⊙ 尽管大叶醉鱼草最常与蝴蝶联系在一起，但大叶醉鱼草也会在白天受到飞蛾的光顾，这些飞蛾可能会在不授粉的情况下采集花蜜。

特化的蛾类

我们已经了解到达尔文成功预测了大彗星兰是由一只长着很长鼻子的蛾子授粉（见第246页），稍后我们还将看到丝兰属（*Yucca*）植物如何与不同种类的蛾子形成非常密切的联系（见第259页）。叶下珠属的物种与飞蛾之间还有另一种非常密切的合作关系。在这种情况下，成功的授粉对植物和飞蛾的未来都是至关重要的，因为飞蛾的幼虫只吃叶下珠的种子。这是一种微妙的平衡关系，需要一些蛾卵无法孵化或幼虫无法存活，以确保一些种子不被吃掉。由蛾子传粉的花通常是单生下垂的，因为蛾子不需要在着陆的情况下进食，更喜欢在花的前面盘旋。

蝴蝶授粉花的一般特点

除了上面列出的由飞蛾授粉的花和由蝴蝶授粉的花之间的差异外，后者授粉的花往往拥有平顶的花簇，比如大叶醉鱼草（*Buddleja davidii*）和马缨丹（*Lantana camara*）的花。由蝴蝶授粉的花往往都有一个狭窄的檐部，花药突出在檐上，可以让花粉碰到昆虫的脸。这两种植物在蝴蝶中非常受欢迎，以至于它们在蝴蝶养殖场被用来喂养那些在野外从未见过它们的蝴蝶物种。

一个属，许多传粉者

唐菖蒲属植物的传粉者种类繁多，包括蜜蜂、鸟类、苍蝇、甲虫、飞蛾和蝴蝶。与研究预测相同的是，由蝴蝶授粉物种的花朵白天开放，晚上闭合，整体呈红色带白色斑点，产蜜相对较弱。而由飞蛾授粉的物种有浓郁的香味，花是浅色，只有在晚上才完全开放，并产生浓缩的花蜜。从演化树上看，自唐菖蒲属首次出现以来，该属植物的花已经适应了6次飞蛾授粉和3次蝴蝶授粉，而且这些过程都是相互独立的。这表明植物和它们的花高度可变，能够适应新传粉者。

⊼ 金凤蝶（*Papilio macha-on*）和唐菖蒲（*Gladiolus*）共同演化出一种密切的互利合作伙伴关系，其花朵结构非常适合蝴蝶授粉。

⊾ 大叶醉鱼草产生的大量花蜜经常被用来吸引蝴蝶，如银纹红袖蝶（*Agraulis va-nilla*）。

⊽ 马缨丹是另一种富含花蜜的植物，可以用来喂养蝴蝶种群，但它现在是世界各地的一种入侵杂草。

非本地物种的角色

生物学中一个极具争议的领域是是否应该容忍非本土物种。大叶醉鱼草原产于中国和日本，现在是许多温带国家的常见植物，但在包括英国和新西兰在内的几个国家被认为是一种入侵植物。虽然它在英国不受欢迎，却仍然被广泛种植，以挽救可能正在衰落的蝴蝶种群。

欺骗传粉者的花

到 目前为止，科学家已发现超过 7500 种开花植物对授粉者有欺骗行为，其中三分之二是兰花。即使考虑到兰科的规模，这也是一个相当高的比率。一些研究人员更进一步认为三分之一的兰花（约 8000 种）不提供奖励。花卉欺骗有两种形式：食物欺骗和性欺骗。

⑺ 以色列倒距兰通过模仿罗马风信子来欺骗它的蜜蜂传粉者。

▷一只雌性光条蜂（Anthophora sp.）正在为一朵罗马风信子传粉，并得到花蜜奖励。罗马风信子给出的奖励非常充足，弥补了蜜蜂传粉者造访不产蜜的以色列倒距兰时的失望。

◁华石斛通过模仿猎物蜜蜂所释放的报警信息素来欺骗它的传粉者——黑盾胡蜂。

食物欺骗

这是一个相对简单的想法。数量丰富的植物产生一种特定颜色的花，这种花散发出特殊的气味，它产生的花蜜可以被动物获取，在饮用的过程中，它会在同种植物之间传递花粉。另一种数量较少的植物会产生一朵颜色相同的花，散发出同样的特殊气味，但不会产生花蜜。只要后者植物的种群比例足够小，它的欺骗行为就会奏效。换句话说，授粉者将得到产蜜植物的足够奖励，所以即使有时没有奖励，它也总是会回到相似的花朵上。这似乎是许多兰花采用的成功策略，例如模仿罗马风信子（*Bellevalia fleuosa*）的以色列倒距兰（*Anacamptis israelitica*）。

利用恐惧

当谈到虚假承诺时，华石斛（*Dendrobium sinense*）发展出了一个巧妙的招数。这一物种是由黑盾胡蜂（*Vespa biolor*）授粉的，这种蜂会捕捉蜜蜂并将它们喂给幼虫。因此，黑盾胡蜂对蜜蜂受到攻击时释放出的报警信息素非常敏感，将信息素等同于其幼虫的食物。于是这种花释放出相同的化学物质——

兰花的性欺骗

眉兰属（*Ofreys* spp.）因其欺骗年轻的雄蜂而臭名昭著，其他属如槌唇兰属（*Drakaea* spp.）和裂缘兰属（*Caldenia* spp.）用类似荷尔蒙的气味来吸引黄蜂。眉兰设下的骗局是兼有视觉和嗅觉特效的。花的唇瓣看起来像一只雌蜂，没有经验的雄蜂会被它愚弄并与之交配。与雌蜂相比，这种花有一个优势，那就是它可以投入资源来突出雄性认为最有吸引力的雌性部位，包括信息素，而不必将资源分配给翅膀和其他昂贵的身体部位。可怜的雄蜂没有得到真正的交配机会，真正的雌蜂也根本无法与之竞争。

ⓣ 蜂巢眉兰（*Ophrys tentridinifera*）的花看起来像一只雌蜂，通过释放雄蜂无法抗拒的信息素，进一步迷惑这些传粉者。

◁ 裂缘兰（*Caladenia discoidae*）是另一种使用性欺骗来引诱传粉者访问其花朵的物种。

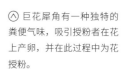

（Z）-11-二十碳烯-1-醇，当黑盾胡蜂寻找陷入困境的蜜蜂时，它会扑倒在兰花的唇瓣上，带走花粉（见第 261—263 页）。

另一种兰花叫疏花火烧兰（*Epipactis veratrifolia*），它通过模仿蚜虫的警报信息素吸引吃蚜虫的食蚜蝇，并在这个过程中欺骗它们给花授粉。然而，在这段关系中，食蚜蝇可能笑到了最后，因为它在兰花上产卵。

如果看起来和闻起来都像粪便

闻起来像粪便的花朵不可避免地会吸引在粪便中产卵的动物，这是对现有行为的一种简单而有效的利用。在南非，像犀角属中的巨花犀角（*Stapelia gigantea*）会欺骗苍蝇，让它们在其臭气熏天的紫褐色肉质花朵上产卵。这是一种奇怪的植物，因为它有与兰花类似的花粉团。它们附着在产卵苍蝇的腿上，苍蝇将它们运送到另一朵的柱头上。

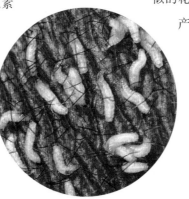

△ 巨花犀角有一种独特的粪便气味，吸引授粉者在花上产卵，并在此过程中为花授粉。

◁ 传粉者的蛆出现在巨花犀角毛茸茸的表面，最后却死于饥饿。

奇特的奖励

（植）物给授粉者最常见的奖励就是花蜜，而花蜜本身并不完全与花相关。然而，鲜花可以提供的诱惑远远超出了花蜜和其他简单的食物奖励，但它们并不总是被预期的接受者所获取。盗蜜蜂是金鱼草和红花菜豆（*Phaseolus coccineus*）上的常见访客，它们会咬开花蕾的背面，并在花朵开放之前"偷走"花蜜。

⊙ 欧洲熊蜂（*Bombus terrestris*）已经研究出如何在不提供授粉服务的情况下从菜豆花中获得花蜜奖励。

⊙ 一些花卉如长药兰（*Serapias cordigera*），为独居的蜜蜂提供了一个舒适的夜间"床位"，它们会无意中给花授粉。

⊙ 一大早就能看到蜜蜂还睡在羽毛蓟提供的"床垫"上，这是司空见惯的一幕。

夜间住所

在傍晚和第二天清晨，羽状蓟（*Cirsium rivulare*）的花朵上常会出现睡着的蜜蜂，它们非常容易受到捕食者和恶劣天气的影响。因此，一些植物物种更进一步，提供过夜住宿。长药兰属（*Serapias*）就是这样一个属，它的花类似于独居蜜蜂的巢穴。雄性独居蜜蜂经常找不到巢穴，因此会睡在花丛中。这些花不为蜜蜂提供花蜜或可食用的花粉，但那些睡在花丛中的蜜蜂早上比露天睡觉的蜜蜂温暖3℃。这意味着睡在花丛中的蜜蜂可以比其他蜜蜂更快地活跃起来。

谁为谁提供奖励？

丝兰属植物的花是城郊花园和莫哈韦沙漠的象征。据说每一种丝兰与蛾子的关系都有大约4000万年的历史。丝兰依靠蛾子授粉，反过来，蛾子又依靠花朵在某个地方成功产卵。

花蜜并不是植物吸引传粉者的唯一奖励，其他的奖励还包括：

· 食物（淀粉组织、花粉）

· 温暖

· 过夜的庇护所

· 交配场地

· 产卵场所

这种授粉关系特别值得注意的是，飞蛾故意将另一朵花的花粉放在花的柱头上，使异花授粉更有可能成功。然而，生物数学家声称，像这样的义务互惠不应该存在这么长时间，因为关系中的一个成员迟早会开始作弊，在这种情况下，它更有可能是飞蛾。但似乎丝兰已经演化出了报复机制。飞蛾产卵越多，带来的花粉越少，花朵就越有可能脱落和不发育，从而对贪婪的飞蛾进行选择。这些飞蛾也认识到了这一点，于是它们避免，甚至标记那些被拜访过的花朵，以减少"重叠"。值得注意的是，虽然丝兰和蛾子只演化了一次，但它们的关系已经独立出现过多次。

无花果里的脆片

正如我们将在下一章中看到的（见第 309 页的方框），我们在市场上买的无花果实际上是一个肉质球体内的小果的集合，名为隐头花序，整个花序中只有一个开口。在幼小的花序内有小的单性花，或者是雄花，或者是雌花。雌花有两种形式，一种是长花柱，另一种是短花柱，由榕小蜂授粉，榕小蜂通过开口进入花序内，寻找产卵的地方。它把卵存放在雌花的

子房里，但仅限于花柱短的子房，因为如果花柱很长，榕小蜂就不能到达子房，在这种情况下，它会偶然将之前拜访其他无花果时采集到的花粉转移到柱头上。当你吃野生无花果时，那些脆脆的部分并不全是种子！与丝兰及其飞蛾一样，不同种类的无花果（*Ficus* spp.）是由不同种类的榕小蜂授粉的。

⌃ 丝兰蛾（*Tegeticula yuccasella*）与丝兰（*Yucca torreyi*）有一定联系。飞蛾将丝兰花作为它们的产卵场所，反过来，花又依靠飞蛾给花授粉。

◡ 红花菜豆花的基部常有穿孔。这些迹象表明，盗蜜蜂在花朵正常开放之前就已经吸取了花蜜。

兰花

兰 科是被子植物中最大的科，有 25 000 多种，以及数以千计的杂交和栽培品种，虽然其中很多物种都濒临灭绝，但其总数依然众多。兰科植物的花与其他科有很大的不同，有些分类学家甚至建议将兰科提升到目的级别，并分出若干更小的新科。作为一个群体，兰花一直深受植物学家和园艺爱好者的喜爱。确实有很多理由让我们对兰花着迷，让我们从花开始认识它们。

兰花的无性部分

兰花是单子叶植物，花为3基数。它们在这方面是相当正常的，有3枚花萼裂片（萼片）和3枚花冠裂片（花瓣）。但情况并不那么简单，两枚花瓣常常看起来像萼片，而所有的萼片看起来都像花瓣。然而，真正与众不同的是第三枚花瓣，也被称为唇瓣。兰科唇瓣的大小、颜色和形状的多样性令人眼花缭乱，而且总是与授粉有关。

◁ 黄花兜兰（*Paphiopedilum primulum*）的唇瓣类似于水桶或拖鞋，毫无戒心的授粉者会掉进去。

▷ 兰花的多样性令人叹为观止。特别值得一提的是，唇瓣能够进行特殊的修饰，就像这只长着胡须的粉红色小草——美须兰（*Calopogon barbatus*）一样。

兰花的有性部分

按照单子叶的一般规律，兰花"应该"有3基数的雄蕊和心皮。通常情况下，兰花有3个心皮，它们融合在一起，当果实成熟的时候很容易看出来。然而，当你开始寻找雄蕊时，似乎有些不对劲。从子房顶部长出的是一种被称为蕊柱（column）的结构，靠近子房顶部的一侧是一块黏稠的、闪闪发光的区域。这看起来可能是柱头表面，但它不在通常的位置上。剩下的挑战是找到雄蕊。答案很简单，那就是没有。在兰花中，通常只有一枚雄蕊，它与心皮结合在一起。因此，蕊柱是雄蕊、花柱和柱头的结合体。

▽ 只有一条路可以进出斑背兜兰（*Paphiopedilum liemianum*）的花，这条路必经过花粉，蜜蜂在飞向另一种花朵时会带走花粉。

兰花的蕊柱

兰花最奇特的特征之一就是蕊柱。这种独特的结构是花的雄性部分（雄蕊）和雌性部分（心皮）融合的结果。它能很好地执行功能，有何不可呢？这也使得兰花的鉴定变得非常简单，因为如果一朵花有蕊柱，那么它就是兰科植物的一员。

△兰科最明显的鉴别特征是花中心的蕊柱，这是雄性部分和雌性部分融合的结果。

上下颠倒，前后互换

兰科的花是字面意义上的上下颠倒。当花只是一个幼芽时，唇瓣在花朵的顶端。然而，随着花朵的发育和生长，花蕾扭曲180°（即翻转），唇瓣于是就到了花朵的底部，它现在可以作为授粉动物的着陆台。兰花另一个奇怪之处是花粉，它的花粉不是大多数其他种子植物所特有的粉末状。在兰花中，花粉粘在一起形成多达8个团块，称为花粉团。它们的直径为1毫米或更大，通过花粉团柄连接到蕊柱上，最后通过花粉团柄末端的黏盘粘在动物身上，授粉者通常一次访花就能带走花粉团。

◁春兰是最常见的室内观赏兰花之一，其花的大小和颜色多种多样。

吊桶兰

附生的吊桶兰（*Coryanths* spp.）产于热带的南美洲和中美洲，因其唇瓣宛如吊起来的水桶而得名。*Eulaema* 属中授粉的雄蜂（只是雄蜂）会被其释放的一种强烈的气味所吸引，这种气味似乎具有物种特异性。就像唇瓣结构的改变一样，气味的改变可以立即实现物种间的隔离，通过改变传粉者的行为导致新物种的演化。蜜蜂沉醉在这气味中，然后掉进桶里，被困住。唯一的出口是经过蕊柱的尽头，蕊柱上有花粉团和柱头。如果蜜蜂以前在另一朵花上携带过花粉团，它可能会将从那株植物上收集的花粉转移到柱头上，然后再把这一对花粉团带到另一朵花上。

∧ 附生的秘鲁吊桶兰（*Co-ryanths verrucolineata*）将唇瓣的改造发挥到了极致，形成了一个大水桶，可以引诱并困住它特定的授粉昆虫，直到它能通过秘密出口找到出路。

⊃ 这只卢尔沃斯船长蝴蝶（*Thymelicus action*）在早些时候造访另一株倒距兰兰花（*Anacamptis pyramida-lis*）时，喙上收集到了花粉。当它访问第二朵花时，花粉将被放到柱头表面。

⊂ 在这株贝托里尼眉兰（*Ophrys bertolonii*）中，橙色花粉在花柱末端特别突出。

在行动

当传粉者离开一朵兰花时，它的身体上可能附着两个花粉团。当它访问下一朵花，落到唇瓣上时，这些花粉团并不会位于这朵花的柱头对面，而是与它的花粉团相对。从传粉者的角度看，它可能只需要获得另一对花粉团，而不是将现有的花粉团置于柱头上，因为柱头位于花粉团的下方，并有棒状突起与之相隔。兰花已经为这个潜在的问题找到了一个优雅的解决方案。当黏盘黏到传粉者身上时，就会把花

粉团从花粉团柄上的药帽下抽出。当传粉者飞走时，花粉团柄向下弯曲90°，这样花粉团在传粉者身上的位置相对较低，足以击中第二朵花的柱头。如果你把花粉团从指尖上拿下来，你就会发现黏盘上的胶水有多强。

兰花的物种形成

如上所述，兰花有一朵左右对称的花，有一枚突出的花瓣叫作唇瓣，经过无数次的改造，吸引了许多不同的授粉动物。兰花的授粉是一项非同寻常的事业，可能会受到单一突变的影响。如果唇瓣改变得足够多，可能会有不同的传粉者介入。这意味着新的变种在繁殖上与所有以前的原变种隔离，并能够沿着自己的

轨迹演化。它最终将成为一个新物种，并将在没有与其姊妹物种遗传不相容的情况下演化。这就是为什么你可以在兰科中杂交不同的物种并产生可育后代的原因之一，也是它们为什么有这么多品种的原因之一。

△ 蝴蝶兰（*Phalaenopsis sp.*）的唇瓣是一朵开放的花中三片花瓣中最低的一片，但这只是因为花蕾在开放前旋转了180°，这个过程被称为翻转。

琥珀中的化石

兰花通常不容易留下化石，因为它们不是木质的。然而，给它们授粉的昆虫有坚硬的外骨骼，因此可以在琥珀中保存得很好。兰花的花粉团非常大，如果附着在保存完好的动物身上，就可以看到它们。在过去的十年，已经发现了一系列传粉昆虫琥珀，授粉者将花粉完美地保存其中。目前最古老的记录是一种蚊子，它携带的花药帽上有花粉团和尾状线，来自一种以前不为人知的兰花，被命名为 *Succinanthera baltica*，可以追溯到4000万到5500万年前。因此，兰科植物本身肯定比这古老得多，因为物种要发展到这个化石的程度，需要数百万年的时间。

△ 兰科植物在地球上已经存在了至少5500万年，这可以从琥珀中昆虫携带的花粉团得到验证。

风媒传粉

(风) 媒传粉非常普遍，几乎所有的裸子植物都是如此，还有所有的禾草类植物以及大多数北半球的用材树种都是风媒传粉。在种子植物出现之前，绝大多数物种利用风来散布孢子。毕竟，当植物登上干燥的陆地时，风就已经在那里了。但仅仅因为风媒授粉看起来很简单就认为它是植物原始性状的观点并不可取。这种策略是一种衍生的性状，而且非常成功，以至于许多演化分支都重新恢复了风媒传粉。

(人) 榛子（*Corylus avellana*）通过其柔荑将花粉散布到风中进行传粉，其数量通常巨大，常能见到一团团的花粉云。

(Ɔ) 禾草类是由风媒授粉的，它们几乎无处不在的花粉是许多花粉热患者痛苦的原因。

答案就飘在风中

植物在其生命周期中分配给任何一项活动的资源都是有限的，它们分配给开花的能量是它们做出的"决定"之一。大且五颜六色的花需要付出的成本不菲，那么有没有更便宜的运输花粉的方式呢？有：风能，一种转移配子的可再生能源。这里可以省下很多投资，因为风看不见，所以不需要五颜六色的组织。它也是自给自足的，无需供给能量，不管你愿不愿意，它都会出现。但它确实有一些缺点：它不是每天每小时都在那里，也不是在每个地方都有同等的力量，你也无法选择它的方向。

风能

因为风能是一种更便宜的能源，所以它被植物广泛且反复地用来授粉。然而，要想成功地进行风媒授粉，必须对一朵典型的花进行一些结构上的改变。首先，与动物不同，风看不见，因此植物不需要为它们的花合成五颜六色的色素。其次，没有必要再合成能量丰富的奖励，因为对风毫无用处。再次，由于风的传播毫无方向性，花粉必须大量产生，而且必须小而光滑才能增加飞行时间（禾草的花粉直径通常为 0.03 ～ 0.05 毫米）。最后，雌性柱头表面最好有一个巨大的羽毛状结构，以增加它挡住经过的花粉粒并使它们附着在上面的机会。在某些情况下，花粉必须进入杯状结构中，才能被接受并萌发。

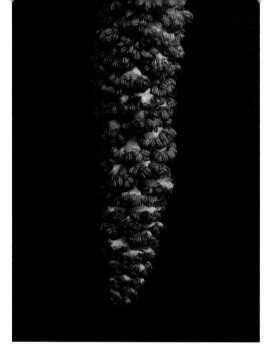

○ 虽然这些柳树的花是由风授粉的，但风可没有注意到它们鲜艳的颜色。

▽ 一组微小的禾本科花粉粒的扫描电子显微照片。每个物种都有自己独特的表面纹饰，可以从中辨认出来。

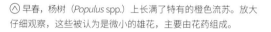

△ 早春，杨树（*Populus* spp.）上长满了特有的橙色流苏。放大仔细观察，这些被认为是微小的雄花，主要由花药组成。

不成比例的普遍

虽然 95% 的植物利用动物传粉，但风媒传粉仍然非常重要，因为除了马铃薯外，世界上所有主要的可耕地作物都使用风媒授粉，包括水稻、小麦、玉米、高粱、珍珠粟和燕麦等。此外，大多数主要的商业用材品种都是通过风授粉的。

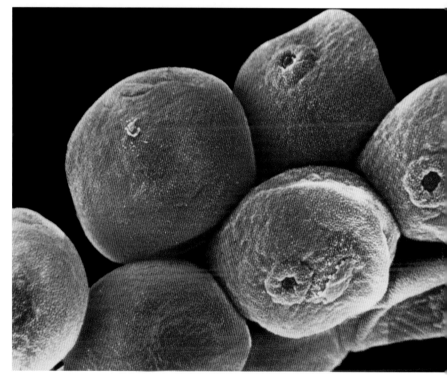

真相比科幻更奇怪

特里·普拉切特爵士（Sir Terry Pratchett）经常在他的系列小说《碟形世界》（*Discworld*）中融入科学元素，他与伊恩·斯图尔特（Ian Stewart）和杰克·科恩（Jack Cohen）一起写了一本关于生物学的书，作为该小说系列的一部分，题为《碟形世界的科学 III：达尔文的守望》（*The Science of Discworld III: Darwin's Watch*，2005）。在早些时候的《碟形世界：莫特》（*Discworld: Mort*，1987）中，普拉切特解释道："科学家们计算出，一些明显荒谬的东西真正存在的可能性是数百万分之一。但魔术师们认为十有八九这百万分之一会变成现实"。比如他可以很容易地在这里写出关于风媒传粉的文章：这很荒谬，但所有的主要农作物都是风媒传粉。

水媒传粉

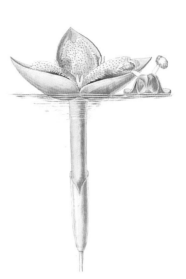

人们很好地接受和理解了风媒传粉，但对以水为传粉媒介的植物研究较少。在进一步研究之前，回顾一下植物授粉的各个阶段将是有帮助的：将花粉转移到载体上；通过载体移动花粉；通过载体将花粉转移到柱头上；受精和胚胎形成。在三种不同的情况下，水扮演了媒介的角色，因此有一些植物可以说是通过水授粉的。

⊙ 在苦草（*Vallisneria spiralis*）中，雄花变成了船形的交通工具，依靠水流和表面张力将花粉传递给雌花。

⊙ 苦草的带状叶子没入水中，但授粉必须要花粉保持干燥，水充当花的运输媒介。

水媒传粉面临的困难

共有来自 11 科 33 属的物种通过水授粉，这一策略已经独立演化了很多次。这些物种的分布是世界性的，从北欧到南美洲，在淡水和海洋栖息地都能发现它们的身影。尽管如此，使用水作为授粉媒介仍然存在严重的问题。首先，花粉会吸收水分，开裂下沉；其次，水会冲走陆生植物柱头表面的黏合剂。50% 的水生授粉植物是雌雄异株的（陆生植物只有 3%），这使得同步生产雄花和雌花变得非常困难。水生授粉仍然存在的事实表明，植物已经适应克服了这些问题，它们是通过以下三种方式实现授粉的。

花粉留在水面

苦草属（*Vallisneria*）就是这一策略的典型例子。微小的雄花从植物上脱落，漂浮在水面上，花药保持在水面上。两个不育的花药起到了帆的作用。大得多的雌花仍然附着在亲本植物上，在水面上形成一个足够大的小凹陷，足以让雄花落入，从而帮助雄花将花粉带到柱头上。在黑藻（*Hydrilla verticillata*）中，雄花在花蕾中漂浮到表面。然后，它们将花粉射入附近开放的雌花，这是植物唯一长到水面上的部分。

花粉在水面扩散

丝根藻属（*Amphibolis*）和川蔓藻属（*Ruppia*）这两个属的物种会将花粉释放到水面上，花粉漂浮在水面上，希望能撞到雌性植物的柱头。川蔓藻属的花粉从花药中释放出来，裹在气泡中漂浮到水面上，在那里许多花粉粒组成了一个漂浮筏。这极大地增加了至少一个花粉粒击中柱头的机会。南极洲的丝根藻一生都生活在海水中。它的花粉很大，长达 6 毫米，没有其他陆生植物都有的花粉的外壁。这些颗粒相互勾连在一起，形成绳状的面条，漂浮在水面上不断旋转，最终撞上雌花上羽毛状的柱

头。柱头也出现了显著的适应，表面有一种防水黏合剂，不受盐水的影响。有时胚胎会在没有种子的情况下在母体植株上生长，在这种情况下植物是胎生的。

花粉在水下被释放并运输

大叶藻（*Zostera marina*）是一种非常重要的海草，是鱼类产卵的栖息地。这个物种生活在潮间带，在那里它的花粉在水面上运输。然而，它也可以生长在水下 50 米深的地方。在这种情况下，花粉会以粘连在一起的颗粒云的形式释放。花粉的密度和水一样，既不会漂浮到水面上，也不会下沉到海床上，它顺着水流漂移，直到它有希望击中另一朵花的柱头。根据理论预测，这些结合在一起的花粉云比单独释放它们更有可能一起找到柱头。

⟨∧⟩ 南极洲的丝根藻，水是花粉粒的运输媒介，花粉粒漂浮在水面上，直到它们与雌花相撞

⟨∨⟩ 大叶藻庞大的花粉云在水下释放，这些花粉随水流漂移，直到被合适的柱头表面捕获。

无性繁殖

有性繁殖十分普遍，其相对于无性繁殖的优越性是毋庸置疑的。从长远来看，有性繁殖有一些明显的优势，最明显的是来自两个不同个体的基因反复组合和重新分类，这会不断测试是否存在更好的物种版本，这使植物种群能够适应不断变化的环境。但如果你是该地区最好的植物，非常适合当前的环境条件，为什么还要拆散一支获胜的基因团队呢？

⋀ 春天的蒲公英十分醒目，大量的花朵让田野变成黄色，它们都是无性系的克隆个体。

演化论没有先见之明

达尔文和其他许多人提出的演化论和物种起源并没有先见之明。自然选择会过滤掉任何不能在今天存活的有机体，即使明天它们可能又适合了环境所需。如果一种植物今天存活下来，环境也没有任何变化，那么它明天就会存活下来。在植物繁殖过程中有一个被称为无融合生殖（apomixis）的过程，可以在无需精卵产生的前提下在种子中形成胚，这就是无性生殖。这枚种子最终会长成与亲本基因完全相同的克隆植株，也是一个非常成功的克隆。

无融合生殖频率

无融合生殖已在 400 多个物种中被发现，但其中约 300 个物种主要见于 3 个植物科：菊科、蔷薇科和禾本科，但很少出现在兰科这一最大的植物科中。这没有什么道理可讲，就是有几个科要比其他科更容易出现无融合生殖。我们所知道的是，一些无融合生殖物种很擅长制造麻烦。最臭名昭著的是药用蒲公英，它是一种全球温带杂草，已被分成数百个精心命名的微型物种，它们都是无性系。另一种在世界各地的灌木丛中造成极大滋扰的无融合生殖物种是树莓（*Rubus fruticosus*）。

有性生殖对植物很重要么？

在关于花的一章的结尾提出这个问题似乎有些奇怪，毕竟花的功能就是促进有性繁殖。然而，许多植物都是无性繁殖的，要么是通过无融合生殖，要么形成类似走茎这样的分枝进行营养繁殖。事实上，世界上大多数入侵最严重的物种都会进行营养繁殖。这个问题答案的根源在于植物不能移动的事实。这意味着，如果特定的基因组可以很好地为亲代服务，那么如果生活在同一个地方，它也将对后代适用。在无性繁殖中，即使植物是该物种的唯一个体，那么它也可以创造出新的植物来接替它的位置。

植物通常会通过一种只有两性生物才能利用的方法繁殖，那就是自交。虽然这会稍微搅动基因库，但它不会引入任何新的基因，在动物种群中，容易看到近亲交配引发的衰退以及有害突变的积累。然而，由于植物产生卵子和精子的方式不同，每一代亲本都会从种群中清除最有害的突变，因此近亲繁殖衰退对植物来说不像动物那样严重。事实上，对大多数植物来说，每年保留一部分自花授粉是可行的，甚至可能是个好主意，因为这赋予了它们达尔文所说的"生殖保证"。毕竟通过自交结出一些种子总比什么都不结要好。

ⒸⒶ 树莓体现了无融合生殖的成功，但把它作为杂草物种看待就会觉得十分麻烦。

园艺花卉

我们的花园里长满了植物，它们在一年中的某个时候开花。这些花给我们的生活带来了色彩和香味。它们还是授粉动物的食物来源，其中大部分是无脊椎动物，而目前许多物种的种群正在衰退。但当你审视花园里的花时，它们往往与你在田野、树篱和树林中看到的不同。有时，我们的花园似乎是一场荒诞秀，里面繁殖的都是些奇葩。

△ 园丁们已经用多种方式对水仙进行了改造，培育出了不同的颜色和形状组合，以满足人们对奇特和艳丽花朵的偏好。

▷ 在经典的英国花园里，你很容易就可以了解到园丁们是如何干预自然，生产出更大、更亮的的。

只要是蓝色就行

花的颜色是根据传粉者的可用性和演化历史等因素来选择的。然而，一些主要园林植物的调色板上却"缺少"了一些颜色。例如，人们多年来一直有一个愿望，那就是培育出真正的蓝色玫瑰和蓝色杜鹃花，但尽管在种植的品种名称中包含了"蓝色"一词，这些花仍然顽固地呈紫红色。虽然已经证明，将蓝色基因从翠雀转移到玫瑰在技术上是可行的，但园丁们传统上反对转基因，因此这样的蓝色玫瑰从未在苗圃行业中站稳脚跟。然而，像CRISPR-Cas9这样的新的基因编辑技术可能会使培育新颜色变得更容易接受。

◁ 园丁们在他们的花园设计中寻找"黑色"的花朵。郁金香的"夜女王"就是这些成功的改造之一,满足了人们对充满异国情调的花卉颜色的渴望。

杂交—杂种和杂种不育

另一个新品种的来源是物种之间的人工杂交,如果不是园丁的话,这些物种之间的杂交绝不会发生。有时,这是一个拥有最近共同祖先的姐妹物种重聚的例子,在这种情况下,由此产生的后代很可能是具有完全生育能力的。在其他情况下,尽管错误结合的种子是可育的,但由此产生的植物不能产生可存活的精子和卵子,杂交后代必须无性繁殖。然而,杂交个体可能受益于一种鲜为人知的现象,叫作杂交优势,这是杂交个体变得格外健壮的倾向。这就创造出了非常令人向往的园林植物。

重瓣崇拜

园丁们不满足于摆弄颜色,还对花瓣数量更多的花朵着迷。这种"重瓣"花的两个典型例子是康乃馨(*Diantus* spp.)和大丽花(*Dahlia* spp.),郁金香和水仙花(*Narcissus* spp.)也有类似的变异。这总是以牺牲花的其他部分(通常是有性部分)为代价的,在向日葵中可以非常清楚地看到这一点,一般的花冠通常具蜜腺,但在突变体中,这些结构被花瓣状结构取代。另一个奇特的案例是水仙花,它们的花冠是"分裂的"。水仙花的花冠实际上是融合的雄蕊花丝,所以为了使它分裂,必须破坏掉融合花丝的基因。

越大越好

在一些园丁的心目中也有一种信念,即越大越好。培育超大品种的一种常见方法是选择染色体数量翻了一番的多倍体突变体。这在植物中比较常见,多倍体个体通常能够苗壮成长。然而,它们可能并不完美——花朵大小的增加可能并不伴随着花茎强度的增加,由此产生的植物总是需要额外的支持。

△ 植物育种者已经成功地培育出了球状大丽花,它缺乏大丽花物种的花盘小花,形成了近球状的花。

◁ 牡丹郁金香被培育成染色体加倍的更艳丽的植物,适合花园栽培,但以牺牲其生殖部分为代价。

7

种子和果实

　　种子是一个生存舱，使植物能够经得起时间和空间的考验。它由植物胚和包裹在坚硬外壳中的养分供给组成，可能包括 3 个以上的内部成分，使其能够感知环境，并对此做出反应。此外，虽然种子的传播也是由果实控制的，但它可能有外部因素来帮助它离开亲本植物。

　　果实是从子房发育而来的结构，尤其是子房的壁。总而言之，子房是位于心皮基部的区域，心皮是被子植物花的雌性部分。显而易见，在这一大群物种中，种子和果实在大小和结构上有极大的多样性。

　　种子大约在 3.65 亿年前出现，这是地球生命史上最重要的事件之一。然而，在更长的将近 10 倍的时间里，它们并不存在，在大约 1 亿年的时间里，即使是陆地植物也没有果实，并且生存得很好。

在维管植物出现之前，世界是非常单调的，没有五颜六色的花朵，也没有什么多样性。在第一批陆生植物演化之前，世界被生活在海洋和淡水中的简单植物所主宰。这个世界可能看起来像是在炎热的夏季河流里面布满了蓝藻的孢子的景象。

孢子，比如这种近缘走灯藓（*Plagiomnium affine*），含有无数微小的单倍体孢子，这些生存舱使植物能够跨越空间和时间，生存下来。

在种子之前

人 们普遍认为，最早的植物出现在大约 21 亿年前。在此之前发生了"内共生事件"，导致光合蓝藻被另一个细胞吞噬，但没有被消化（见第 145 页）。这两个有机体开始合作，结果形成了一个由蓝藻演化而来的并由叶绿体提供动力的光合作用有机体。这些简单的植物在海洋和淡水湖中生活了 15 亿年，因此完全有可能成为一种植物，并在没有种子的情况下存活下来。然而，每种植物都需要一个生存舱。

移动植物的危险

植物虽然不能移动，但它们存在于世界各地，从海拔 4000 米以上到水下 50 米都有存在。这意味着，虽然它们不能自己移动，但它们可以被移动。对扎根的陆生植物而言，把它们搬离原地是一种痛苦的经历，因为这会剥夺它的水分供应。这些水是许多生命活动所必需的，包括细胞新陈代谢、光合作用以及让植物保持直立的细胞膨压。水生植物的水分供给与陆生植物不同，但同样也有压力。水可能太咸，会从植物中吸取水分，或者如果它是淡水，多余的水可能会进入细胞，营养物质可能会扩散出去。显然，将生命从其存在的媒介中分离出来是一项无处不在、永无止境的活动。当一株植物被移动时，它可能会经历非常不适宜生存的过程。

孢子

水生植物和不产生种子的陆地植物都使用孢子作为它们的生存舱。（种子植物也会产生孢子，但这些孢子不会脱离产生孢子的植株的保护）。孢子是植物生活史上的单细胞阶段。通常，它由细胞分裂产生，其染色体数量减半，因此只有一套基因组。在植物的生活史中，孢子能够长大成为产生精子和卵子的个体，但在它们能够做到这一点之前，必须先有合适的条件。然而，它们对环境造成的小麻烦有着惊人的适应能力，这要归功于一种名为孢粉素的植物纤维防弹衣（见右文方框）。

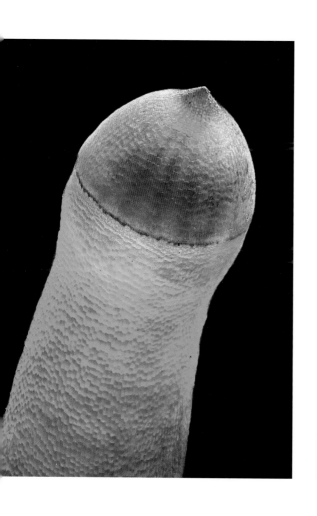

孢粉素

△ 来自各种常见植物的花粉：向日葵、圆叶牵牛（Ip-omoea purpurea）、锦葵状棱葵（Sidalcea malviflora）、金百合（Lilium auratum）、窄叶月见草（Oenthera ruticosa）和蓖麻（Ricinus communis）。图像被放大到 500 倍，所以左下角的豆状花粉粒大约有 50 微米长。

孢粉素最常与花粉粒联系在一起，在花粉壁上用来保护种子植物产生精子的雄配子体。然而，这种物质最初演化出来是为了保护藻类的孢子。关于孢粉素还有很多需要了解的地方，但我们知道它是一种无氮聚合物，由单体通过醚键连接在一起。它的化学惰性和化学稳定性，可以抵抗化学试剂和酶的攻击，这意味着它可以抵御真菌和细菌的感染。它不仅可以承受冰冻，还可以承受高达 300℃ 的高温。人们通过它们所含孢粉蛋白的数量，以及花粉粒和孢子外表面形成的图案来区分不同物种。由于一些孢子和花粉颗粒在 5 亿多年的时间里一直保持不变，因此对其化石的检验在考古调查中非常有用。

最早的种子

◁ 泥盆纪植物 Chaleuria cirrosa 的化石表现出异型孢子, 在叶子上既有小孢子囊, 也有大孢子囊。异型孢子的出现是裸子植物和被子植物种子演化的先决条件。

(达) 尔文提出, 任何有机体所产生的新特征或适应都是为了自身的利益。但他承认, 并不排除这一新特征被其他生物利用的可能性, 对于种子来说也是如此, 现在种子是数千个物种的主要食物来源。种子演化是因为它作为生存舱对陆地植物的生存是有益的, 最初, 它与花和球果等现代结构无关。

缺乏证据

种子的演化过程还不是很清楚。这有几个原因, 其中之一是它发生在很久以前。也许早在 3.86 亿年前, 演化由前胚珠的产生作为起点, 这些前胚珠在多个化石中被发现。然而, 在迄今为止发现的化石中, 没有一种可以连接现存的两类种子植物——裸子植物和被子植物, 这是缺失的一环。目前我们想到的最合理的解释是, 很久以前, 一群目前已灭绝的植物产生了两个谱系, 一个是现在的裸子植物, 另一个是被子植物。我们不清楚这一缺失的一环是什么样子, 但我们确实知道, 其他几类早期种子植物已经灭绝, 不再存在。

▽ 古羊齿属植物的化石标本, 这是一种已灭绝的树状植物, 其叶子类似蕨类, 可追溯到 3.83 亿—3.23 亿年前。

◁ 尽管古羊齿属植物的叶子与蕨类植物的叶子相似, 但它们被认为是已知的最早的乔木之一, 与裸子植物有一些相似之处。

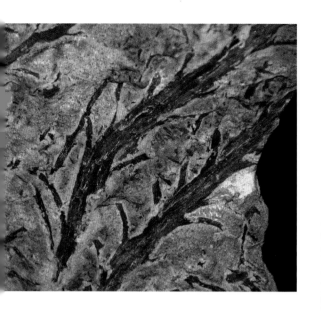

种子是植物的哪个部分演化来的？

要产生种子，需要进行许多突破性的创新。首先，需要两种类型的孢子（异型孢子），以便将产生卵子的雌配子体保留在孢子体中，并释放出较小的产生精子的雄配子体（花粉粒）来寻找雌性。另一项重要的创新是创造一种接受花粉的结构。你可能已经注意到了，这里还没有提到花和球果。这是因为人们普遍认为种子的演化不大可能发生在植物的地上部分，因为这需要同时开发太多新的特征。在有关种子演化的不被认可的理论中，有一种观点认为，种子是从类似蘋属（*Marsilea*）植物这样的水生蕨类的硬皮孢子果演化而来的，这些孢子果可以在泥沼中存活长达 100 年。虽然这些不是第一批原始种子，但它们确实是在正确的地方——土壤表面上演化的。

保护

所有陆生植物都会产生胚胎——因此它们的学名是有胚植物门。正是这一特征将它们与原始的藻类祖先明显区分开来。在所有胚生植物中，胚必须得到能量供给，否则它不能存活。这意味着种子的三个部分中的第二个部分即食物供应已经存在。然而，此时的胚没有受

种子蕨——
一种矛盾的提法

蕨类植物不结种子，但最早的种子植物化石的叶子类似蕨类植物的叶子。有很多这样的例子，它们共同构成了一个演化中不断尝试和受挫的奇怪的并系类群，除了未发现的被子植物和裸子植物共有的祖先外，其他所有的分支都以失败告终。

▽ 虽然蕨类植物不产生种子，但化石记录中的早期种子植物长有类似蕨类的可育叶，在这些叶的背面生有种子和产生花粉的器官。

到保护，除了防止干燥之外什么都不能避免。这需要一种新的结构，即珠被（integument）。裸子植物的珠被有一层组织包裹着雌配子体，被子植物由两层组织组成。珠被上有一个小开口为珠孔，花粉通过珠孔进入雌配子体，进而使卵子授精。在最简单和最原始的情况下，种子本质上就是一种具珠被的雌配子体。

裸子植物的种子

尽 管裸子植物与被子植物都具有种子，但这不能作为同源性的证据。虽然它们也有相同的三个基本部分（种皮、胚和营养储备），但这两类群的成分来源并不一定相同。裸子植物的胚由雌配子体维持，就像蕨类植物一样，这使得它们看起来比被子植物更原始。这导致人们相信，演化是按照从蕨类植物到裸子植物再到被子植物的路线进行的，但现在已知这是不正确的。

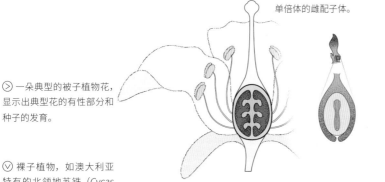

裸子植物种子的营养供给是单倍体的雌配子体。

▷ 一朵典型的被子植物花，显示出典型花的有性部分和种子的发育。

▽ 裸子植物，如澳大利亚特有的北领地苏铁（*Cycas armstrongii*），其种子比现在大多数被子植物的种子都要大得多。

被子植物种子的营养供给是由雌配子体的双核二倍体中央细胞和一个单倍体精子形成的三倍体胚乳提供的。

平均更大

现存裸子植物和被子植物之间的差异反映了它们现在和过去的生物学上的差异。我们可以将这些差异映射到系统发育树上，试图确定它们是由过去还是现在造成的。两组之间的一个明显区别是种子的大小：裸子植物的种子比平均水平大 59 倍，它们的差异不像被子植物的种子那么大。这种差异可以追溯到很久以前，最早的被子植物化石的种子体积为 1 立方毫米，而同时代的裸子植物化石种子的体积为 200 立方毫米。现存最小的裸子植物种子重 0.63 毫克，比最轻的被子植物种子重 10 000 倍。

种子大小的决定因素

裸子植物和被子植物产生种子的方式似乎对种子的大小施加了不同的上限和下限。胚的营养供给方式千差万别，裸子植物在胚形成之前就产生了这种食物供应，这一事实限制了种子的大小。裸子植物种子中珠被的大小、胚的大小和营养供给是相互联系的，而被子植物中的这 3 个部分可以独立发育。令人惊讶的是，当谈到休眠方法时，裸子植物也是多种多样的。种子的大小与有机体的大小和植物基因

⊙ 鳞秕泽米铁（*Zamia fur-furacia*）大而鲜红的肉质种子成熟于裸子植物典型的锥形结构。

从现在推演过去

　　演化是一棵树，不是一条路。今天生活在地球上的有机体都在各自的演化轨迹上，从过去 38 亿年来发生的演化事件中辐射出来。现存的生物都有共同的祖先，但演化树的某些部分缺失了 —— 树枝会死亡，祖先也是如此。人们认为裸子植物都是一个共同祖先的后代，同样，被子植物也拥有共同的祖先。这些共同的祖先本身可能在 3.25 亿年前拥有一个共同的祖先，现在的问题是我们不知道那个共同的祖先是什么样子。然而，没有理由认为裸子植物看起来比被子植物更像它们共同的祖先。虽然人们的认识存在差异，但关于植物演化有几个公认的认知：第一，一群看起来更像今天的裸子植物而不是被子植物的植物统治了世界生态系统 1 亿年；第二，被子植物至少在 1.4 亿年前就与今天的裸子植物祖先背道而驰，甚至可能还要早得多。目前联系这些类群的植物结构大都是猜测和推演的结果。

组的大小之间的关系也被研究过，虽然它们之间的意义尚不清楚，但这里确实存在一些相关性。

小小的起点

　　尽管一棵成熟的巨杉的重量超过 2500 吨，但它的种子只有 6 毫克。这意味着每个微小的种子最终都会长出一株比自身大 4000 亿倍的植物。

1 cm ⊢━━┤

▷ 巨杉是巨杉属中唯一现存的物种，巨杉是世界上最大的树木，也是地球上最古老的生物之一。

⊙ 巨杉体型巨大，但它却是从小球果里结出的种子长出来的，与植物成体相比，球果很小。

裸子植物的肉质球果

"**裸**子植物"一词源于希腊语，意思是"裸露的种子"，因为它们的种子没有被包裹在结构中。这意味着，这近 1000 种裸子植物不会像被子植物那样结出果实（尽管被子植物肉质果实的产生方式多种多样）。然而，在许多裸子植物属中，有些物种产生的球果在普通观察者看来就像一个水果。其中，植物学家甚至以核果命名了日本粗榧（*Cephalotaxus harringtonia* var. *drupacea*），核果是一种单籽的肉质水果。

来源不同，功能一致

许多裸子植物都能结出肉质的"果实"，但这些果实是以不同的方式产生的。例如，欧洲红豆杉种子上的肉质红色假种皮是珠托的突起。假种皮是这棵树唯一无毒的部分——就连种皮也含有一些非常有害的生氰糖苷。与红豆杉不同的是，银杏果实的肉质部分是从种子周围的两层珠被的外层衍生而来的。有时这就是被子植物制造肉质果实的方式，当决定银杏果实发育的基因被鉴定出来后，人们发现其与被子植物的基因是一样的。

◁ 虽然表面上看起来很像被子植物的浆果，红豆杉属植物球果的肉质部分状实际上是由花梗形成的，是植物唯一可食用的部分。

△ 日本粗榧的肉质果实与被子植物的核果非常相似，但仍是由典型裸子植物裸露的种子形成的。

一种古老的策略

拥有肉质果实是陆地植物传播种子的一种古老策略，而且这种策略已经演化了很多次。此外，尽管被子植物被定义为具有封闭心皮的种子，但果实并不是一个完全属于被子植物的新结构。从演化的角度来看，这一点很重要，因为曾经有人提出，被子植物种类繁多的原因之一是它们创造性地使用动物来散播肉质果实。事实显然并非如此。

今天，肉质水果的种子与鸟类和哺乳动物，特别是蝙蝠和灵长类动物联系在一起，但我们现在知道，这些结构远远早于这些动物的出现。还有没有其他动物加入到种子传播中来呢？答案是肯定的，这要归功于一种甲虫的发现，它的嘴里有裸子植物的"果实"，保存在琥珀中，可以追溯到1.45亿—6600万年前的白垩纪时期。根据现代爬行动物通常是食果动物的事实，也有人认为翼龙和恐龙可能帮助具肉质果实的种子植物传播了种子。

⊙ ⊙ 具有肉质"果实"的裸子植物，如银杏，采用与具有相似果实的被子植物相同的种子传播策略。银杏种子在亚洲烹饪中是珍贵的食材。

无法解释的联系

虽然大多数裸子植物会产生干燥的木质球果，但在这一类群里的许多不同物种上都能找到肉质的"果实"。事实证明，几乎所有这些"肉果"裸子植物都是雌雄异株的（在不同的植物上有雄性和雌性生殖器官），而产生木质球果和干燥种子的物种是雌雄同株的。为什么会是这样的情形，原因目前还不得而知。

奇特的裸子植物

（裸）子植物有 12 科 79 属 985 种。相比之下，壳斗科（Fagaceae）只是被子植物 416 科中的一科，包括 7 属 970 种。注意不要过度解读这些数字，但裸子植物是一个非常多样化的群体，几乎可以说是朵朵奇葩。裸子植物的多样性肯定比壳斗科更高，但两者的物种数量几乎相同。因此，像裸子植物这样的类群很有诱惑力，人们对它进行了深入的研究。在试图解释被子植物起源之谜时，了解物种之间的差异很有帮助。

买麻藤纲

对于一群似乎无视分类原理的植物来说，拥有一个难以发音的名字不足为奇。买麻藤纲由 3 个属组成，每个属都属于自己的科，显然它们各具鲜明的特点。百岁兰属仅包括一种，发现于纳米布沙漠。这种植物可以存活超过 1500 年，因此可以在繁殖力较低的情况下幸免于难。雌球果中的胚珠有两层珠被，外层后来发育成帮助种子散布的翅膀。麻黄属大约有 40 种，虽然它们之间有一些明显的差异，但它们的胚珠都有两层珠被和若干苞片，其外层可能是肉质的或干燥的，有翅。该类群中的第 3 个属，买麻藤属约有 30 种。它们的胚珠有 3 层珠被，最里面的一层延伸到一根管子里"捕捉"花粉，中层变硬，外层保持肉质。买麻藤和麻黄都表现出了双受精现象，这是被子植物的一个特征。但第二次受精的结果要么是产生一个胚胎，要么是不发育。

▽ 百岁兰，是一种非常坚韧的植物，在纳米布沙漠中可以生存超过 1500 年。

△ 麻黄属植物格外不同寻常，不仅因为它们具有肉质的果实，还因为它们表现出的双受精现象。

松散的关系

当演化生物学家研究过去时，他们寻找物种之间的关系，并试图用选择上的优势来解释特征。有时这被称为适应性（adaptiveness）。当涉及植物和动物之间的关系时，这些关系可能比一些研究人员预期的要松散得多，这使得生物学看起来并不精确。事实并非如此，相反，这只是自然界的另一个需要解释的特征。对于生物系统中的这种所谓的回旋空间，有几种可能的解释：

· 历史因素和系统发育制约着它们的分布和形态

· 植物和动物很少以相同的速度演化，因为它们受到不同的选择压力

· 植物物种的半衰期往往比动物物种长，因为植物的表型可塑性水平较高

· 以前没有相互作用的生物可能会产生相互影响

· 选择性压力发生随机变化

· 相互作用的动植物物种的分布并不完全吻合

⌄ 刺叶非洲铁有巨大的橄榄球大小的球果，但与许多其他裸子植物不同的是，球果里面含有的种子是肉质的。

⌄ 买麻藤属植物是具有双受精现象的两个裸子植物属之一，这原本是被子植物的一个特征。

银杏和苏铁

银杏这个种自己独占了演化上的一支，也多次出现在了本书的其他地方。和银杏一样，苏铁经常被描绘成活化石，但最近的研究表明，该目中现存的大约100个物种实际上只有不到1000万年的历史。虽然血统本身是古老的，但这些物种显然仍在不断发生演化，形成新的物种。这是一个明显的例子，说明了无处不在的事实，即无论血统有多老，物种本身都要年轻得多。前文提到的奇特植物中，苏铁是最容易辨认的裸子植物，因为它们的球花格外瞩目。但仔细观察，你会发现它们的种子通常会有一层海绵状的肉质外层。

◁ 木瓜（*Carica papaya*）在大多数热带国家都有种植，因为它甜而多肉，该水果富含维生素 C。

◁ 虽然它们看起来和其他水果一样，但我们在商店里买的香蕉是单性结实的，或者说是无核的。

果实的起源

目前尚不清楚被子植物的果实是如何演化而来的，因为根据化石记录，作为果实发源地的心皮大约在 1.4 亿年前突然出现。拥有心皮似乎有好处，因为大多数陆生植物（就物种数量和生物量而言）都有心皮。果实的定义是：成熟的子房和任何其他附着在子房上并与之一起成熟的结构；这里的"任何其他结构"意味着果实可以非常多样化，并且适应性强。

◁ 蔬菜还是水果？虽然西红柿在商店里作为蔬菜出售，但实际上西红柿是含有大量种子的肉质浆果。

演化与发育

能够回答诸如果实起源等问题的研究领域被称为演化发育学（EVO-DEVO），这是演化（evolution）和发育（development）的简写。这项研究的理论基础认为，演化关系可能隐藏在控制器官发育的基因中，这些器官现在看起来非常不同，但拥有共同的祖先。这种方法主要用来分析和比较陆地植物主要类群的生殖和发育。虽然它为果实的演化提供了一些线索，但遗憾的是并没有给出最终解释。目前最新的

研究成果主要是以雄性生殖器官为主的理论，该理论认为雌性生殖部分与祖先种子植物的雄性球果融合在一起，形成了以心皮为中心的两性花的原型。

△ 酸角树（*Tamarindus indica*）产生的种子没有肉质外壳，因此它们很少投入能量以促进动物帮助种子传播，其种子传播主要依赖重力。

什么是果实？

我们可能对果实的演化起源一无所知，但正如我们上面看到的，果实是可以被定义的。果实是成熟的子房，但它们只是心皮的最后阶段和功能。成熟前，子房保护胚珠，胚珠发育成种子。当种子成熟并准备释放到外界时，子房可以做出若干选择。最简单的事情就是干燥并开裂，这样种子就会直接脱落。或者，成熟的子房可以发育成其他有利于种子及其基因的结构，包括提供保护或散播的便利。多达80%

▷ 栎属植物是另一个主要依靠重力传播果实的类群，但它们的果实对于松鼠有着不可抗拒的诱惑，因此可以依靠松鼠把种子带到远离母体植物的地方。

的物种选择了第一种方式，直接释放它们的种子，不分配任何资源帮助传播。例如从橡树上掉下来的橡子，或者从毛地黄干燥的果实上掉下来的种子。

复杂混乱的名称

果实往往有两种基本类型：干果和肉果。尽管干果占被子植物果实的大多数，但经常被忽视。最熟悉的干果代表就是坚果，这就引起了植物学中的一个更引人深思的问题：精确的植物学术语已经变成了俗语。例如西红柿是作为蔬菜出售的，但从植物学的角度来看，它是果实；豆科植物的果实被称为荚果（legume），但在法语中"légume"的意思是"蔬菜"，蔬果贩子肯定会把四季豆归类为蔬菜！这显然给学生的学习过程带来混乱，一些植物学家认为，这些混乱的名称导致了学生对植物学兴趣的下降。

种子的大小

种 子的重量从 0.3 微克到 18 千克不等，换句话说，最大的种子比最小的种子重 600 亿倍。种子的大小也不同，长度从 0.18 毫米到 500 毫米不等，相差近 3000 倍。可以肯定的是，这些极端情况是由非常不同的植物产生的，它们生活在非常不同的地方，具有不同的环境选择压力和条件，但所有种子的功能都是相同的：长成另一株产种子的植物。

妥协，权衡和资源分配

种子的生产成本很高。首先，这种植物必须在花卉生产上投入大量的能量，甚至可能不得不以花蜜的形式牺牲能量来获取授粉者的服务。一旦花中的卵子受精，胚就可以发育并分化出胚芽和胚根。胚中的食物要么储存在子叶中，要么储存在双受精产生的胚乳中。显然，每粒种子的大小和产生种子的数量之间都存在联系，这通常是一种相反的关系：产生的种子数量越多，它们就越小。天鹅兰（*Cycnoches ventricosum*）一年产生的种子最多，大约 400 万粒，而海椰子（*Lodoicea maldivica*）每年最多只能产生几粒种子。这与鸟类在产卵数量和为每只雏鸟提供亲代养育方面的情况没有什么

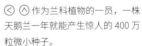 ⊘ ⋀ 作为兰科植物的一员，一株天鹅兰一年就能产生惊人的 400 万粒微小种子。

▷ 简化的种子胚的示意图，显示发育中的根和芽及滋养它们的子叶。

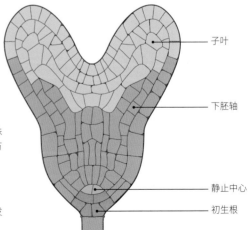

子叶

下胚轴

静止中心

初生根

们发现了种子重量的差异可达 5 倍，而来自世界各地的 5 个截然不同的种群种子重量范围非常相近。种子发育过程中的环境条件似乎会影响种子的大小，较高的温度往往会导致种子变小，花在植株上的位置也会对种子的大小产生影响。因此，种子大小很难解释或预测，也许这就是关键所在。也许，一种植物在同一年产生不同大小的种子，以及在不同条件下产生不同大小的种子才是最好的策略，因为小种子和大种子有着各自不同的优势和制约因素。在一个变幻莫测的世界里，各种各样大小的种子才是最好的。

◁ 海椰子投入大量精力生产其巨大的种子（在植物界是最大的），以至于一株植物一年只能结几粒种子，而且每颗都需要长达七年才能发育成熟。

不同。在植物中，较大的种子代表了亲代更多的投资。

种子大小，生境和生活史

种子的大小千差万别，搞清楚此中奥秘一直是植物生物学中最棘手的问题之一。我们仍然无法发现控制种子大小的普遍规律，尽管在特定情况下存在一些诱人的强大关联。比如在英国，种子大小的变化与耐阴性有关。有趣的是，每向赤道移动 23°，种子的平均重量就会增加一个数量级（×10）。与此相反的事实是，在一个澳大利亚银色佛塔树（*Banksia marginate*）种群中，人

▽ 一株植物产生的种子并不总是大小一致的，这些大小的差异可能会给萌发的种子带来不同的优势和劣势。银色佛塔树的种子在同一个居群内表现出 5 倍的变异。

论成功

种子是裸子植物和被子植物如此成功的特征之一，但这仅仅是基于现存物种的数量。什么是生物学上的成功，演化生物学家进行了长期而艰难的争论。在某种程度上，仅仅熬过一天而不被吃掉就是成功。衡量成功的一个更好的长期标准是终生生殖成功，也被称为"适合度"（fitness）。这意味着每个人都应该留下至少一个后代才能被认为是成功的，你留下的后代越多，那么在生物学上就越成功。

兰花种子

兰花的种子很奇特，这在某种程度上是一种概括性说法，因为兰科是植物界中最大的一科，多达 2.5 万种兰科植物分布在除了沙漠和沉水环境外的各个生境里。这类植物在地球上已经存在至少 7500 万年了，它们的奇特之处是多方面的。首先，它的种子很小，缺少碳水化合物储存，并且有且只有一层细胞厚的种皮。其次，胚发育成原球茎，而不是幼苗。最后，兰花与真菌结成了亲密的、有时也不稳定的联盟。

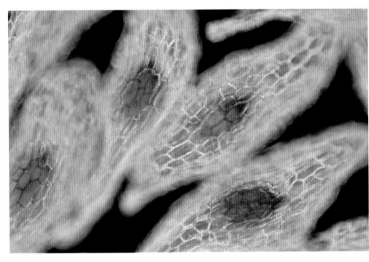

⌄ 瓦氏卡特兰（*Cattleya walkeriana*）的果实含有数以千计的微小种子，由于它们的重量轻，这些种子非常适合被风吹散到很远的地方。

⌄ 在显微镜下观察，透过包裹在外的仅一层细胞厚的纸质种皮，这种欧洲陆生兰花的微小种子清晰可见。

为何小对兰花有利

兰花的种子大小为 0.1～3.85 毫米，但大多数都接近这个范围的低端，种子最大的是杂交种，这也是杂交优势的结果（见第 271 页）。兰花最初是陆生植物，但许多现存物种都是生长在热带树枝上的附生植物。这些植物不会从被附生的植物身上取走任何东西，所以它们不是寄生植物，而是单纯的租客。然而，它们与槲寄生等寄生植物有一个共同的问题，那就是如何爬到树冠上。大多数槲寄生通过鸟来传播种子（见第 303 页的方框），但兰花靠的是风。粉尘状的兰花种子中也含有大量空气，很容易被吹到树枝上。在 1883 年火山喷发后，在印度尼西亚喀拉喀托群岛重新殖民的第一批植物中有 4 种兰花，它们的种子至少被风吹远了

400 千米才能到达这里。风是一种非常有效的传播媒介，种子越小，传播的距离就越远。

为何小对兰花有害

兰花的种子为了变得这么小，已经做出了几次牺牲。首先，它们的胚很小，没有分化，所以在它们长出第一片光合作用的叶子之前，它们必须多费一番工夫。其次，种子中为胚胎的生长和发育提供的营养供应很少。最后，保护它们的不是厚厚的外套，而是一层纸质的保护层，它只有一层细胞那么厚，防水性能几乎和一张纸一样。从好的方面来说，这些种子对动物来说并不是一顿诱人的大餐，但如果胚要成长为可以开花的成熟个体，进而产生更多种子，这些重大缺陷仍然需要解决。

再一次走错了路

兰花种子看起来像灰尘，但它们的花粉通常会粘在一起，形成面包屑大小的团块。这与大多数植物的情况相反，在大多数植物中，花粉像灰尘一样，而种子大得多。兰花搞错演化方向的另一个例子是形成原球茎（protocorm）。球茎一般是一种短且坚固的垂直生长的地下茎，周围环绕着薄薄的纸质叶子，而原球茎是兰花贮藏器官发育的第一阶段。一般的球茎通常在种子萌发几个月或几年后产生，当植物进行活跃的光合作用一段时间后，球茎就成了贮藏器官。然而，兰花的原球茎是胚胎产生的第一个结构。它的直径通常仅为1毫米，一开始不分顶部或底部，但它通常会有一些根状突起来帮助吸收水分。在形成原球茎后，新植株通常会停止生长，因为储存在胚胎细胞中的微不足道的能量已经用完了。原球茎在这一阶段可能会进入休眠状态，等待一个信号，比如经历一段时间的低温刺激，告诉它是时候生长了，然后再次生长。

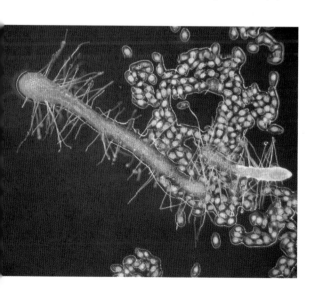

◇ 兰花种子萌发时发育出的微小原球茎依赖于菌根与真菌的密切关系。正在生长的原球茎很快就会耗尽种子中的微量营养储备，必须依靠它的真菌伙伴获得营养，这种关系被称为真菌异质营养（mycoheterotrophy）。

兰花和真菌

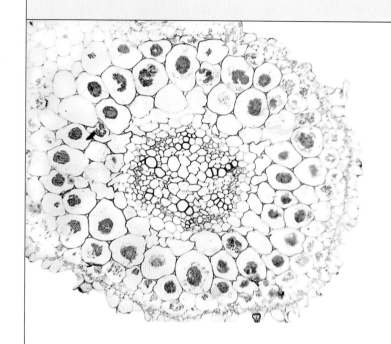

△ 真菌营养关系依赖于兰花根系和真菌菌丝之间的紧密共生关系。不同种类兰花与真菌的依存度差异很大。

大多数植物的根部周围都生长着一种真菌。这种共生关系包括真菌促进养分吸收，以换取植物光合作用的某些产物。当真菌生长在根部周围和根部细胞之间，但菌丝不能穿透细胞膜时，它被称为外生菌根。当与植物共生的真菌确实穿透其细胞膜时，它就是一种内生菌根。兰花与真菌形成内生菌根关系，真菌有效地感染兰花，兰花反击，消化真菌。这场冲突的结果会是两种结果中的任何一种。胚的感染是否会刺激萌发尚不清楚，有时直到有了原球茎才会发生感染。兰花有25 000种，与真菌的关系有许多不同的变化。

种子的贮藏组织

如 前所述，种子有三个基本组成部分，使它们能够发挥植物生存舱的作用：胚，它将长成幼苗；种皮，它在其生长中保护胚胎；食物和资源，它们在种子萌发后最初几天，在幼苗的根和叶完全发挥作用之前，为之提供的食物和资源。每种种子的贮藏组织在位置和组成上都不一样。

变小的优势

种子的大小千差万别，似乎没有完美的大小；每种大小都有其缺点和优点。小种子的优点之一是可以很快吸收水分。由此得出的推论是，表面积与体积比明显较小的大种子可能会出现水合问题，影响发芽。椰子是最大的种子之一，携带有自己的水源。

贮藏组织的来源

在上千种裸子植物中，种子中储存的营养物质由负责支持颈卵器的组织组成。这意味着胚乳里的细胞只有一组染色体。被子植物大约有 361 000 种，营养要么储存在子叶中，要么在胚乳中。胚乳通常有三组染色体，这是被子植物的一项创新，可能这就是帮助它们占据地球上主导地位的部分原因。除了两种贮藏组织的基因差异很大外，裸子植物种子在有胚可供给养分之前就会制造贮藏物，而被子植物则要等到卵子成功受精后才会制造贮藏物。裸子植物的种子通常较大，再加上营养贮藏的武断生产，使得这类植物比被子植物贮藏效率更低，浪费更多。

⊙ 由于椰子的表面积体积比很小，如果不是因为每个果实中储存的水分，它的大种子在萌发过程中可能会面临不能自我水合的风险。

许多种子，如豌豆的种子，富含蛋白质、脂肪或碳水化合物等物质。人类在农业中利用这一点，将它们作为粮食作物种植。

饥饿的幼苗

世界上最大的椰子是海椰子，是塞舌尔普拉斯林岛特有的植物，与它唯一的亲戚不同，它的种子内不含液体。然而，它确实含有多达10千克的营养物质。大量的营养储备使发育中的幼苗能够生长在距离种子掉落的母树10米以外的地方。这种独特的传播形式之所以可行，只是因为普拉斯林岛上没有能够吃掉种子的动物。在野外，一棵雌树在其整个生命周期中，平均每年可能只产生一粒成熟的种子。

海椰子的幼苗储备充足，萌发的胚胎往往要向外侧伸出数米之后才会转而向下生长，寻找水分。

植物种子的口粮

种子内储存的营养物质有许多分子形式和组合。主要成分要么是碳水化合物（例如淀粉），要么是蛋白质（在这种情况下，种子和幼苗有更多的氮和硫供应）或脂肪（三者中能量最丰富的）。脂肪的另一个特性是，同样的卡路里供应下它们更轻，这使得它们适合风散的种子或幼苗需要快速生长的物种的种子。豆科植物以其富含蛋白质的种子而闻名，通常为豆球蛋白。出乎意料且令人费解的是，裸子植物中血统孤立且古老的银杏也使用了同样的分子。对种子矿物质含量的分析表明，这些元素的比例与幼苗的需要几乎没有关系，因此幼苗必须尽快实现自给自足。氮最有可能首先耗尽，然后是钙。

种子和动物

种子的演化并不是为了给动物提供食物，但包括人类在内的许多动物都是依赖于它们获得生存所需的大部分卡路里。除了兰花以外，大多数种子含有胚所需的食物。这些营养物质主要以碳水化合物或脂肪的形式存在，可以为任何有机体提供能量。许多园丁会在秋天看到雀鸟在他们的花园里吃植物的种子。一般说来，被动物吃掉是个坏消息，然而植物已经解决了这个问题，在某些情况下甚至把这个问题变成了自己的一种优势。

最早吃种子的动物

第一批种子是在地面上产生的，这是一个合理的现象。大多数植物产生种子的事实表明，从演化的角度来看，这是非常稳定的策略。然而，在第一种种子植物出现后的某个时候，路过的动物一定是试探性地啃了一口种子，发现它很有营养，种子无法逃跑或反击，它只能接受自己的命运。显然，植物必须应对和适应这种新的威胁。这种回应也确实采取了几种形式。

◇雄性燕雀（*Fringilla montifringilla*）吃掉了山毛榉一年产出的大部分种子（右）。

数字游戏

一种植物的密度和以该植物为食的食草动物的密度之间的关系显然是动态的。例如，如果食草动物的数量增加得太多，植物的数量可能会下降，直到不再足以养活动物，它们的数量就会崩溃。通过产生大量种子，植物数量可以增加到可以接受的水平，因为一些种子很可能可以避免被吃掉。进一步增加幸存概率的一种方法是大幅改变每年产出的种子数量。这种情况多见于如欧洲山毛榉（*Fagus sylvatica*）这类乔木中。在大多数年份，该物种的种子死亡率都很高。但在风调雨顺的一年里，种子的产量会极大增加，以至于以种子为食的食草动物不可能吃掉所有的种子。

不稳定的关系

在众多动物和种子之间的关系研究中，产自北美的克拉克星鸦（*Nucifraga columbiana*）与当地松树之间的关系被研究得特别清楚，特别是与北美乔松（*Pinus strobus*）及其近亲之间的关系。这种鸟有一个舌下囊袋，里面可以储存几十颗松子，但它一次只能把几粒种子埋在它的储藏地。幸运的是，这种鸟有非凡的记忆力和导航技能，所以它可以找到足够多的种子来养活自己过冬。而对这棵树来说，幸运之处在于这种鸟无法找到所有藏种子的地方。这并不令人惊讶，因为一只克拉克星鸦一年可能埋下 46 000 到 98 000 颗种子。如果这种密切关系中的一个物种走向衰落，另一个物种就会受到影响。

△ 克拉克星鸦是鸦科的一员，它用匕首状的嘴从球果中取出种子，暂时储存在舌头下的一个袋子里，然后囤积起来过冬。

▽ 巴西坚果树依靠分散囤积的啮齿动物锋利的牙齿和健忘的天性来传播种子，繁衍生存。

播种

动物传播种子的方式有很多种，但从植物的角度来看，最好的方式之一是种子不仅要与"父母"保持一段安全的距离，而且还要播种。分散囤积是一种有据可查的现象，通常由脊椎动物完成，而不是像蚂蚁这样有永久巢穴的小动物。在南美洲，啮齿动物会啃掉巴西坚果树（*Bertholletia excelsa*）的种子，然后把它们埋起来，以确保其食物的安全。对树木来说幸运的是，啮齿动物并不能找到每一粒被埋下的种子。

保护种子

种子只有在自身健壮的情况下才能发挥其生存舱的功能。胚面临的威胁分为两大类：一类是来自环境的威胁，如火，被称为非生物胁迫；另一类是来自其他生物的威胁，最常见的就是被动物吃掉，被称为生物胁迫。

⊙ 生长缓慢的龙舌兰需要很长时间才能开花结果。

▷ 相思子（*Abrus precatorius*）是豆科植物中的一员，含有剧毒的生物碱，潜在的食草动物将种子的红黑颜色与毒性联系在一起，因此不会啃食它们。

非生物胁迫

对于任何植物来说，在其生命的任何阶段，天气都可能是一个问题。干旱、洪水、霜冻、高温和火灾都会阻碍植物生长，甚至杀死植物。含有种子的果实形成过程中的困难条件可能会威胁到植物的繁殖力，对于只结一次果的植物来说，这是一个重大的问题。这些物种积累的资源完全用于一生只有一次的最终繁殖，而完成这一任务所需的时间因植物的栖息地和大小而异。对于毛茸茸的碎米荠（*Cardamine hirsuta*）这样的小草本来说，可能只需要几周的时间，但对于一些体型较大、生长较慢的植物，如龙舌兰，可能需要很多年的时间。一般说来，一次结实物种将投入更高比例的生物量培育它们的胚。例如，一年生草本植物可能会将其生物量的50%用于培育种子，而在多年生草本植物中，这一数字可能低至10%。

◁ 一些植物，例如毛茸茸的碎米荠，可以在几周内完成生命周期，从而在一年内完成许多世代。

让食草动物望而却步

与地球上的其他父母一样，植物也试图让其后代有一个最好的生命开端，并让孩子们为未来的威胁做好准备，其中一些威胁来自其他有机体。种子对动物来说是一种奇妙的资源，富含碳水化合物、脂肪、蛋白质和矿物质，因此让动物不吃种子是一种重要的生存策略。植物使出的一招是让它们的种子变得非常显眼，展示其毒性，希望动物们把这种颜色与毒性联系起来。也就是说，如果动物真的死了，种子将在腐烂的尸体处生长，这可能会给幼苗提供更多营养。一些世界上最臭名昭著的毒素，包括蓖麻毒素和毒芹碱，都存在于种子中。对于植物来说，合成这些分子的成本很高，因此我们可以合理地假设它们对生存有好处。

一件好"外套"的好处

给种子提供化学保护是一种生存策略，但预防胜过报复。这就是种皮大显身手的舞台了。这层外皮有几种功能，其中之一无疑是保护胚胎免受鸟类和其他食草动物肠道中酶的影响。值得注意的是，对于吃种子的鸟类来说，这一任务并不艰巨，因为许多鸟类的肠道环境并不像哺乳动物那样恶劣。种皮的另一个功能是维持生理休眠，它只能被特定的条件破坏，

而不是被其他因素随机破坏或微生物攻击。此外，种皮在物理上保护胚胎不受环境的影响，它可以过滤掉某些波长的光，并能调节水分的进出。在干旱条件下生长的亲本植物将产生种皮更厚的种子。也有明确的证据表明，在一些种子中，种皮含有具有抗真菌特性的化学物质，偶尔还含有抗生素。欧防风（*Pastinaca sativa*）就是一个例子，研究表明，抗生素水平的增加大大减少了种子生产的资源分配。

△ 欧防风的种子在它们的种皮上包裹着抗生素，但这是以牺牲种子中的营养贮藏为代价的。

▽ ◁ 蓖麻（*Ricinus communis*）是致命的蓖麻毒素的来源。1978 年，蓖麻毒素被用来暗杀了保加利亚持不同政见者格奥尔基·马尔科夫（Georgi Markov）。这种毒素仅仅一点就足以将人置于死地。

◁ 花旗松的种子有一个翅膀，可以减缓它们降落到地面的速度，使它们能够被风吹到离它们的母株更远的地方。

防止萌发

当 一粒种子从植物中被释放出来时，它很有希望落在适合它自己的土壤里，那里有着合适的温度和湿度。种子应该会在一个月内发芽并长成健康的幼苗。如果它在合适的条件下没有发芽，有两种可能的解释。首先，胚可能已经死亡，或者从一开始就从未发育过（后者在园林栽培下的针叶树中普遍存在）。第二，种子可能处于休眠状态，在休眠被打破之前不会萌发。

休眠的好处

休眠存在于许多（尽管不是全部）植物物种中。休眠已经演化了几次，因此人们认为在某些情况下它对植物的生存来说是有价值的。然而，它确实带来了一定程度的风险，因为种子在周围环境中停留的时间越长，动物吃掉它

◁ 园艺中常见的做法是将种子放在纸袋里晾干，以促进休眠。

们的可能性就越大。休眠的演化有很多潜在的原因，休眠也是传播的一种形式，只是这种传播的维度体现在时间上而不是空间上。通过优化种子萌发的时间，帮助幼苗等待存活的最佳条件，可以提高在不可预测和可预测环境中的生存能力。这包括避免寒冷、炎热、潮湿或干燥的条件，或避免被捕食。休眠也可以是防止跨代际繁殖的一种方式，一种鼓励遗传多样性的策略。生境条件和生活史对策都对休眠都有着重要影响。

休眠类型

休眠类型通常分为内源性休眠和外源性休眠。在内源性休眠中，胚胎中的某些物质造成了这种状态，而在外源性休眠中，种子或果实的任何其他部分都可以阻止萌发。外源性休眠可能是物理休眠、化学休眠或机械休眠，而

内源性休眠可以是生理休眠、形态休眠或形态
生理休眠。一些研究人员还将化学休眠和机械
休眠与其他生理类别结合在一起，创造了一
种新的休眠类型，这是物理和生理因素的组
合。无论使用哪种分类方式，事实是实现休眠
的方法不止一种，没有一种方式适用于所有情
况。例如，当火是栖息地生态的常规组成部分
时，物理和生理相结合的休眠可能是最好的策
略，就像产自北美的红茎美洲茶（*Ceanothus
sanguineus*）所体现的那样。

◁ 秋葵（*Hibiscus esculen-tus*）的干燥种子比留在湿
润果实里的种子存活时间要
长得多。

◇ 红茎美洲茶通过采用物
理休眠和生理休眠结合的方
式，提高其在火灾频发的栖
息地中的生存机会。

不是休眠，而是等待

　　农民和园丁通常将种子储存在黑暗、干燥、
寒冷且动物找不到的地方以备来年使用。在这些
条件下，种子不会发芽。它们可能已经死亡或处
于休眠状态，但也可能只是处于静止状态。静止
的种子是一种不会发芽的种子，因为它没有吸收
足够的水分，它的生物化学过程也没有处于合适
的温度。如果种子干燥到其新鲜状态下质量的
5%，并储存在 −20℃ 的温度下，它可能会在这种
静止状态下存活很长一段时间。这是种子库中用
于植物保护的最重要的方式（见第 352 页）。

刺激发芽

农民、园丁和保护生物学家都需要知道如何让种子长成茁壮的植物。这涉及打破种子的休眠，为此，需要对植物进行身份鉴定，至少是在科的层面上，最好是在属或种的层面上。判断不熟悉物种的休眠类型的重要因素包括：胚胎发育良好或分化程度如何，胚胎是否在萌发前生长，果实或种皮对水分的不渗透性，以及新芽和根是否同时出现，或者根是否明显先于新芽出现。

打破物理休眠

这可能是最容易破解的休眠类型，因为这种方式只需要破坏坚硬的木质珠被细胞层，这些细胞充满了木质素和角质，或者蜡和其他脂质。使用这种休眠方式的典型类群是豆科，聪明的蔬菜种植者知道，播种前将豆子或豌豆种子在温水中浸泡 24 小时有助于软化种皮。该科的一些热带木本成员的种子很大，可以用锤子仔细敲碎。

打破生理休眠

在一些种子中，发芽没有物理障碍，而是存在一种生理抑制剂。其可能是一种化学物质，可以阻止胚胎细胞分裂，从而阻止根的出现，例如植物激素脱落酸（ABA）。打破生理休眠的一种常见方式是通过一段时期的温暖或寒冷天气，或两者兼而有之的时期，称为层积处理。欧洲白蜡树（*Fraxinus excelsior*）和欧亚槭（*Acer pseudoplantsanus*）的种子含有抑制剂，只需要清洗或滤出抑制剂即可。有时，一

◇ 豆科的许多成员都有厚厚而坚硬的种皮，如菜豆（*Phaseolus* spp.），必须在萌发开始之前把它弄破。

▷ 白蜡树的种子含有抑制剂，在萌发开始之前必须将其洗净。

寄生植物和形态生理休眠

形态生理休眠是一种形态和生理相结合的休眠方式，存在于列当科（Orobanchaceae）的许多植物中，它们都是寄生植物。要打破寄生植物种子的休眠状态，必须有良好的条件，在此期间胚胎完成发育，再加上寄主植物的化学刺激来触发种子萌发。

◇ 寄生植物列当展示了两种休眠类型的结合：生理休眠和形态休眠。

◇ 只有当这两种休眠都被打破，且环境条件适宜时，列当种子才会发芽。

段时间的寒冷会导致果实某一层的分子发生变化，这就促进了根的出现。这一点在蔷薇科的成员中尤为明显。

打破形态休眠

形态休眠是指胚胎未分化或已分化，但在植物释放种子时未发育的情况。要打破这种休眠状态，胚胎必须具备继续分化和发育的正确条件。这意味着在合适的温度和合适的光照条件下，必须有潮湿的底物，可以是黑暗的（埋在土中），也可以是明亮的（没有其他植物的遮挡）。

打破组合休眠

为了克服组合休眠，首先必须打破水分进入种子的不可逾越的障碍，然后通过低温去除抑制物等生理障碍，或是胚必须在高温下继续发育成熟。这就是生物学，没有什么是简单的，这两种类型的休眠被打破的顺序在不同的物种之间是不同的。

种子和火

植物大约在 4.7 亿年前从潮湿的环境中诞生，数百万年间它们的湿润程度足以抵抗火烧。然而，一旦它们变得木质化并长成树木，就含有了足够的可燃材料，足以点燃一场像样的大火。我们有理由认为，任何能够让植物在火灾中幸存下来的创新都是自然选择的结果。这些创新包括保护种子。

巨杉能够通过保护木质球果中的种子在火中幸存下来。一旦火烧过后，球果就会打开，把种子释放到刚准备好的富含养分的土壤中。

在哪里保护种子？

有两个地方可以让种子在火中存活。首先，土壤是一个显而易见的地方。种子在土壤中存活的深度取决于火的温度，50 毫米往往是一个保险的深度。其次，植物可以把种子"藏"在树冠内的球果里。这样的木质球果在裸子植物和被子植物中都演化了好几次。松属植物是种子在例如火这样的环境条件刺激下从球果中释放的最著名的例子，但澳大利亚人对于佛塔树的果实也很熟悉。

无烟不发芽

种子通常是通过简单地落入土壤的裂缝中来隐藏的，但许多种子也会被蚂蚁埋在它们的巢穴中。这类种子通常有一种被称为油质体的脂肪体附着其上，其中含有一种对蚂蚁来说不可抗拒的化学物质。不管种子的埋藏方式是什么，研究人员都在探索它们火灾后发芽的原因。虽然高温是第一个也是明显的可疑因素，但已有研究表明，在许多情况下，是烟雾引发了种子萌发，特别是烟雾中的化学物质丁烯内酯。因此在一场丛林大火之后，人们发现地面上长满树苗是很常见的。

适当的火烧

关于野火的不确定因素很多，每一次都会有所不同。一年中火灾发生的时间和过火面积的大小是其中两个，但主要的变量是火烧的强度，这本身是由植物类型（即燃料的热值）和自上次火灾以来的时间长度（即土壤表面的燃料量）等因素决定的。火灾强度是温度和火焰熄灭前在一个地方停留的时间的组合，对植物来说至关重要。如果火势太大，地里的种子就会因为太热而无法存活。当大火的热量融化了封闭球果鳞片的蜡时，保存在树冠内球果中的种子就会释放出来，但如果火势太大，火焰就会蔓延到树冠，球果及种子就会被烧掉。

◁ 在澳大利亚，丛林大火的热度会让佛塔树的果实在大火过去后开裂释放种子。

▷ 一场森林大火之后，储存在土壤种子库中的种子在烟雾中产生的化学物质的催化下集体发芽。

果实和动物

像 花一样，果实是被子植物的一个重要特征。心皮基部的子房包围着胚珠，并将其隔离，保护它们不受环境的影响。与植物的其他部分一样，果实也可以食用，但似乎有些植物——特别是热带木本植物——会不遗余力地吸引食草动物，而有些植物则相反，因为它们的果实有毒。这种形式的果实对植物肯定有一些好处，因为它们通常含有富含能量的碳水化合物，需要投入资源。

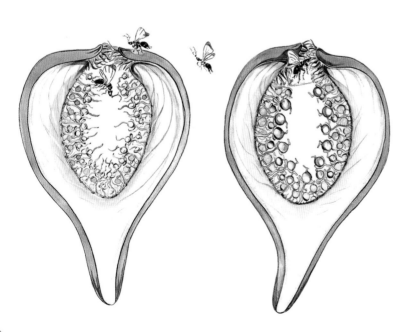

∧ 太平鸟（*Bombycilla garrulus*）依靠许多植物的肉质果实过冬，这样就会把种子带离母体植物。

扩散综合征

对肉质果实演化最常见的解释是，果实的特性与种子的散布有关，就像花的特性与授粉有关一样。在授粉过程中，传粉者和花朵之间的关系通常是可以预测的，以至于有明确的授粉综合征（见第 240 页）。然而，尽管在过去的 100 年里人们做出了各种各样的努力，但还没有人提出一套可与之相媲美的种子扩散综合征。例如，带有大量甜蜜的管状红花通常是由鸟类授粉的，但味道甜美、鲜艳的红色水果则不是由鸟类独享。似乎不同动物和不同果实之间的关系并不是严格对应。相比于授粉和食草作用的深入研究，果树和种子传播的研究相对落后。

并不全关于散布

有些传粉者和植物的关系涉及果实和花的其他成分。榕小蜂能够在雌性无花果的某些子房中产卵，这是因为附着在这些子房上的花柱足够短，产卵器可以到达它们（见第 259 页）。花柱长的花不是供寄生的，而是供授粉的。丝兰的花也同样被丝兰蛾的产卵雌蛾寄生（见第 259 页），蛾似乎受到一些限制，因为它们只在少数胚珠中产卵。这意味着将产生一些可存活的种子来延续寄主植物的谱系。

∢ 榕属雌花的子房长度的不一致，意味着有些是用于被寄生的，有些是通过访花的榕小蜂授粉的。

黏糊糊的组织

全世界大约有700种槲寄生植物，分属于3个亲缘关系密切的科，它们都是木本植物的寄生植物。它们的大多数物种都会结出供鸟类食用的肉质果实，但无论是果实还是种子都不寻常。这些种子没有种皮，而是包裹在一种叫作槲寄生素的黏糊糊的组织中。槲寄生素是半透明的。在某些情况下，在找到新寄主之前，槲寄生种子会进行光合作用。一般来说，槲鸫（*Turdus visciorus*）会食用白果槲寄生（*Viscum album*）的果实。虽然槲寄生素可以阻止一些鸟类吃掉种子，但槲鸫却不受其扰。然而，槲寄生素含有一种强大的泻药，确保未包衣的种子不会在肠道内停留足够长的时间而被消化掉。槲寄生素还能透过肠道继续留存下来，并帮助排泄出来的种子粘在新的枝条上完成从母体植物上传播的大业。

近年来，英国温暖的冬季吸引了来自德国的黑顶林莺（*Sylvia atricapilla*）。黑顶林莺比槲鸫小，不能把槲寄生果实整个吞下，因此槲寄生素会粘在嘴上。在擦掉果实的过程中，黑顶林莺比槲鸫更有效地将种子播撒在树皮缝隙中。因此，气候变化间接导致了英国白果槲寄生的增加，从而扭转了它们数十年来的下降趋势。事实上，黑顶林莺的播种效率非常高，以至于白果槲寄生现在可以寄生在另一种欧洲桑寄生（*Loranthus europaeus*）上，因为这种鸟在植物之间移动，寻找食物。

▷ 槲鸫是白果槲寄生种子最常见的传播者，其黏性种皮为种子提供保护，并帮助其锚定在新寄主上。

△ 白果槲寄生是许多民间故事和迷信的主题，这些故事涉及从提高生育能力到抵御巫婆的各种主题。

◁ 黑顶林莺现在被认为是槲寄生植物的一种有效的替代传播者。

干果

植物产生的大部分果实都是干果，包括从谷类作物中收获的所有谷物。这是一种特殊类型的干果，被称为颖果，其种皮和子房壁融合在一起。干果通常与非生物传播方式联系在一起，因为它们缺乏一种营养丰富的肉质组织，不能吸引动物。然而，动物散布囤积干果的例子不胜枚举。这显然类似于种子利用肉质可食用果实进行传播，但它有一个非常重要的不同之处：奖励是种子本身，母株"牺牲"了一些后代，以便让其他后代存活下来。

令人困惑的趋同

秋天世界各地灌木丛中常见的景象之一是结果的葡萄叶铁线莲（*Clematis vitalba*）。其本种是毛茛科的一员，花具有很多不融合的心皮。从子房发育而来的果实是又小又坚硬的单籽瘦果。然而，它们的柱头仍然存在，并发展成为一种毛茸茸的附属物，通过充当简单的降落伞促进风力扩散。在亲缘关系非常遥远的蔷薇科仙女木属（*Dryas*）植物中也发现一种非常相似的果实，具羽状花柱的瘦果。这是一种低矮的灌木，在北半球很常见。虽然它们的果实非常相似，但这些植物在其他方面没有太多的共同之处。

⌃ 槭树属（*Acer pseudo-platanus*）植物种子的"直升机翅膀"能让它们在短距离内保持在高空。

Ⓛ 婆罗门参（*Tragopogon pratensis*）的种子利用它们的降落伞，使自己飘浮在空气中，远离母体植物。

⌄ 白蜡树属（*Fraxinus* spp.）植物的种子拥有干燥的翅状附属物，借助风力传播。

装上翅膀开始祈祷

风可以将种子输送到很远的地方，例如兰花种子被风吹到 400 千米外的喀拉喀托群岛（见第 288 页），而北美的针叶树种子可传播到 100 千米外。这些可能是例外，大多数风的传播距离都要短得多，因为种子适应飞行更多的是为了减缓垂直下落的速度，而不是水平方向的移动，就像菊科许多成员果实上毛茸茸的降落伞一样。槭属植物的翅果看起来像直升机的桨叶，但它们不能将种子永久地留在空中。松

属和白蜡属植物的果实是直升机桨叶的另一种变型。桦属植物的果实有两个翅膀，看起来像一只小蝴蝶。需要重点考虑的是，这种结构缺乏对行进方向的控制。盛行的风将导致种子不对称分布。这听起来可能无关紧要，但非洲近海大洋上的加那利群岛的物种显然受到了这一效应的影响，此地盛行东北风，因此在这里拓殖的种子主要都是从西南欧和西北非吹来的。

钩子

许多开花植物的果实都有小钩子，这样它们就可以附着在经过的哺乳动物和鸟类身上。这一策略非常成功，瑞士工程师乔治·德·梅斯特拉尔（George de Mestral）就是从牛蒡（*Arctium* spp.）果实上的小钩获得了灵感，发明了尼龙粘扣。车前属植物（*Plantago* spp.）的果实没有钩子，但湿了就会具有黏性，可以粘在哺乳动物的毛皮和鸟的羽毛上。这个属的植物通过风授粉，但常常被动物传播。在植物中，传粉者的选择与传播媒介的关系似乎很小。

水力传播

植物利用水道作为传播剂可能是一种错误，因为这是终极的无方向扩散。跨越海洋的运输也是相似的，因为植物受制于洋流的摆布。水力传播有一个特别的危险，那就是在种子被送到陆地之前，水可能会刺激种子过早萌发。正因为如此，能够依靠海洋传播的种子都有厚厚的防水果实和种皮。

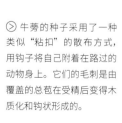

⊙ ⋀ 从左到右：白玉鸢尾
（*Iris foetidissima*）、芦 笋
（*Asparagus officinalis*）和欧
洲 李（*Prunus domestica*）。
虽然它们属于不同的科，但
它们都结出核果，一种只含
一粒种子的肉果。

肉果

㊗ 果我们特别熟悉，因为我们人类也会食用，就像许多其他动物一样
（另见第 342—343 页）。事实上，可食用这一点就是肉果的主要功能。
然而，植物的本意绝不是出于无私给动物提供食物，而是把资源投入
果实，帮助种子扩散开来。植物与花相关的许多部分都会变得肉质，而对动物来说，食物
从哪里来一点都不重要。然而，对于植物学家来说，肉质果实是指肉质组织来源于子房壁
的果实。

同功、同源和肉果

植物制造肉果的方式显然有很多种。对于植物
来说，功能就是一切，但对植物学家来说，位置和来
源比功能重要。植物的结构可能看起来非常不同，具
有不同的功能，但在植物上占据相同的位置，那么这
些结构就是同源的。具有类似功能的结构，比如用来
吸引和奖励动物的果肉，可以从植物完全不同的部分
派生出来。这些结构是同功的。肉果有很多相似之
处，一个极端的例子是肉质种子，比如石榴（*Punica
granatum*），它的果实是一种浆果，含有带有肉质外
层的种子，使它们显得更加多肉。

核果

只有一粒种子的肉果，称为核果，在演
化树上的许多植物科中都有发现。在单子叶
植物中，核果在棕榈科（Arecaceae）和天门
冬科（Asparagaceae）中很常见。斑叶疆南星

◁ 令人困惑的是，黑莓不是浆果，而是聚合核果，每个果实都含有一粒种子。另一方面，甜瓜（*Cucumis* sp.）是一种浆果，因为它是一种含有许多种子的肉果。

（*Arum maculatum*）的明亮橙色果实是欧洲林地上常见的景象，它属于单子叶的天南星科，看起来与另一种阴生植物白玉鸢尾的种子非常相似。疆南星果实有严重的毒性，鸢尾似乎是在模仿它们以避免被食用。其他常见的核果有樱桃、李子和桃子。当许多小核果排列在同一花托上时，它就被称为聚合果，例如黑莓和树莓。

浆果

从植物学定义上看，树莓不是浆果，但西红柿、香蕉、葡萄和茄子是浆果。浆果的定义是一种多种子的肉果，它们包括无数看起来非常不同的变体。柑橘和柠檬等水果是浆果，其肉质组织由充满汁液的腺毛组成。甜瓜和黄瓜是果皮很厚的浆果，被称为瓠果。

果实的颜色

肉果往往是五颜六色的，而干果往往是棕色的。虽然一些生物学家总喜欢所有经过自然选择而具有功能的东西，但博物学家阿尔弗雷德·拉塞尔·华莱士（Alfred Russel Wallace）在 1879 年警告说，当谈到颜色等果实特征时，寻找其对应的功能可能会无功而返。然而，这并没有阻止人们对该领域进行猜测和研究。目前的研究认为，果实的颜色可能是一种信号，引诱动物食用，或者因为有毒而防止被动物吃掉。从后者到前者，颜色可能会随着时间的推移而变化，以确保种子只在成熟时才会被带走。这可能是植物将果实从绿色改为红色的原因，以使果实在成熟时更加明显，因为绿色和红色是对比色，可以增加彼此饱和度。然而，正如华莱士警告的那样，颜色变化可能只是成熟过程中化学变化或夜间温度变化的结果。从很多方面来说，植物的生存之道仍然是个谜。

△ 博物学家阿尔弗雷德·拉塞尔·华莱士不赞同果实颜色和其功能之间的对应联系。

◁ 紫色的茄子，红色的西红柿，黄色的柠檬和绿色的甜瓜。肉果有多种不同的颜色，可能对它们的生物学功能有影响，也可能没有。

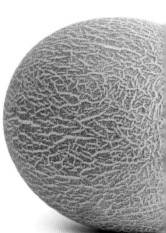

真果: 小坚果，
如琉璃苣

真果: 坚果，
如核桃

真果: 瓠果，
如蜜瓜

真果: 分果，
如锦葵

附果: 聚花果，
如无花果

附果: 梨果，
如苹果

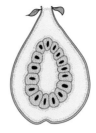

真果: 翅果，
如槭树

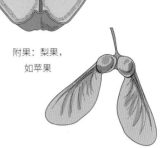

真果: 荚果，
如豌豆

假果

(虽) 然果实被定义为成熟的子房和与之相连的任何其他结构，但有时必
须画一条线，对于附着在子房上的结构加以区分。这类果实以前被称
为"假果"，例如草莓、无花果、苹果和梨，如果不是在任何生鲜商店
里都能找到它们，这么称呼也不会是个问题。假果这个词现在基本上
已经被附果取代了，附果更恰当地表明这是一个带有一些附加结构的
水果。

△ 一些真果和附果的例子
表明，附果往往才是我们在
超市的水果区寻找到的
水果。

◁ 欧楂（*Mespilus german-
ica*；上）和单子山楂（*Cra-
taegus monogyna*；下）的
果实为附果，果肉来源于托
杯，这是蔷薇科植物的典型
特征。

附果

蔷薇科成员将其对果实的想象力发挥到了
极致。有些物种的果实在植物学上是毫不含糊
的，比如樱桃、油桃和桃子都是核果。另一个
典型的例子是仙女木属（见第 304 页的方框）
植物，其果实为瘦果。然而，在蔷薇科中，我
们也发现了可能是最容易理解的附果——草
莓。蔷薇科植物有许多共同之
处，包括托杯和花托。托杯
是一个杯状结构，心皮
位于其中，围绕着它的
边缘有花被和雄蕊。花
托是位于心皮所在的托杯
中心的圆锥体。草莓（*Fragaria* spp.）开花后，
心皮发育成瘦果——真正的果实。这些瘦果
镶嵌在花托中，当瘦果成熟时，花托会变成鲜
红色。

苹果和梨

苹果和梨代表了一种仅见于蔷薇科的附
果——梨果。它还出现在其他几个属中，梨
果由子房（即果实）和膨大的花托（构成果
实的果肉）组成。山楂（*Crataegus* spp.）和欧
楂（*Mespilus* spp.）的果肉来源于托杯而不是
花托。

▽ 草莓看起来可能是一种
"正常"的水果，但它甜美
多汁的果肉是从花托发育来
的。要成为真果，果肉必须
来自子房部分。

又是无花果

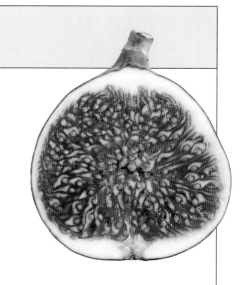

正如我们早先看到的（见第 302 页），无花果与榕小蜂在授粉过程中有着亲密而独特的关系，上演这一幕的"剧院"位于一个凹陷容器的内部，只有一个小入口。无花果的松脆部分（被称为聚伞花序）是雌花成熟的子房。如果你认为这听起来像是蔷薇果中各部分的排列，那么这是植物学上需要注意的几个非常重要的不同之处。蔷薇果是一个托杯，其内含有一朵花的若干心皮，而无花果的聚伞花序是一个花托。

◁ 蔷薇果的托杯是蔷薇科植物的典型结构，构成果实的肉质部分，含有由一朵花的若干心皮形成的种子。

∧ 榕属植物的果实由花的花托形成，其内包含了许多花的子房。

菠萝和桑葚

另一组水果并不完全是它们看起来的样子，它们是由许多花形成的，然后这些花聚合在一起，或者包含在一个水果状的结构中。有两种亲缘关系很远的果实最为我们熟知：凤梨科（Bromeliaceae）的菠萝和桑科（Moraceae）的桑葚。在这两种情况下，花序上的每朵小花都有一个心皮，将一个个小果聚集成最后的大果。

◁ ▽ 菠萝（左）和桑葚（右）是许多小果聚集在一起的典型例子。

种子的扩散

种子扩散既发生在时间尺度上，也发生在空间尺度上。时间尺度上的扩散使植物能够安然度过不利条件——最极端的例子是 3 万年（见对页）。相比之下，空间尺度上的扩散能使植物的后代远离母株。这里最远的记录长达 18 000 千米，一种金合欢树似乎是从太平洋的夏威夷扩散到了印度洋的留尼汪岛。据推测在大约 140 万年前，它的种子混在了一只鸟身上中，完成了两岛之间的旅行。

⊘ 种子在时间尺度上的扩散取决于种子的寿命。已有 2000 年历史的海枣（*Phoenix dactylifera*）种子被证明仍然具有生命力。

为何离家？

扩散是植物投入大量资源的一件事，因此有理由认为这是一种演化稳定策略。但这是为什么呢？生活在拥有生存和繁殖所需一切的栖息地的植物是一种成功的、适合的植物。难道它不希望自己的后代也有同样的境遇吗？答案既是肯定的，也是否定的。如果是结实后死亡的单性结实植物，它没有必要散播种子，因为它会在死亡时留下空缺。然而，如果它是长寿的多年生植物，它需要把它的后代送得越远越

好，因为任何有机体面临的最激烈的竞争都是来自同一物种的成员。扩散还有一个好处，那就是使该物种能够尝试可能更适合它的新栖息地。此外，这有助于减少与近亲繁殖可能带来的危害。最后，它可以使植物远离捕食者和病原体。

扩散的选项

种子传播的选择分为两类：非生物传播，它利用风或水，有时还分别借助种子的附加部分，如翅膀或浮力槽；生物传播，它依赖于动物。当以动物为媒介时，有 3 个亚类：体内传播，种子在摄入后在动物体内运输，但（希望）不会被消化；体表传播，种子附着在动物体表，如猪殃殃的黏性果实；以及动物囤积传播，即分散囤积种子，囤积者无法回收所有种子。所有这些选项都可以从掷射性传播中得到帮助，在这种扩散中，种子被爆炸性地抛出，就像续随子（*Ehardorbia lahyris*）一样。

⊽ 猪殃殃的种子被微小的钩子覆盖着，并通过附着在经过的动物的皮毛上散布到各处。

生存纪录保持者

1994 年，一颗 1300 年前的睡莲种子萌发生长，成为当时有记录以来最古老的可存活种子。2008 年，这一纪录被 2000 年前的海枣种子打破。然后，在 2011 年，从中亚冻土中发现的一种蝇子草（*Silene*）的种子萌发并长大开花，将这个纪录提高到了 3 万年。这些植物种子非凡的长寿纪录，表明种子可以随着时间的推移帮助植物扩散开来。它还表明种子中的营养储存如何能够使胚存活很长一段时间。最后，它也坚定了人们通过人工种子库保存植物的信心。

▷ 最古老的可发芽种子来自 3 万年前的一种蝇子草，这里显示的是宽叶蝇子草。

◁ 莲的种子超过 1300 年仍可以发芽。

生态系统工程师

动物传播种子的类型中有一个分支格外重要，以至于有一个专门的提法叫作蚁播，它是由蚂蚁传播的。它存在于 80 多个植物科和许多不同的栖息地。大戟属植物的种子有一种被称为油质体的附着物，这是一种能量丰富的脂肪体，对蚂蚁来说是一种奖励。蚂蚁捡起大戟的种子，把它们带回巢穴专门吃掉油质体。然后，种子被丢弃在巢穴的垃圾堆中，这为种子萌发提供了恰当的条件。

▷ 富含能量的脂肪体被称为油质体，附着在植物种子上，如大戟，为帮它们传播种子的动物提供营养回报。

▽ 蚂蚁是一种无法抗拒油质体的动物。它们将大戟的果实拖回它们的巢中，在那里，油质体被移走并储存起来，种子被丢弃。

果实的传播

（果）实的传播受果实结构的影响，就像花的授粉受花结构的影响一样。在那些经过改良以促进扩散的水果和种子中，干燥的果实和种子变得更小、更轻，可以随着风和水被动移动，或者采用钩状或黏性的表面附着在动物体表。肉果和种子，不管是植物的哪一部位，都发生了特化以适合动物食用，以促进扩散。动物授粉和果实传播被认为是互惠互利关系的例子，双方都从中受益。达尔文提出，花和传粉者的关系非常密切，最近进行了大量研究来支持或驳斥这一观点。果食过程和种子传播在这方面落后了，但相关领域的研究正在日渐增多。

△ 果实散播并不仅仅只依靠哺乳动物和鸟类——像乌龟这样的爬行动物也并不讨厌肉果。

◁ 像鬣蜥这样的爬行动物特别喜欢色彩鲜艳、气味难闻且油腻的肉果，这些果实很容易在地面上获得。

果实传播的开始

肉果（这里指的是有黏稠种皮的种子）一出现，动物们就会试图吃掉它们。最初，这些动物可能是无脊椎动物，它们选择腐烂的子房组织作为产卵的场所。最易腐烂的果实帮助这些植物被优先选择，肉果就可能从此演化而来。一旦有了肉果，就会有更多的动物吃它们，但这些动物与我们今天看到的食草动物有很大的不同。爬行动物和恐龙成了传播者，而前者在今天仍然如此。今天，爬行动物在果实散布中的作用常常被忽视，但它是存在的，而且它有一个名字——蜥蜴传播。这一群体似乎特别喜欢含油量高的和那些气味难闻、五颜六色的果实。此外，爬行动物吃的果实通常靠近地面。这表明第一批种子和果实都是贴近地面的。这可能是偶然的，但也可能解释了在哺乳动物和鸟类繁盛之前，爬行动物祖先作为果实传播者的重要性。

体内传播安全吗？

植物在通过脊椎动物的肠道，特别是鸟类的肠道方面似乎没有问题。但是为什么会这样呢？这些植物是如何适应这种关系的呢？合理的解释是虽然哺乳动物的肠子又长又绕，但鸟类的肠子却不是这样，所以通过它们的速度相对较快。果肉中可能含有通便剂来加快通过的速度，也可能含有呕吐剂。体内传播在种子休眠和幼苗早期生长中的作用似乎被大大高估了。一些肉果确实含有抑制发芽的化学物质，当种子离开母株进入肠道后就会除去这些物质。然而，肠道环境有助于软化种皮，从而使种皮在释放时能够吸收水分，以及通过粪便释放有助于幼苗的初始生长等这些想法都缺乏实验支持。

⑦ 五彩金刚鹦鹉（*Ara macao*）是直叶椰子种子可靠的传播者。

哺乳动物和鸟类

蜥蜴传播的类型可以预测哪些果实会吸引爬行动物。鸟类的嗅觉往往不发达，通常会帮助无气味但颜色鲜艳的红色、黑色或蓝色的果实扩散。食果哺乳动物倾向于夜间活动，因此它们传播的果实一般颜色暗淡，但香味浓郁。研究动物对果实的扩散十分困难，因为要证明特定动物和特定幼苗之间的联系需要仔细耐心地观察。脊椎动物作为种子传播者的可靠性也

受到了质疑，因为动物在哪里存放种子是由动物的需要决定的，而不是植物的需要。动物的栖息地、巢穴或繁殖区域可能都不适合植物。但一项研究已经清晰明了地证明有三种金刚鹦鹉是直叶椰子（*Attalea princeps*）种子的完美传播者。

⟨⟩ 像冠美狐猴（*Eulemur coronatus*）这样的食果动物还没有被证明是可靠的种子传播者，植物往往受到它们行为的支配。

⟨⟩ 这头加洛韦奶牛在不知不觉中成了牛蒡粘扣状果实的传播者。

8

人类与植物

　　我们对植物的依赖是绝对的。植物塑造和定义了我们生活的世界，对人类的生存永远至关重要。

　　通过光合作用获取太阳的能量，植物处于创造和维持生物圈主要循环的核心。它们不仅是几乎所有食物链的基础，还提供基本的生态系统服务：调节水循环和大气中气体的平衡，使这个星球成为我们和其他动物可以生存的世界。

　　从一开始，我们人类就有选择地利用种类繁多的植物来满足我们的日常需求，并将其作为艺术和园艺灵感的来源。在我们与植物的关系中，我们经常单方面地改造植物，根据我们自身的目的塑造它们的形态和生化特性。起初，这是一个缓慢的过程，体现在收获和挑选出产量最大、最有营养的作物种子的过程。今天，我们已经有了强大的技术来选择有价值的性状并把它们引入植物中，以满足人类日益增长的食物需求。然而，不断增长的全球人口对自然的要求威胁着植物的多样性，许多栽培植物和野生物种面临灭绝的威胁。保护植物多样性这一生命维持系统的竞赛现在开始了。

文化祖先

现代人的祖先在饮食上严重依赖植物，但我们人类与植物的关系不止于此。很早的时候人们就表现出非凡的创造力，发现了大量植物的用途。植物的各个部分，无论是地上还是地下，都经过了评估和分配，以满足我们的需求。

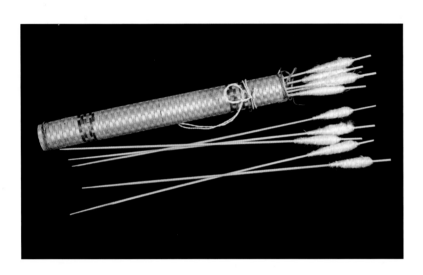

用于狩猎的植物：编织箭袋和甘蔗吹管飞镖，与箭毒（一种生物碱植物毒素）一起使用。由委内瑞拉佩蒙土著居民制作。

生存技能

发现和识别多种植物的能力曾经是生存的基本技能。人类主要依靠视觉信息区分植物，通过它们的形态来识别它们，但我们的嗅觉和味觉也起到了重要的作用。随着不同植物的特质被逐渐认识，它们成为人类生活的中心，并建立了强大的文化联系。在不同季节种植植物的知识使人们能够迁徙到世界各地，他们在占领新领地的过程中也接触到了不同的植物区系。人们最优先考虑的始终是寻找可食用的植物，除了狩猎获得的肉、鱼和海鲜外，这是填饱肚子的重要能量来源。

随着时间的推移，植物逐渐被用于日常生活的方方面面。人们为了取暖而燃烧木材，为了烹饪和防御而点燃篝火。后来，我们学会了如何制造木炭，木炭在许多国家仍然是一种重要的燃料。树枝和木材提供了从临时避难所到日益复杂的永久住所所需的一切。树叶，从棕榈树到灯心草，变成了屋顶为我们遮风挡雨。我们还利用不同类型木材的特性制造工具、家具、家居用品和装饰品。

无所不能的植物

各种各样的植物纤维十分有用，可以用来制线和绳索。例如棉花（*Gossypium* spp.）和亚麻（*Linum usitatissimum*）可以纺制成织物。衣服也可以用大叶子做成，比如棕榈（*Trachycarpus fortunei*）的叶子，或者用树皮做成布，通常是用揉碎的无花果树皮制成的。自新石器时代以来，从植物中提取的色素就被用来给织物着色和装饰，而从散沫花（*Lawsonia*

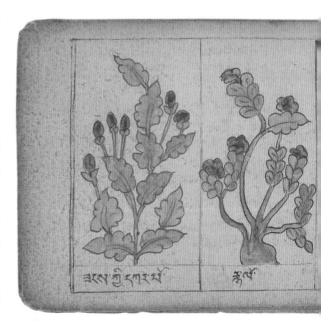

深蓝色的木蓝染料是从各种各样的物种中提取的珍贵和备受欢迎的植物产品。

在中国，爵床科（Acanthaceae）植物紫云菜的叶子被用来给织物染色。

Inermis）和菘蓝（*Isatis tinctoria*）中提取的色素则被用来给头发和皮肤染色。

其他植物提取物已被广泛用于饮料、药品，甚至被滥用发展为毒品。全世界有数十亿人在消费茶叶和咖啡豆。我们用香草和香料来保存食物，增加风味。谷物和葡萄的发酵产生了种类繁多的令人陶醉的酒。罂粟（*Papaver somniferum*）和乌羽玉（*Lophophora williamsii*）中的精神活性生物碱，传统上用于巫术和占卜。早在古代，植物作为药物来源的威力就已为人所知，并得到了应用。数以千计的植物物种被列入世界各地的文化本草名录，其中至少有7000种植物被用于中药。

今天，我们通常购买我们使用的植物产品，但许多人会很难辨认出它们来自哪个物种。虽然寻找野生食物很时髦，但如果被迫依靠自然而不是商店，我们中几乎没有人能生存下来。在全球化的时代，植物作为食品和药物在世界各地进行贸易，而且往往供不应求，特别是那些直接从野外收获的植物。

古老的藏文书籍的一页，图文并茂地介绍了从各种植物中提取的传统药物的制备和使用方法。

民族植物学

(研)究植物的传统知识被称为民族植物学。它作为我们文化遗产的重要组成部分，其重要性不言而喻。我们对植物界的探索还远远没有完成。大多数生物多样性丰富的地区是土著居住或人迹罕至的地区，基于这一事实，联合国《生物多样性公约》第 8 条强调传统植物知识、创新和实践。

⋀ 一位索科特拉人对这个非凡岛屿上植物的用途如数家珍，他小心翼翼地从一棵药用植物上采集树根。

▷ 意大利帕多瓦的植物园建于 1545 年，用于种植和研究药用植物，它提供了一个模式，启发了许多其他欧洲药用植物园的建立。

口头传统

从世界各地的文明中获得有关植物的知识，对信息进行编码并将其代代相传变得越来越重要。最初，这是一种口头传统，植物学知识连同人们生存所需的其他技能由长辈传授给年轻一代。在许多土著或原住民文化中，男性和女性分别保持着不同的植物利用传统，分别传给儿子和女儿。这些传统中的共同主题是需要了解植物的形态，识别和区分，以及了解它们的生态特性，知道在何时何地可以找到它们。最专业的从业者拥有广泛的治疗、占卜以及精神和宗教事务方面的知识，他们被称为药师、萨满或者巫医，等等。

记录植物的智慧

书面语言的发明使植物知识得以被记录和分享，这些方式提供了对过去的有力一瞥。在中国古代，药用植物的知识可以追溯到公元前 2700 年和传说中的神农氏，他的发现在后来的书籍中有所记载。公元前 7 世纪亚述的泥板，上面记录了 250 多种植物药物的使用，其中许多药物在今天已经为大众所熟知了。西方植物医学的传统起源于古希腊，如泰奥弗

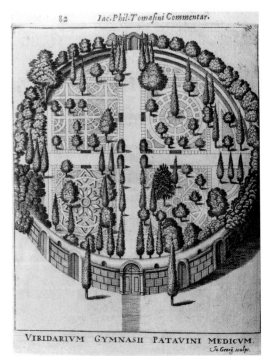

82　Iac.Phil.Tomasini Commentar.

VIRIDARIVM GYMNASII PATAVINI MEDICVM.
Io.Georg. sculps.

拉斯托斯的《植物史》(*Historia Plantarum*) 和《植物志》(*De Causis Plantarum*)，以及狄奥斯科里德斯 (Dioscorides) 的《论药物》(*De Materia Medica*)。后者影响了 15 世纪印刷机发明后的许多草药书，其中最著名的可能是约翰·杰拉德 (John Gerarde) 1597 年的《植物通史》(*Herball*)。

尽管今天西医和中医学似乎截然不同，但早期文献对强调特定植物的"寒热"药性以及纠正体内失衡的特点非常相似。这两种传统都有不同程度的"以形补形"思想，在这一思想影响下，植物和身体部分之间的相似之处被解释为特殊疗效的标志。例如，曼德拉草 (*Mandragora officinarum*) 的根具有致幻特性，它们与人体的相似之处与强大的致幻特性有关。

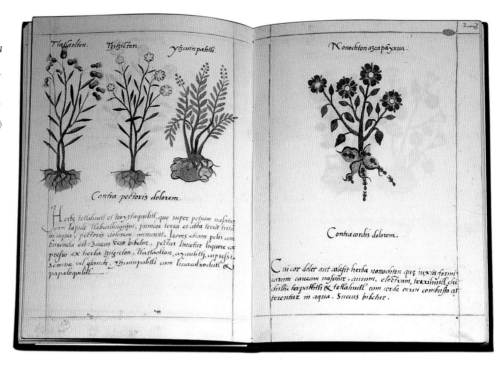

从药用植物园到现代植物学

正是植物在医学上的使用，促成了欧洲科学植物园的建立。1447 年，教皇尼古拉斯五世在梵蒂冈建立了一个药园，其他人很快就在比萨（1544 年）、帕多瓦（1545 年）和欧洲其他地方建立了一个个药用植物园。最初用于种植和研究药用植物的植物园逐渐成为植物学中心，除了研究植物的用途外，还研究植物的多样性和分类。在现代，新药的寻找遵循几种不同的路径，从合成化学到天然产物的发现，通常是由民族植物学指导的。

△《巴迪亚纳斯法典》(*The Bodianus Codex*) 是关于新大陆药用植物的最早著作，由阿兹特克内科医生马丁·德·拉·克鲁兹 (Martin de la Cruz) 撰写，1552 年由另一位阿兹特克印第安人胡安·巴迪亚诺 (Juan Badiano) 翻译成拉丁文。

人参

人参 (*Panax ginseng*) 这个名字源于中文的"人"和"参"（意为"植物根"）。瑞典植物学家卡尔·林奈 (Carl Linnaeus) 十分清楚人参在中医中的重要性，在对其进行分类时，他以万能药女神的名字命名了人参属，意思是"治愈一切"。全球人参市场市值每年超过 20 亿美元，其中，中国、韩国、美国和加拿大包揽了几乎所有产品。

⊲紫玉米（*Zea mays* ssp. *indurata*）富含花青素，是一种古老的中美洲品种，现在是世界上产量最高的作物。

植物的驯化

（在）1.5 万—1 万年前，随着世界范围内同步性的彰显，农业开始在相距甚远的文明中独立发展。每一种情况都有很强的相似性，从野外采集食物的人储存了一些种子，并在离家不远的地方用这些种子播种新作物。保存表现最好、最可食用和最有营养的作物的种子，被引入并进一步选择，改良品种以满足人类的需求。农耕的生活方式使人口大幅增加，形成了更大的定居点，并最终形成了第一批城市。

早期粮食 —— 谷物

我们对驯化起源的理解最初依赖于发现古代作物的考古遗迹，或是一些表示它们的种植的图画。然而，最近，分析基因组中 DNA 标记让科学家们得以更精确地确定驯化的起源。例如，大约在 1.35 万年前，野生稻（*O.rufipogon*）在中国珠江流域地区被驯化成了水稻。此

⊽这是一件位于埃德夫荷鲁斯神殿的古埃及石雕，上面描绘了一位牧师抬着小麦的画面，表明了这种作物自古以来的重要性。

后不久，大约 1 万年前，肥沃的中东新月地带开始种植小麦（*Triticum* spp.）和大麦（*Hordeum* spp.）（见第 338 页）。大约同一时间，在墨西哥南部，人们从野生玉米（*Zea mays* ssp. *parviglumis*）中挑选出了最可食用的植株，逐步驯化成了玉米，这是起源于新大陆的最重要的谷物（见第 339 页的方框）。人类历史上这些关键步骤的共同特征是，这些谷物均为一年生草本植物，具有营养丰富的籽粒，可以干燥储存。谷物的英文单词"cereal"源于罗马农业女神（Ceres）的名字，包括许多不同的物种。原产于非洲的植物有高粱和马唐（*Digitaria* spp.），以及来自埃塞俄比亚高原的画眉草（*Eragrostis tef*）。更常见、交易更广泛的是大麦（*H. vulgare*）、燕麦、甘蔗（*Saccharum* spp.）和黑麦（*Secale cereale*）。然而，只有玉米、大米和小麦是大部分人类的主食。

排名	粮食作物	2012年世界产量（百万吨）	2010年世界平均产量（吨/公顷）	2012年世界每公顷产量最高的国家（吨/公顷）	2013年世界产量最多的国家（百万吨）
1	玉米	873	5.1	美国（25.9）	美国（354）
2	水稻	738	4.3	埃及（9.5）	中国（204）
3	小麦	671	3.1	新西兰（8.9）	中国（122）
4	马铃薯	365	17.2	荷兰（45.4）	中国（96）
5	木薯	269	12.5	印度（34.8）	尼日利亚（47）
6	大豆	241	2.4	埃及（4.4）	美国（91）
7	红薯	108	13.5	塞内加尔（33.3）	中国（71）
8	山药	59.5	10.5	哥伦比亚（28.3）	尼日利亚（36）
9	高粱	57.0	1.5	美国（86.7）	美国（10）
10	大蕉	37.2	6.3	萨尔瓦多（31.1）	乌干达（9）

⋏ 世界十大主要粮食作物（根据年产量）

根茎作物

谷物营养丰富，因为它们干燥的单籽果实含有胚乳，为发育中的胚胎提供营养，但其他植物器官的特性也使它们非常适合种植。许多植物的地下部分，无论是根、根茎还是块茎，都适合作为碳水化合物的储存器官，因此它们作为高热量作物具有潜在的重要意义。在热带地区，芋（*Colocasia esculenta*）的球茎和山药（*Dioscorea* spp.）和木薯（*Manihot esculenta*）的块茎，往往比谷类食品更重要。由于它们含有妨碍动物食用的毒素，所有这3种根茎作物以及其他许多作物在食用之前都需要仔细加工。就像谷类一样，选择性育种导致了数千个被称为地方品种的精选品系的发展，这些品系在不同区域内得以维护和传递。

植物育种的起源

在选择和保存最好的栽培植物品种的古老实践中，植物育种科学应运而生。简单地说，就是只保留那些最令人期待的品质的植株。一种更有针对性的方法是与其他物种或品种杂交，引入新的基因，并选择理想的性状，如增加产量、改善风味、抗虫害、改善储藏能力，或耐旱或耐盐等特性。

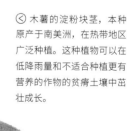

◁ 木薯的淀粉块茎，本种原产于南美洲，在热带地区广泛种植。这种植物可以在低降雨量和不适合种植更有营养的作物的贫瘠土壤中茁壮成长。

等待收获的花生。花生的小黄花和其他豆科植物一样，都开在地上，但受精后，子房柄会大大增长，形成一个"钉子"，将发育中的豆荚推到地下。

地下的财富

对 我们有用的大部分地下植物器官都来自根和地下茎，花生（*Arachis hypogaea*）是一个例外，这是一种在地下发育种子的豆科植物。在植物的一生中，大多数地下器官以碳水化合物或水的形式储存能量。如果可以食用，它们是有益的膳食卡路里来源，但通常蛋白质和其他营养素含量较低。除了真正的根，还有各种各样的鳞茎、球茎、根状茎和块茎。

红皮洋葱因其温和、甜美的味道而被挑选出来。当鳞茎被切成两半时，其层叠的肉质叶基清晰可见。

鳞茎和球茎

鳞茎几乎只存在于单子叶植物中，由许多肉质叶从由扁平压缩且退化的茎基部长出形成。作为地下生长的叶，它们不进行光合作用，缺乏叶绿体，永远不会变绿。许多常见的观赏性园林花卉都是从鳞茎中生长出来的，例如水仙和郁金香。最广泛使用的食用鳞茎主要属于北半球的葱属（*Allium*），包括洋葱（*A. cepa*）、大蒜（*A. sativum*）和韭菜（*A. schoenoprasum*）。这些植物已经种植了5000多年，它们的辛辣味道在烹饪中很有价值，但其实原本是旨在威慑食草动物的化合物，这些辛辣物质同时在医学上也有一定价值。

球茎是短且膨大的茎，通常被保护性的干燥的叶柄或叶基包围。被切开时，由富含淀粉的薄壁细胞组成的固体组织就会暴露出来。天南星科中因其营养球茎而被广泛栽培的两种作物是芋头，原产于印度和东南亚，以及野芋（*C.antiquorum*），原产中国。这两种有时被认为是一个种，这些重要的热带作物也为夏威夷和波利尼西亚的原始定居者所种植。球茎内的细胞含有针状的草酸钙晶体，如果不经加工直接食用，会损害口腔和喉咙的组织，使吞咽变得困难。在冷水中浸泡会部分去除结晶物，而烹饪会使球茎变成淀粉团，从而降低它们的危害性。

根状茎和块茎

根茎也是地下茎。它们有延伸的水平生长，在节上长出新芽和根。大多数都可以很容易地被切成碎片，用于无性繁殖。莲的可食用根茎生长在浅池塘的土壤中，有许多可以通气的圆柱形通道。姜科（Zingiberaceae）植物的根茎，例如姜黄（*Curcuma longa*）和生姜（*Zingiber officinale*），在烹饪和传统医药中被广泛使用。

块茎是一种特殊的根茎或葡匐茎。它增粗了很多，起到了兼作地下贮藏和繁殖的作用，具有萌发新芽和新根的能力。马铃薯（*Solanum tuberosum*）是最重要的块茎作物，对全球粮食供应的贡献排名第四。它的野生祖先（*S.brevicaule* 复合体的一员）在 8000 到 5000 年前被南美洲的印加人驯化。目前有 5000 多个品种正在被培育，育种计划利用的是近缘物种的基因。木薯原产于巴西，在全球粮食供应中排名第五，在热带地区非常重要。

▽ 莲的根状茎有长长的中空通道，让空气可以到达植物浸没在水下的根系。莲的根茎是一种生长迅速、营养丰富的作物，有许多不同的品种，种植后两到三个月就可手工收获根茎。

◁ 秘鲁瓦努科省丘基斯地区的克丘亚族种植的传统安第斯马铃薯有多种颜色。

有用的根

（根）是植物的主要地下器官，为人类提供了从食品、饮料到药品和日用品等各种有用的产品，种类之多令人惊讶。与地下茎的情况一样，根主要被用来储存能量和水。这些根帮助植物能够在沙漠和高山栖息地生存，那里液态水稀少，也帮助植物在被动物啃食后迅速再生。

是什么将橡胶和咖啡联系在一起？

用蒲公英属中橡胶草（*Taraxacum koksaghyz*）根中的乳胶制造橡胶最初是为了应对战时橡胶树（*Hevea brasilinesis*）供应短缺的问题。乳胶是在被称为乳汁细胞的特殊细长细胞中产生的，乳汁细胞形成了一个分泌系统，它延伸到整个植物，以防御食草动物。除了菊科菊苣族植物特有的乳汁细胞外，乳汁细胞还存在于其他几个被子植物科，如大戟科。菊苣族还有其他几个物种的直根颇为有用。菊苣（*Cichorium intybus*）的根经过烘焙可以作为咖啡的添加剂或替代品，蒲公英的根有时也可以做类似用途。蒜

叶婆罗门参（*Tragopogon porrifolius*）和鸦葱（*Scorzonera hispanica*）的体高可达 1 米，也是体型较小的欧洲蔬菜作物。所有这四种根茎都含有多糖菊糖，而不是淀粉，作为一种储存产品，这种多糖被提取出来用作可溶性膳食纤维。菊糖具有利尿特性，在世界各地的传统医学中被广泛利用。

好吃的直根

伞形科（Apiaceae）是一大类气味芳香的双子叶植物，花排列成伞形花序。大多数都有很大的直根，虽然有些有剧毒，例如毒芹（*Oenanthe* spp.），但其他的是最常见的蔬菜。胡萝卜（*Daucus carota* spp. *sativus*）的主根不

⌃ 大陆轮胎公司用蒲公英乳汁生产的充气载重汽车轮胎。德国弗劳恩霍夫分子生物和应用生态学研究所将其作为传统橡胶的潜在可持续替代品进行开发。

⊳ 虽然最广泛种植的胡萝卜是人们熟悉的橙色，具有许多不同颜色的新品种正变得越来越受欢迎。

一定是橙色的，可以是紫色、红色或黄色的，它们在中亚被驯化并有选择地培育，以选择木质化更少和风味更佳的品种。

甜菜

海甜菜（*Beta vulgaris* spp. *maritima*）隶属于苋科（Amaranthaceae），广泛分布在旧大陆沿海，是五个作物品种的野生祖先。现今大部分多样性是 18 世纪以来作物育种者的成果，育种的关键因素是选择了一种稀有的等位基因，降低了其对日照时长的敏感性，使其转为二年生的生命周期。甜菜的直根按重量计算含糖量高达 20%，使其在较为寒冷的温带地区成为热带甘蔗的竞争对手。暗红色甜菜（*B. vulgaris* 'Conditiva'）是最常见的食用蔬菜，而大田甜菜（*B. vulgaris* 'Crass'）是温带地区重要的畜牧业饲料作物。

尖叫的曼德拉草

根据民间传说，具有麻醉作用的曼德拉草（即风茄）的人形直根会尖叫并杀死那些从地上拔出它的人。但这种茄科（Solanaceae）中含有托烷类生物碱，因能增强生育能力，或是作为护身符以及具有麻醉特性而受到不同程度的珍视。作家 J. K. 罗琳（J. K. Rowling）在《哈利·波特》系列小说中描述了这一民间传说，并具体描述了曼德拉草的危险之处。

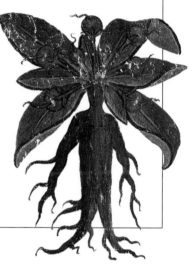

▽ 英国的一个砂岩悬崖上生长的海甜菜，本种是一种野生物种，许多不同的甜菜作物都是从这种野生物种发展而来的。

▽ 甜菜根（甜菜栽培品种）主要是因为它深红色的直根而被种植的，但这种植物的多叶部分也是可以食用的，类似菠菜。

茎干上的树皮和纤维

茎 的强度和弹性有助于植物向光生长，人类已经发现茎的每一部分都有用处，包括从外表皮到里面的木头。许多物种笔直而灵活的茎适合于特定的用途。考古证据表明，至少在 12 000 年前，大约在人们以农业为生的时候，他们用最适合的植物编织篮子，并用枝干多刺的植物作为围栏，以保护和圈养牲畜。

选对正确的树皮

树皮在树干和树枝周围形成一层保护层，使树木能够在物理破坏和火灾中幸存下来。欧洲栓皮栎生活在容易起火的地中海地区，厚厚的树皮每 12～15 年就可以重复收获一次，用来制作装瓶葡萄酒的软木塞。肉桂的内层树皮（*Cinnamomum cassia* 及其近缘种），取自修剪的枝条，可以收获作为一种香料。其木质的外层树皮被丢弃，含有肉桂醛的内层树皮被干燥后卷成卷。最为人熟知的药物之一是阿司匹林，它是天然水杨酸的人工合成物，最初是从柳树的树皮中提取的。柳树皮治疗发烧的药用价值在狄奥斯科里德斯等早期学者和作家中就有记录。奎宁是从金鸡纳的树皮中提取出来的，在南美洲常用于治疗发烧，并成为全世界梦寐以求的治疗疟疾的药物。它还给汤力水带来了苦味，汤力水在曾经的英属印度很

◁ 欧洲栓皮栎生长在葡萄牙阿伦特霍地区，在外层树皮被切开和剥离后不久。新的一层树皮可以再生，大约十年后就可以收获。

▷ 编篮是人类最古老的手工艺之一，使用的植物从竹子到甘蔗、棕榈树和木材，每个大洲都有不同的传统。

珍贵的渗出物

龙血树（*Dracaena cinnabari*）原产于阿拉伯海的索科特拉岛，而来自东南亚的沉香树（*Aquilaria* spp.）是珍贵渗出物的来源。龙血是一种鲜红色的汁液，可用作色素和药物，而沉香是沉香树在受伤后感染真菌时产生的芳香树脂。优质沉香香水的价格超过同等重量的黄金，因此许多种沉香属植物现在濒临灭绝。植物产生的有用分泌物还可以用来威慑食草动物或治愈机械性伤口。有些，比如橡胶和人心果胶 [可用于制造口香糖，从人心果树（*Manilkara zapota*）中提取] 是通过割胶获得的：割开树皮，收集从伤口流出的乳胶。松节油是一种从针叶树特别是松树中分泌出来的树脂性分泌物，为了获得这种分泌物，需要砍下几层树皮，伤口随后会分泌树脂，树脂被蒸馏后形成液体溶剂和固体松香。

受欢迎，它与杜松子酒一起服用可以预防疟疾。树皮中发现的其他化学物质还可以有更致命的用途。非洲南部的格木（*Erythrophleum suaveolens*）树皮含有一种毒药，可以涂在箭上，用于狩猎。

功能性纤维

韧皮纤维是在韧皮部外面形成内树皮保护层的细长细胞，可以纺成纱线，用于制绳或编织织物。其主要来源是大麻（*Cannabis sativa*）、黄麻（*Corclus capsularis* 和 *Corchus olitorius*）、亚麻和槿麻（*Hibiscus cannabinus*）。韧皮纤维可以通过浸渍获得，需要将收获的茎在水中浸泡几个星期。在这段时间里，真菌会分解掉将细胞壁结合在一起的物质。

△ 龙血树的寿命很长，经常因为被反复收获树脂而留下无数伤疤。用锋利的刀子在树干上挖一个浅圆形的洞，树对此的反应是分泌一种封闭伤口的树脂。

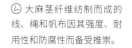

◁ 大麻茎纤维纺制而成的线、绳和帆布因其强度、耐用性和防腐性而备受推崇。

木材

（木）材是人类最早使用的材料之一。今天，我们将针叶树的软木和被子植物的硬木区分开来。虽然，木材的实际密度是人类利用它们的一个主要因素，但并不绝对。在裸子植物中，红豆杉的木材很硬，在被子植物中，轻木产的木材比树皮还轻。

△ 不同树木产生的木材在密度和强度等物理性质上差异很大，在木材纹理上，锯木和抛光木材显示出明暗相间的图案。当纵切时，许多种类的木材都是有花纹的，但不是均匀的，这些不同的花纹在乐器制作上受到格外珍视。

软木

软木占商业贸易木材的 75% 以上，来自各种针叶树，这反映了它们的广泛分布，特别是在北方森林中。大部分来自针叶树的木材被用于建筑，是建筑关键的结构部件，尤其是在木结构建筑中。软木，特别是那些种植在种植园中的软木，也被广泛用于制造木浆和木屑，

作为制造纸张、纤维板和硬纸板的原材料。树皮虽被丢弃，但心材和边材都可以使用。木屑还可用作供暖或热电联合应用中的可再生生物燃料。近年来，木浆被用来制造一种新材料，纳米晶体纤维素（nanocrystalline cellulose，NCC），其强度与重量比是不锈钢的 8 倍。纳米晶体纤维素可用于制造纸张和纸板、包装复合材料、吸水性产品甚至食品，还可以作为碳水化合物增稠添加剂的低卡路里替代品。

松树和云杉是最常见的两种软木。除了建筑上的应用和制作家具，这些木材还被用于许多声学弦乐器的共鸣板，它们的重量很轻，性能很好。

硬木

除了管胞外，木质部导管的存在也是被子植物硬木与针叶树软木的区别。硬木的生长速度通常也较慢，生产的木材质量较好，用于制造更复杂、更精细的物品，从家具、桶和轮船到装饰工具，到处都可见它们的存在。木材特定的物理属性在运动器材和乐器中有不同的用

▽ 木屑通常来自针叶树林场，是一种重要的原材料。它的应用广泛，从生物质燃料到园艺中的有机覆盖物，还可以用于造纸。

作包括吉他和小提琴在内的原声乐器的琴颈和琴身的制作。密度最大、纹理最细的硬木，如柿属的乌木（*Diospyros* spp.）在水中甚至不会漂浮，可用作钢琴的黑键和弦乐器琴颈上的指板。虽然直板锯木是首选的建筑材料，但木工和家具制造商往往珍视具有独特花纹的木材。花纹由树干上的树瘤产生，这些树瘤是为了应对伤害或感染造成的压力而生长出来的。树瘤的解剖结构包括簇生在一起的侧枝，每个侧枝在木头内形成一个结。

◁ 肖乳香（*Schinus molle*）的树瘤表明树内存在复杂的花纹木材。核桃木（*Juglans* spp.）是最珍贵的花纹木材之一，比如左边这个花瓶就是由核桃木制成的。

途。传统的板球棒是用白柳（*Salix alba*）制成的，而棒球棒是用山核桃（*Carya* spp.）或白蜡树（*Fraxinus* spp.）制作。枫树（*Acer* spp.）、黄檀（*Dalbergia* spp.）和桃花心木（*Swietenia* spp.）长久以来一直被用

▽ 黄檀木具有丰富的颜色，气味芬芳，在家具制造中非常有价值，这张镶嵌珍珠母的桌子就是由黄檀木制成。这种生长缓慢的硬木供不应求。

木材贸易

目前，全球最优质的硬木短缺。近年来，非法砍伐的木材市场不断增长。黄檀木现在是世界上交易量最大的野生产品。由于人们对红木（用于古典家具的红木）的巨大需求，导致所有黄檀属物种都被列入《濒危野生动植物物种国际贸易公约附录 II》。

马萝卜树

在印度西北部，马萝卜树，又名辣根树（*Moringa oleifera*）是一种生长迅速的土生土长的植物，在传统的阿育吠陀医学中有广泛应用。它在半干旱地区被广泛种植，在那里它被视为对抗营养不良的"奇迹树"。这些树很容易插条繁殖并生长迅速，通常作为活的栅栏种植。其树叶富含维生素和矿物质，可以食用，它们具有抗菌特性，还可以磨成粉末用作肥皂。

可食用的叶子

从人类诞生之日起，全世界就有数百种植物的叶子供食用。许多针叶树的幼叶可以食用，可以作为应急充饥，但红豆杉的叶子有毒。相比之下，许多被子植物的叶子毒性较小。人类最早利用植物的方式之一就是将叶子作为牲畜饲料。大多数主要的食用叶作物来自草本被子植物，包括被驯化的十字花科成员。

多才多艺的蔬菜

芸薹属（*Brassica*）植物是最重要的一类蔬菜，富含维生素、矿物质和抗氧化剂。它们提供极好的膳食纤维来源，并含有萝卜硫素和异硫氰酸盐，可以预防某些癌症。正是这些化学防御物赋予了我们偏好的芥末的味道。除此之外还没有哪个属可以培育出如此多的有用蔬菜，这些蔬菜对寒冷甚至冰冻条件的耐受性意味着它们可以在世界上广大的温带地区种植。

◁ 银合欢（*Leucaena leuco-cephala*）是一种生长迅速的小乔木，产于中美洲，在热带地区被广泛种植，被用作薪柴和牲畜饲料。由于其固氮根瘤，它又被称为奇迹树，它能生产高蛋白饲料，同时还能提高土壤肥力。

可食用的蕨类植物

一些蕨类植物的幼叶是可以食用的，荚果蕨（*Matteuccia struthiopteris*）是其中最美味的种类之一。然而，所有的蕨类植物都应该保持适度食用，因为它们含有一些致癌的化学物质，这些化学物质可以保护它们免受食草动物的伤害。由于其具有毒性，蕨类植物在许多文化传统里被用作驱虫剂来治疗寄生虫。蕨类植物在毛利文化中占据重要地位——有几种植物的叶子被当作 pikopiko 食用。银蕨（*Cyathea dealbata*）展开的叶子象征着新的生命、生长与和平，是在新西兰被广泛使用的象征。

▷ 荚果蕨的叶子必须在水中至少煮五分钟才能食用。

甘蓝一家

作为被驯化的几个物种之一，野生甘蓝（*Brassica oleracea*）是南欧和地中海沿海地区的一种十字花科植物。在古代，早期种植的甘蓝为动物提供了饲料，也为人类提供了食物和药品。海甘蓝（*Crambe maritima*）和海滨芥（*Cakile* spp.）是同一科的其他海滨物种，它们作为乡间野菜仍然以原始形式被人类食用。宽叶甘蓝（*B. oleracea* var. *viridis*）和羽衣甘蓝（*B. oleracea* var. *acephala*）是多叶作物，在形态上与它们的野生祖先很接近，该变种的名称也表明这些植物并未被选育成只产生一个叶球的物种。相反，栽培中更倾向于选择叶片最大的植株。卷心菜（*B. oleracea* var. *capitata*）紧密重叠呈头状的叶片是通过选育较短的节间和较大的顶芽形成的。相反，球芽甘蓝（*B. oleracea* var. *gemmifera*）是因为它们增大的腋芽而被培育出来的，腋芽在茎周围紧紧排列，螺旋状生长。

多才多艺的甘蓝甚至在观赏植物中占有一席之地。人们选择了具有颜色鲜艳的白色、绿色和红色叶子和有趣的叶形变化的植株作为观赏的园艺羽衣甘蓝品种。

▽ 这是芸薹属叶类作物中的一些很棒的品种。从左至右：球芽甘蓝（*Brassica oleracea* var. *gemmifera*）、紫甘蓝（*Brassica oleracea* var. *capitata*）、羽衣甘蓝（*Brassica oleracea* var. *acephala*）和卷心菜（*Brassica oleracea* var. *capitata*）。紫甘蓝因其花青素含量较高而被选中。

满足感官需求的叶

在 我们与植物的长期互动中，人类发现了叶的许多用途，这些用途通常与叶含有的次生代谢物的不同化学成分有关。这些有机化合物一般不直接作用于植物的生长和发育，但在生态系统中发挥重要作用。次生代谢物虽然以前被认为仅仅是代谢过程中的废物，但现在人们知道它是一个复杂系统的一部分，调控植物、其物理环境和它的竞争对手或捕食者之间的关系。

芳香叶片

在唇形科（Lamiaceae）的成员中，挥发油参与温度调节，减少水分损失和机械损伤，并保护植物免受食草动物和病原体的侵袭。分泌这些化学物质的腺毛甚至被证明起到了探测传感器的作用，会对行走的昆虫做出反应，并触发防御基因的激活。它们产生的次生代谢物的影响可能相当显著。例如，紫叶鼠尾草（*Salvia leucophylla*）的叶子会将单萜释放到空气中，或者从枯叶中释放到土壤中，这会抑制周围竞争者种子的萌发。百里香（*Thymus spp.*）、牛至（*Origanum vulgare*）和罗勒（*Ocimum basilicum*）的叶子都被证明具有抗菌功效，扰乱细菌和真菌的细胞壁合成和新陈代谢。难怪千百年来，唇形科植物和其他富含次生代谢物的植物被用作香料和传统药物。除了调味食品外，薄荷属植物在许多文化中都有悠久的使用传统，因为它们具有抗炎、镇痛和利尿的特性。同样，薰衣草油被广泛用作香水，因其镇静作用闻名，最近被发现对原生动物贾第鞭毛虫（*Giardia*）和毛滴虫（*Trichomonas*）病原体有预防作用。作为烹饪调料的叶子中的精油不仅增加了食物的味道，还起到了天然防腐剂的作用。

▽ 法国上普罗旺斯阿尔卑斯省的瓦伦索尔高原，被称为"薰衣草之乡"，以其美丽的风景而闻名，这里主要种植了大片的狭叶薰衣草和醒目薰衣草。地中海气候和阳光充足的斜坡使这里的精油产量尤其丰富。

刺激性的叶子

生物碱（含氮杂环化合物）是不同植物器官产生的次生代谢产物，用于防御食草动物。由于具有神经活性，人类使用一些含有生物碱的叶子已有很长的历史。咖啡因存在于由茶树叶片制成的温和刺激性饮料中，咖啡因与可可碱一起存在于茶树中，咖啡因和黄嘌呤也存在于巴拉圭冬青（*Ilex paraguariensis*）中。可卡因是一种从古柯（*Erythroxylum coca*）叶子中提取的更强的热带生物碱，其使用历史最早可以追溯到8000多年前的秘鲁，今天更带来了数十亿美元的非法贸易。

装饰性的叶

树叶的形状和颜色是观赏园艺和园林设计的主要元素。除了直接利用自然界中发现的树叶的多样性，园丁们还培育出了许多形状不同寻常、五花八门的样式。通常这些变异只是偶然的随机突变，并且只能通过营养繁殖来维持，因为这些独特的特性不能遗传。园艺家利用不同植物器官再生或嫁接到近亲的茎上的能力培育新品种。例如，在绣球（*Hydrangea* spp.）中，利用根切段可以从中培育出新植株，而花叶艳山姜（*Alpinia zerumbet* var. *variegata*）可以通过分离根状茎繁殖。对于乔木，如蕨叶欧洲水青冈（*Fagus sylvatica* var. *asplenifolia*），可以将插穗从亲本上取下，然后将其嫁接到砧木上。

◁ 这一串串挂起来的用于烹饪的草本植物，仅为唇形科中众多香料植物的一部分，它们被风干后保存下来供以后使用。

◁ 斯里兰卡山区的采茶者从新长出的茶树上采摘最幼嫩的茶叶。茶叶最初在中国种植，现在世界上许多国家都有种植。

花的提取物

与根、茎、叶或种子和果实相比，花很少被认为是重要的可食用部分。事实上，许多花也是能吃的，例如旱金莲（*Tropaeolum* spp.）、南瓜（*Cucurbita pepo*）、黄花菜（*Hemerocallis* spp.）和香蕉（*Musa×paradisiaca*）的幼嫩花序。然而，这些物种都没有被培育或开发出食用花朵的品种，主要是因为花中的营养价值相对有限。

花茶

植物会释放令人愉悦的花香吸引传粉者（见第242页），因此许多品种被用来制作草药茶，既可作为饮料食用，也可作为传统药物食用。母菊（*Matricaria chamomilla*）茶是最为人所熟知的花茶之一，它能起到舒缓神经和安眠的功效。椴树（*Tilia* spp.）花茶富含类黄酮，用于治疗咳嗽、感冒和高血压。菊花茶（*Chrysanthemum morifolium* 和 *C. indicum*）在中国和亚洲其他许多地方使用，既是一种提神饮料，也是一种治疗喉咙痛和循环系统问题等疾病的药物。玫瑰茄（*Hibiscus sabdariffa*）茶在埃及、拉丁美洲、加勒比海地区、非洲和亚洲都很受欢迎。其鲜红色的花含有花青素，据说有助于降低血压。

啤酒花和酿酒

啤酒花是一种重要的花卉作物（严格地说，是花序），用于酿造啤酒，赋予啤酒苦涩的味道。它一直是大规模育种计划的主题，育种的目的不是改变这种雌雄异株的藤本植物的形态，而是旨在培育出独特的味道。当前人类已经培育出了80多个商业啤酒花品种，每个品种都给啤酒带来了独特的地方风味。酿造时只用圆锥形的雌花序。在啤酒花花序的叶状小苞片内，有一枚胚珠，子房外表面覆盖着许多多细胞的亮黄色腺毛，被称为蛇麻素腺。它们

⋀ 旱金莲是广受欢迎的园林植物，因其艳丽的花朵和迷人的叶子而被种植。这种花是可食用的，和它的叶子一样，有一种辛辣的味道。

◁ 在中国昆明的街市上出售的干玫瑰花，可以用它们的香味来给热饮调味，可以单独使用，也可以与茶叶一起使用。

啤酒花的锥形雌花序，其中每个浅绿色的小苞片包围着胚珠，提供酿造中使用的苦味剂。

产生萜类精油和萜类酚醛树脂，用于平衡麦芽的甜味，它们的抗菌特性可以防止啤酒在储存过程中变质。啤酒花在传统医学中也被用来促进睡眠，蛇麻素腺产生许多化合物，这当中有一些现在正在被作为潜在的抗癌药物进行测试。

珍贵的香水

从花中获得的最珍贵的产品是从花瓣中浓缩精油制成的香水，这种香水在植物中起到吸引传粉者的作用。大马士革玫瑰（*Rosa×damascena*）、铃兰（*Convallaria majalis*）和依兰（*Cananga odorata*）花瓣中的精油是3个经典的例子，它们与动物麝香混合可以制成优质香水。在古代，香水是通过压榨植物的花朵和其他部位挤出浓缩油获得的。到了中世纪，蒸馏技术开始被用于提取花香，香水作为奢侈品变得越来越重要。与花茶一样，大多数用作香水的精油也有传统的药用用途。例如，

薰衣草自古以来就被用作防腐剂，如今已成为肥皂和清洁产品的常用成分。长期以来，香水本身被认为可以预防疾病，在中世纪，防疫医生会把鲜花和芳香树叶放入防护口罩中。

上图：来自印度尼西亚的依兰花是依兰香水的来源。下图：来自花宫娜博物馆的古董铜质蒸馏器，用于提取精油。方法是让水蒸气穿过一层鲜花，然后冷凝溶于水中的馏分。精油漂浮到水面并被收集起来。

花之美

（花）令人惊叹的形态和颜色是向传粉者宣传自身的结果，因其审美价值长期以来受到园艺家的珍视。园丁们不断地选择和培育各色花朵，以增加它们的视觉冲击，选择的结果往往与它们的野生祖先差异颇大。在热衷探险的黄金时代，富有的欧洲领主们在世界各地发起植物探险，雇佣植物猎们发现并带回新的植物，供他们在花园里观赏。

◁ 重瓣皱叶剪秋罗（Lychnis chalcedonica ' floore pleno '）产生浓密的猩红色的花。

越多越好

对于一些园丁来说，仅仅把大自然的美景带回家种植是远远不够的。说到花瓣，很多人都认为花瓣越多越好，因此长久以来，人们对重瓣花一直很着迷。比如罗马博物学家老普林尼专门记载过百瓣玫瑰；重瓣牡丹（Paeonia spp.）在中国尤为珍贵，始见于公元 9 世纪；

▽ 喜马拉雅的绿绒蒿，如杂交的谢氏绿绒蒿（Meconopsis × sheldonii ' Slieve Donard '）是短命的多年生植物，需要肥沃、湿润的土壤条件。它们因其引人注目的花朵受到珍视。

在东方之外

19 世纪中叶，伴随着从新世界引入园艺植物的流行，种类繁多的中国植物群被人们注意到。其中包括数百种杜鹃花、木兰、报春花和龙胆属植物。这些来自异域的花朵为欧洲的花园带来了兴奋和浪漫色彩。其中最具异国情调和最著名的发现是喜马拉雅绿绒蒿。

郁金香热

长期以来，寻找和种植新奇而耀眼的园艺花朵一直是富人的追求，最不寻常的花朵被视为高级的地位象征。在17世纪早期的荷兰，对郁金香的狂热席卷了整个国家，最稀有的品种要价高昂。1636年11月，市场上的投机活动激增，但第二年2月，泡沫破裂导致许多交易商破产。那个时期的静物画中对郁金香的描绘是这种昂贵风潮的遗产。

▷ 在让·莱昂·热罗姆（Jean-Léon Gérôme）的《郁金香荒唐事》（*In the Tulip Folly*，1882）这幅画中，一位贵族守卫着他最珍贵的郁金香，而士兵们则践踏花坛，以减少供应，稳定市场。

杰拉德的《植物通史》画出了几种重瓣花。重瓣品种的拉丁学名中往往包含"flore pleno"，其产生通常是因为同源突变导致雄蕊被额外轮的花瓣取代。商业育种已培育出许多重瓣品种，特别是蔷薇、山茶（*Camellia* spp.）和康乃馨（*Dianthus caryophyllous*）。

对自然的提升？

杂交是将新的配色方案引入花朵的主要方法之一，它是通过人工将花粉从一种亲本植物转移到另一种亲本植物的柱头来实现的。业余和专业的育种者通过这种方式培育出了3000多种萱草品种，这些品种的花色、图案和大小都经过了筛选，现在的萱草是原始野生植物的两倍大。一旦产生了理想的结果，新的植物就可以通过种子进行有性繁殖，或者通过组织培养无性繁殖来减少变异的可能性。后者的方式是利用琼脂培养基在试管中培养植物；蝴蝶兰（*Phalaenopsis* spp.）的人工种植也取得了巨大的成功，如今蝴蝶兰有多种多样的颜色。

20世纪80年代末以来，澳大利亚的研究人员一直在利用基因工程将翠雀属（*Delphinium* spp.）植物中产生亮蓝色的翠雀花素的基因转移到玫瑰、康乃馨和菊花上。这3种植物在切花工业中最有价值，但都没有自然产生的蓝色色素。如果成功是否会带来可观的销量还有待观察，但很多精力已经投入这个被一些人认为是园艺"圣杯"的东西上了。

▷ 多亏了育种计划和使用组织培养的大规模生产，蝴蝶兰已经从稀有的异国品种变成了常见的室内观赏植物。

我们的日常主食

(谷) 物是世界各地的主食，也是文明的基础。一个关键问题是，谷物是如何从野草演化而来的？最明显的是籽粒大小的增加，这提高了作物的产量。但在最新的品种中，颗粒大小只是演化结果的一部分，因为植物的每个器官都经过了微调和增强。最终，产量的提高取决于在很少的肥料和杀虫剂投入下的整体表现和快速生长的能力，包括在土地干旱和盐碱化的条件下。

▷ 自农业起源以来，面包一直是世界上最受欢迎的主食之一。自然生长在谷物表面的酵母孢子起着发酵粉的作用。

小麦的生长

在新月沃地，新石器时代的人们发现了几种野生一年生草本植物，它们有营养的种子通常经过烘烤去壳，可以被磨成面粉。通过保存和播种最好的种子，驯化的过程开始了。最早的一种小麦是大约公元前 8000 年从土耳其东南部的野生小麦（*Triticum boeoticum*）中培育出来的。早期农民的选择产生了栽培的一粒小麦（*T. monococcum*），一个具有稍大颗粒的二倍体物种和一个有价值的突变。在野生型中，脆弱的小穗轴在成熟过程中会碎裂以分散小穗，而在突变型中，小穗轴变得坚韧，仍然附着在穗上。这使得收割和加工效率大大提高。

同样的突变很快在其他几个早期小麦品种中被选择出来，二粒小麦（*Triticum dicoccon*）是一个自然发生的四倍体杂种，其两个二倍体物种亲本分别是乌拉尔图小麦（*T. urartu*）和一种山羊草（*Aegilops sp.*）。后来一个重要的发展是这个四倍体和节节麦（*A. tauschii*）杂交

产生了耐寒性好的六倍体小麦（*T. aestivum*），它们的种子有较高的麸质含量，使面粉适合发酵成面包。斯卑尔脱小麦（*Triticum spelta*）和硬粒小麦（*T. durum*）也被选择产生裸露或更薄、更小的颖片，在脱粒过程中更容易去除谷壳。

▽ 一片金色的麦田里，长满了正在成熟的小麦。就卡路里消耗而言，小麦是世界上第三大重要作物。小麦的适应性极强，它可以生长海拔 0～3000 米以上的地方，也可以生长在各种土壤上，同时也有春季和冬季品种。

◔ 栽培的二粒小麦最初被选择是因为它的谷物易于收获。与野生的稻穗不同，这种稻穗在成熟时不会碎成单独的谷粒。

▽ 来自新月沃土的野生单粒小麦是最早种植的作物之一。它的产量很低，但可以在贫瘠干燥的土壤上种植。

令人惊讶的祖先

虽然大刍草的穗子只有大约 12 颗种子，每个种子表面都有一层硬如石头的外壳保护着，但它被认为是现代玉米的祖先。6000—10000 年前，这种植物在墨西哥南部被驯化，人们选择出了缺乏石质外壳、露出谷粒的品种，而不分枝的品种则演化出更少但更大的穗。

收割庄稼

随着小麦种植的普及，其他草类作为杂草随着小麦种子传播，包括一些被证明更适合在新环境中生长的草类。例如，从北非到中东，再到亚洲的野生大麦（*Hordeum spontaneum*），在寒冷的气候条件下比小麦生长得更好，是栽培大麦的前身。类似地，燕麦、黍类（画眉草族的各种物种）和高粱首先以杂草的形式散布，然后在非洲温暖的气候中茁壮成长。

激素调节细胞在茎中的伸长生长。此外，冬小麦和春小麦品种已在不同地区培育，并通过标记辅助选择（marker-assisted selection，MAS）提高了小麦的耐旱耐盐性。对小麦基因组的完整 DNA 测序已经确定了超过 96 000 个基因，它们来自 5 个不同的祖先物种的基因组。对植物科学家来说，一个长期的重大挑战是将豆类植物的固氮系统引入到世界上最重要的作物小麦和其他谷物中。

成功的选择

其他早期小麦品种，包括斯卑尔脱小麦（*Triticum spelta*）、硬粒小麦及其野生近亲，为现代植物育种家提供了宝贵的基因库。在绿色革命期间引入的重要性状（第 347 页的方框）包括，在施用高浓度化肥的情况下，短秆品种不会像早期品种那样垮掉。20 世纪 30 年代，在日本开发的农林 10 号（Norin 10）小麦品种的矮化（Rht）基因降低了植物对赤霉素的敏感性，该植物

在古代，人们用手工研磨的小石磨将谷物磨成面粉。为整个聚居点服务的水力和风力磨坊是最早的机械应用之一。

非谷物的种子作物

谷 物无疑是提供最多热量的种子，但其他历史同样悠久的重要种子作物可以提供不同的营养价值。有些植物，如油菜（*Brassica napus*），自古以来就被用来榨油。原生品种的菜籽油不适合食用，但为了增产和减少有害化学物质，人们通过选择性育种发展了菜籽油，现已成为商业贸易中的第三大植物油。油菜籽和其他植物的种子也用于制造生物柴油。

△ 虽然油菜是一种古老的作物，但近年来随着其用途的多样化，其栽培量大大增加。这是现在我们熟悉的风景。

▷ 尼泊尔甘德鲁克山区，一位当地农民和她种植的五颜六色的苋，它们有红色和黄色的穗状花序，和块根作物芋头一起生长。

苋

中美洲的古代阿兹特克人种植苋属植物（*Amaranthus* spp.），收获它们的淀粉种子。像玉米和高粱一样，苋也是 C4 植物（见第 154 页），在高温和各种土壤和气候条件下都能进行高效的光合作用。它们生产的谷物含有较高的蛋白质和赖氨酸，而这在大多数其他谷物中是稀缺的。在南美洲，印加人驯化了藜麦（*Chenopodium quinoa*），藜麦是苋菜的近亲，具有相似的品质。这两种植物的种子未经处理时都是有毒的，需要煮沸去除苦味的皂甙。除

了苦味减少，这两种作物相较于野生种都没有太大的改变。许多地方品种，在当地选育且一直保持栽培，代表了丰富的遗传变异来源。

播种大豆

有争议的是，大豆通常被大规模种植在生物多样性丰富的热带雨林和高草草原。全球大部分大豆作物都进行了基因改造，例如引入了对草甘膦的耐受性，草甘膦是一种专用除草剂。人们通常不喜欢耐受除草剂的转基因生物，但这种负面看法正在被纠正，因为这些植物可以在低耕系统中生长，这有助于保护表土。

豆类作物

豆科植物的功能繁多，对人类尤其重要，因为豆科植物的根瘤可以捕获和固定大气氮，从而增加土壤肥力。豆荚的特点是含有高蛋白质的种子，而那些作为干谷物收获的种子被称为豆类。像谷物一样，其种子是干燥的，这一事实使它们在收获后可以长期储存。尽管豆类是人类和动物获取蛋白质的重要来源，但全球消费量一直在缓慢下降。为了促进它们在实现粮食安全方面的作用，粮食及农业组织宣布2016年为国际豆类年，确定了11种主要豆类。

兵豆种子独特的双凸形状赋予了该物种学名（*Lens culinaris*）。这种古老的作物，由新石器时代的农民在肥沃的新月地带与单粒小麦和二粒小麦一起种植，含有大约25%的蛋白质，明显高于谷物。而且它耐旱，能够在一些边边角角的土地上种植。大豆（*Glycine max*）是另一种长期栽培的豆类，起源于东亚，至少从公元前7000年开始在中国种植，

◇ 大豆是一种营养丰富的豆类，可以用来做豆腐、酱油和其他人类喜爱的食品，也可以做动物饲料。但它在亚马逊地区的种植以破坏雨林为代价。

蛋白质含量高达45%。尽管它们很有营养价值，但许多豆类的种皮都很难被消化，从而可以避免它们被虫子吃掉。因此，在食用之前，大豆通常需要很长时间的烹饪才能软化这些种皮，而培育豆类的大部分努力就是为了降低这些物质的含量。

◇ 兵豆的许多品种已被开发出来。从左到右：小扁豆、红兵豆（烹饪中最常见）和绿兵豆。

可食用的果实

种子通常都是有用的，因为，作为植物繁殖体，种子为萌发储存能量，果实促进和加强种子的传播。种子有各种各样的形式。有些如榛子，具有由子房壁形成的坚硬外壳，用来保护里面营养丰富的种子。再比如青豆和荷兰豆，都有肉质的豆荚，在完全成熟之前就被收割。不管怎么样，大多数可食用水果都为动物提供了更甜蜜的肉质奖励以促进种子传播。

△ 蔷薇科果实的形状和味道具有显著的多样性。苹果的果实是梨果，而黑莓（*Rubus fruticosus*）和草莓（*Fragaria × ananassa*）都是聚合果。黑莓是许多果的集合，而草莓是一种聚合果，其中的肉质部分是从花托发育而来的。樱桃（*Prunus avium*）的果实是核果。

蔷薇科果实

蔷薇科是植物界最具经济价值的植物之一，驯化历史悠久。苹果和梨的果实，也被称为梨果，是由膨大的肉质萼筒和内含心皮的花托形成的。苹果起源于中亚，可能是第一种被驯化的树，也是现在温带地区栽培最广泛的果树。为了确保一个品种所需要的特性得到保持，它们需要通过嫁接到砧木上进行无性繁殖，砧木的选择决定了树的大小。从商业上来说，矮化且紧凑的砧木是首选。嫁接技术有着悠久的历史——大约公元前300年，马其顿的亚历山大大帝就已经把矮化苹果送到了雅典，嫁接技术也在古罗马被广泛使用。

苹果品种之间的杂交产生了大量，且适合3个主要用途的品种。鲜食苹果的颜色、大小、质地和味道都经过了精挑细选，许多早期品种有粗糙的褐色锈皮，这种特性仍在一些现代品种中保留了下来，但鲜食苹果大多数品种都是经过精心培育的。烹饪用的苹果一般都比较大，有一种酸味，而酿酒苹果具有发酵所需的高糖分以及提升口感的单宁。

梨（*Pyrus* spp.）的起源和多样性与苹果相似，有 3 种主要的商业栽培品种，其果实可以是"梨形"或类似苹果。其他具有悠久栽培历史的梨果物种包括原产于西南亚的榅桲（*Cydonia oblonga*）和欧楂（*Mespilus germanica*），以及原产于中国的枇杷（*Eriobotrya japonica*）。欧楂的不同寻常之处在于，它们要等到干瘪后才能食用。干瘪不仅是成熟的过程，还需要果实留在树上暴露于霜冻让其细胞壁被破坏。

果实类型

肉果可分为三大类，其中许多已被驯化。单果由具单子房或复子房的花长成，包括像醋栗和黑醋栗这样的浆果，以及李子和桃子这样的核果。聚合果，如草莓和覆盆子，由一朵花和许多未融合的心皮发育而成。聚花果，如菠萝、桑果和面包果，由多花的整个花序发育而成。

香蕉

香蕉（*Musa* spp.）是一种含淀粉的热带和亚热带品种，目前是最不发达国家的第四大栽培作物。它们最早在东南亚和巴布亚新几内亚被驯化，时间可能早在公元前 8000 年，来自两个祖先物种，小果野蕉（*M. acuminata*）和野蕉（*Musa balbisiana*）。这两种植物都产生大量的大种子，所以早期农民的选择集中在繁殖孤雌生殖植物上，这些植物在不进行受精的情况下培育出不育的果实。在一段复杂的杂交和传播香蕉品种的历史中，不同的品种扩散到印度和非洲，并在世界各地传播。香蕉目前每年的总产量超过 1 亿吨，但是它的遗传多样性很低，像"卡文迪许"这样广泛种植的品种对病虫害非常敏感。

野蕉，现代栽培香蕉的野生祖先之一。虽然现在人们认为香蕉果肉中含有许多大的种子是不能食用的，但在现代香蕉品种出现之前，这些种子已经被当作淀粉食物煮熟食用了。

◁ 坐落于泰国新开垦林地中的一处油棕种植园。自1848年棕榈树被引入泰国以来，它在亚洲被广泛种植，但经常以破坏热带雨林为代价。

▽ 棕榈油来自非洲油棕果实中红色的果皮，而白色的内仁产生棕榈仁油。

油料和香料

一些重要的植物油可用作润滑剂或食品，可以通过压碎成熟的果实来获得。橄榄树（*Olea europaea*）最早在新月沃地被驯化，早在公元前8000年，它就已经是地中海地区的一种传统木本作物，而非洲油棕（*Elaeis guineensis*）的油早在公元前5000年就被用来生产一种高饱和脂肪。香料作为一种干燥的芳香植物产品，通常因其烹饪用途和药用特性而被高度重视，也有很长的历史，是世界上最早的商品交易之货物一。

◁ 肖乳香和黑胡椒，后者在不同的成熟阶段收获。

黑胡椒

现在世界上交易最多的香料是黑胡椒，它是胡椒（*Piper nigrum*）的果实。这种多年生木质藤本植物，原产于南亚和东南亚，至少从公元前2000年起就被用于印度菜中。其果实是核果，外面的肉质部分包围着其中坚硬的内果皮和一枚种子。驯化在不显著改变植株形态的情况下提高了产量和质量。黑胡椒从印度出发穿过印度洋，经过埃及到达罗马，这条路线存续了数千年。罗马帝国的灭亡减少了这种贸易，但它在十字军东征期间得以再次扩张，威尼斯控制并垄断了欧洲的业务，这使得欧洲航海国家探索新的航线以打破垄断。1498年，当瓦斯科·达·伽马（Vasco de Gama）经好望角到达印度时，葡萄牙控制了东印度的贸易。荷兰人和英国人很快跟进，建立了他们自己的东印度公司以进口许多商品，包括香料。

热辣开启

辣椒（*Capsicum* spp.）属于茄科（Solanaceae），至少在公元前7500年在墨西哥被驯化，然后在中美洲和南美洲广泛传播。1492年，意大利探险家克里斯托弗·哥伦布（Christopher Columbus）试图找到一条通往东印度群岛中的香料岛的西行路线，他称这些辣椒为"胡椒"，因为它们尝起来像他所知道的黑胡椒。辣椒很快传遍了旧世界，在15世纪后期通过葡萄牙的果阿港口到达印度。现在有5种辣椒被广泛种植，其中甜椒（*C. annuum*）是被最广泛消费的——通常是最不辣的。最辣的辣椒的史高维尔辣度指数（用于比较辣椒素水平）超过100万个辣度单位，包括"naga jolokia"和"naga morich"等品种。

⌃ 在尼泊尔的一个农场里，辣椒在阳光下晾干。它们也可以直接鲜食。

⌄ 印度果阿邦北部安朱纳的一个市场里的香料，这里以前是葡萄牙人的领地，是欧洲香料贸易的重要集散地。

各式各样的椒

相比与之近缘的黑胡椒，荜菝（*Piper longum*）的果实有更强烈的味道，因为它含有更多的胡椒碱，并被用于阿育吠陀医学。在古希腊，其长而干的幼果序也被用作药物。在西非、墨西哥和东南亚，胡椒属的一些其他本地种也被食用。新世界有它自己的本土"胡椒"，来自秘鲁和巴西的胡椒树（分别是肖乳香和巴西胡椒木）。因为它们鲜艳的颜色，通常会把它们混在其他的胡椒中。在中国四川，芸香科的花椒（*Zanthoxylum bungeanum*）因其强烈的麻辣味而被广泛使用，它在嘴里会产生一种麻刺感。

植物育种的进展

正 如我们前面所看到的，植物育种是从直接选择那些被认为具有理想属性的植物进行繁殖开始的。这个过程开始于主观选择，例如，选择果实产量最多的植株，识别这些植株，并将其独立于更广泛的遗传变异库之外。经过连续几代，这种选择性栽培改变了植物的遗传组成。另一项关键技术涉及克服杂交育种的自然障碍，创造杂交品种，通常是在近亲物种之间，但有时是在属与属之间。

孟德尔的豌豆

1856 年，奥地利的神父孟德尔（Gregor Mendel）开始对不同品种的豌豆进行杂交实验，并发现了孟德尔遗传定律。他将表现出 7 个自变量性状的豌豆进行杂交，发现在结果的后代中，有一个性状总是占主导地位。所有的高豌豆与矮豌豆杂交都能产生高的植株，孟德尔将这种情况称之为显性。当产生的植株相互杂交时，每 4 个子代中就有一个是矮小植株。

△ 豌豆这样的豆荚是豆科植物的典型果实。每个种子都是从单个子房发育而来的，营养丰富，可以干燥并长期储存。

▷ 豌豆的花色遵循科学家格雷戈尔·孟德尔的遗传规则。当紫色和白色的花与它们自己的品种杂交时，每朵花的花色都是稳定的，但当交叉杂交在一起时，紫色在第一代为显性，白色在第二代重新出现。

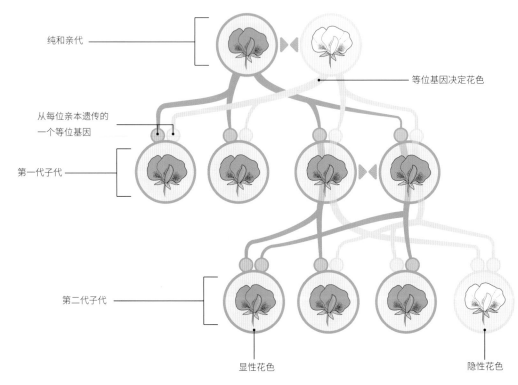

纯和亲代

等位基因决定花色

从每位亲本遗传的一个等位基因

第一代子代

第二代子代

显性花色

隐性花色

孟德尔称导致矮小植株重现的现象是隐性的。隐性基因在显性基因也存在的情况下不会发挥作用，而只有在双亲都传递隐性基因的情况下才会发挥作用。孟德尔发现的重要性直到20世纪初才被得到充分认识，他的工作提供了对自然选择过程的新理解，并促进了遗传学的诞生。

应用遗传学

随着对遗传学的理解不断加深，植物育种者开始开发更有针对性的方法，将感兴趣的性状引入栽培植物。这些措施包括利用适应当地的地方种、栽培品种或作物的野生近亲中存在的遗传多样性。然而，这种方法有许多挑战，尤其是性状经常涉及在不同植物器官中表达的基因在生命周期不同阶段之间的复杂相互作用。

被选择的亲本之间的杂交通常是人工进行的，方法是将花粉从父本转移到去势的雌花柱头上（去掉雄蕊以防止自花授粉）。在人工授

粉完成后，花朵会被套袋以防止外源花粉的污染。杂交通常会导致不育后代含有数量不均匀的染色体。在许多情况下，可以通过将染色体数量加倍来恢复植株的生育能力，一般是通过使用秋水仙素抑制细胞分裂实现的。此后遗传学取得了进一步的进展，科学家们进一步理解了植物整个基因组及其相互作用。

◁ 为了选择特定的特征，可以用手从父本的花药中取出花粉，然后直接转移到所选择的雌性植株的柱头上。

绿色革命

20世纪60年代末，小麦和水稻高产矮秆品种的开发，与使用化肥和灌溉的新农业技术相结合，引发了所谓的绿色革命。这促进了粮食产量的增加，特别是在发展中国家，将许多人从饥饿中拯救出来。然而，杀虫剂和化肥的使用带来了与发展集约农业相关的长期负面后果，在某些情况下，导致了作物的遗传多样性变低。

▷ 小黑麦（*Triticale* sp.）是一种高蛋白作物，主要用作动物饲料，是小麦和黑麦（*Secale* spp.）的人工杂交种。

基因组时代

近年来，我们在实验室中操纵植物的能力迅速进步，这尤其要归功于全基因组测序的成本不断下降。2000 年，第一个被测序的植物基因组是拟南芥的基因组，它曾在 10 年前被选为模式物种，因其为自花授粉的二倍体，生命周期短，且基因组相对较小（135 兆碱基对）。我们现在可以确定这一物种的 27 000 个基因和它们编码的 35 000 个蛋白质的功能，并且完整的基因组序列对于众多繁育品系都适用。

⑦ 拟南芥由于其众所周知的基因组和较短的生命周期，是用于理解特定基因在植物中功能的模式物种。

基因工程

基因工程可以将决定特定性状的基因直接转移到缺乏这些基因的植物中。最早的应用之一是将土壤细菌苏云金芽孢杆菌（*Bacillus thuringiensis*，简称 Bt）中负责产生杀虫蛋白的基因转移到植物中。1995 年，含有能产生 Cry 3A Bt 毒素的转基因马铃薯成为美国批准种植的第一种抗虫作物，Bt 棉花和 Bt 玉米紧随其后。全球转基因作物种植面积急剧增加，2016 年达到 1.85 亿公顷。最常种植的转基因作物是玉米、大豆、油菜和棉花，其中 54% 种植在 19 个发展中国家，其余种植在 7 个发达国家或工业化国家。最近的转基因作物包括抗除草剂草甘膦的专利作物品种。

转基因技术的最初应用主要是为了提高产量，而第二代转基因食品的目标是为消费者提供其他益处。例如，"黄金水稻"是一种水稻

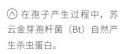

⋀ 在孢子产生过程中，苏云金芽孢杆菌（Bt）自然产生杀虫蛋白。

▷ 在印度马哈拉施特拉邦维达尔巴，农民在收获转基因抗虫棉（*Gossypium hirsutum*）

品种，它利用两种转基因来合成作为维生素 A 的前体 β-胡萝卜素。尽管有这些好处，基因工程仍然存在争议（见右文方框）。

不断涌现的新技术

突变体育种是一个重要的、发展迅速的研究领域，人们对基因及其调控的理解在不断深入，操作和调控基因的新方法一直在不断涌现。例如，通过对感兴趣的基因使用 DNA 的标记或染色体上靠近它们的标记来加速植物育种。它可以应用于涉及多基因的复杂性状，如产量、抗旱性和抗病性，并使用高通量 DNA 筛选来快速确定所需性状是否存在于通过传统杂交方法产生的后代中，而不是通过转基因方法。

基因编辑使得使用工程核酸酶移除或替换 DNA 序列成为可能，这种核酸酶会在 DNA 的

备受争议的作物

尽管转基因作物有很多优势，但它们仍然存在争议。人们对消费者和环境的安全以及转基因生物的应用表示担忧。虽然对转基因食品消费的调查发现，与传统作物相比，它们没有额外的风险，但已经有一些例子表明，由于巨大的选择压力，杂草对除草剂草甘膦产生了抗药性。也有转基因从附近的转基因作物转移到非转基因作物或野生近缘物种的例子。

某个特定点造成双链断裂，然后通过插入新的 DNA 来修复断裂。这使得性状的叠加成为可能，其中几个不同的基因可以放在同一染色体上，以便它们在细胞分裂期间共分离，在繁殖过程中保持在一起，并在后续世代中遗传。例如，基因编辑技术 CRISPR 就是从保护免受病毒攻击的细菌免疫系统改良而来。

▽ 基因编辑技术使用 DNA 剪切酶从特定基因中移除精确靶向的 DNA 片段，并将其替换为携带不同 DNA 序列的短链，从而改变或修复基因的功能。

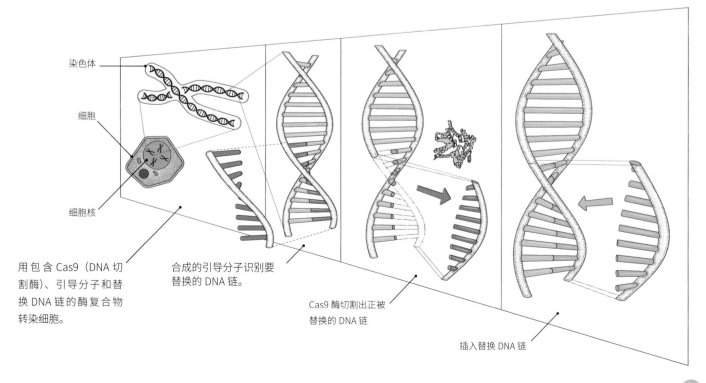

染色体

细胞

细胞核

用包含 Cas9（DNA 切割酶）、引导分子和替换 DNA 链的酶复合物转染细胞。

合成的引导分子识别要替换的 DNA 链。

Cas9 酶切割出正被替换的 DNA 链

插入替换 DNA 链

○ 2008 年，作为未来的保险，全球作物多样性信托基金（The Crop Trust）在挪威斯瓦尔巴群岛一个偏远岛屿的山上创建了全球种子库。

ㄴ 在全球种子库内，来自世界各地的农作物干燥种子被低温保存，在那里它们可以存活数千年。

保护植物多样性

（联）合国生物多样性公约等国际协议使人们认识到，在全球人口增长和环境变化加速的背景下，我们需要为未来保存尽可能多的生物多样性。当务之急是保护我们最依赖的植物——那些养活我们的植物。在生态系统、物种和遗传水平上保护多样性是很重要的，无论这些植物物种是否有特定的作用。

保护作物

自 20 世纪 60 年代以来，保护作物多样性和开发新品种一直是由 15 个国际农业研究磋商小组（CGIAR）组成的全球网络的职责，该组织致力于保护和研究特定的作物、生态系统或地区。其保管的公共收藏是以信托形式存在的，以防止农业过度依赖单一品种带来的潜在危险，因为当我们依赖太少的品种时，结果有时会是灾难性的。1845—1852 年，至少有 100 万人死于爱尔兰的大饥荒，当时由马铃薯晚疫病菌引起的马铃薯枯萎病席卷了欧洲。过度依赖少数几个品种，对该病菌缺乏抗性是造成大饥荒的主要因素。20 世纪 70 年代，玉米小斑病（*Bipolaris maydis*）的流行摧毁了美国六分之一的玉米地，原因是过度依赖高度易感的得克萨斯 cms-T 玉米品种。显然，我们必须保护作物的遗传多样性，以此确保未来作物的适应性和恢复力。

位于马尼拉的国际水稻研究所通过培育半矮秆水稻品种为绿色革命做出了突出贡献（见第 347 页的方框），目前正在开发"黄金水稻"（见第 349 页）。利马的国际马铃薯中心专门培育土豆、红薯和其他适应安第斯山脉的根茎和块茎。2004 年，全球作物多样性信托基金根据国际法成立，作为一个独立的组织，以确保世界范围内粮食安全的作物多样性和可获得性。其位于斯皮茨卑尔根的斯瓦尔巴全球种子库拥有来自世界各地数千个种子银行的副份收藏，为未来提供保险（见对页）。

野生植物多样性

保护所有植物的多样性还不能让所有人信服。虽然我们知道植物创造并维持了生物圈中动物生存的必要条件，但有时还是有人认为存在一定程度的冗余，因此没有必要保护所有物种。这种合理化通常基于把物种分配到相应的功能基团，就像它们是机器中可互换的部件一样。一部分人倾向认为一个物种需要向我们

证明它的效用，才值得从灭绝中被拯救，但这是道德上在站不住脚的。人们常说，出于开明的自身利益，我们应该保护生物多样性。事实上，很容易理解生态系统服务作为我们的生命支持系统有多么依赖于植物多样性。幸运的是，由 3000 多个植物园和其他组织组成的全球社团正团结在国际商定的全球植物性保护战略周围。世界上的植物园已经保护和管理了比任何其他部门都要大的已知植物物种的比例。

△ 罗文·吉莱斯皮（Rowan Gillespie）的饥荒雕像矗立在爱尔兰的都柏林码头，纪念 1845—1849 年大饥荒中死亡的近 100 万人。

◁ 在位于哥伦比亚达里恩镇附近的农田里采收试验菜豆（*Phaseolus* spp.），为国际热带农业中心（CIAT）的研究提供服务。

▽ 保存在哥伦比亚的国际热带农业中心基因库的热带牧草样本。这些植物的种子已被送往斯瓦尔巴群岛的全球种子库进行保存。

保存种子

植物有许多生存策略，包括通过有性和无性方式繁殖，帮助自己大量扩散。保护植物多样性的努力利用了植物的基本生物学原理。种子库在这方面扮演着重要的角色，因为许多种子可以休眠几个世纪。但并不是所有的种子都存在于种子库中，所以还需要其他形式的生物收集。每一种保护方法都会确保尽可能多的遗传多样性被捕获和保存。

▽ 来自野生植物物种的DNA样本被储存在昆明的中国西南野生生物种质资源库中，用硅胶保持干燥，并仔细贴上标签，存入数据库。

种子银行

种子库对于可以忍受干燥和冷冻的75%的普通种子的植物来说是一种非常经济高效的保护植物多样性的方式。这样的种子通常很小，种皮坚硬，休眠状态只有在恰当的环境提示触发下才会被打破。标准方案是将种子干燥到水分含量在7%左右，随后保存在–20℃的环境中。世界上最多样化的种子库是位于伦敦皇家植物园的邱园千年种子库，它开发了适用于野生植物物种的活力测试和萌发方案，其中许多以前从未被种植过。

▽ 中国云南省昆明市的中国西南野生生物种质资源库的种子展示在视觉上令人惊叹。连同由邱园千年种子库提供的种子，这些储存种子的光纤棒最初出现在2010年上海世博会的英国馆。

任何种子库扮演的关键角色都是提供植物材料。斯瓦尔巴群岛全球种子库已经做到了这一点，向国际干旱地区农业研究中心提供了在叙利亚冲突中被摧毁的副份种子。顽拗型种子通常很大，皮薄，休眠期短，不能用常规方式储存，必须通过超低温保存或组织培养（右文见方框）的方式保存，或者作为活植物保存。不幸的是，顽拗型种子出现在许多重要的植物类群中，例如壳斗科的物种，以及许多热带木本类群。

活体收藏

植物园拥有国际上重要的植物多样性活体收藏。由国际植物园保护联盟（Botanic Gardens Conservation International）维护的PlantSearch数据库有大约1100个机构保存的130万份材料的记录，估计至少有三分之一的植物物种被保存在植物园中。虽然这代表着一项重要的资源，但它目前还不足以捍卫植物多样性的未来。人类需要采取协调一致的战略行动，使世界上活体植物收藏能够充分代表物种和遗传多样性，并结合获取种子、插穗、鳞茎和其他植物繁殖体的重大收集计划。为了确保未来的植物多样性，农作物和野生植物部门朝着一个共同的目标努力非常有必要。

超低温保存与组织培养

对于种子库来说，超低温保存是一种成本很高的保存选择，需要将胚轴从种子中分离出来，并用冷冻保护剂处理，以减少液氮冷冻的物理损害。另一种策略是超低温保存休眠芽或小段的茎轴，它们可以通过嫁接或直接生根，或使用与组织培养相同的方法通过体外培养来恢复。组织培养和微繁殖已经被用来保存大量小型的活体植物，如兰花。

植物与未来

植 物的未来就是我们的未来，与我们的命运密不可分。那么，未来会是什么样子呢？许多指标表明，我们正在给地球维持生命的能力带来前所未有的负担。虽然全球人口增长速度已从 1960 年代的峰值放缓，但人口数量仍在继续上升，联合国预测，到 2100 年可能会有 112 亿人。实现可持续发展的最佳解决方案是在全球各地创造植物多样性丰富的环境。

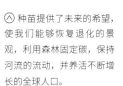

⚠ 种苗提供了未来的希望，使我们能够恢复退化的景观，利用森林固定碳，保持河流的流动，并养活不断增长的全球人口。

可持续发展目标

2015 年，联合国成员国批准了一项可持续发展议程，随后通过了 17 项可持续发展目标，或称"全球目标"，以及 2030 年要实现的相关目标。各国政府、企业和民间社会已开始努力实现这些目标，旨在改善世界各地人民的生活。许多目标的实现十分依赖植物多样性，特别是那些涉及粮食安全、生物多样性丧失、可持续城市发展和气候变化的问题。

目标 2：零饥饿

自 20 世纪 90 年代以来，估计有 75% 的作物多样性已经从农民的田地中消失。利用现有作物及其野生近亲包含的基因，增加现有作物的多样性还有很大的空间。这将需要进一步发展种子和植物库，以及更可持续的农业实践。农业集约化往往以牺牲生物多样性、土壤质量和生态系统服务为代价。扭转多样性下降趋势的关键将是通过将生物多样性整合到有目的地重新设计的农业景观中来。植物育种的进步为未来带来了许多希望，前提是保证公平，克服准入问题。

目标 11：可持续城市和社区

考虑到一半以上的人类生活在城市地区，农村人口向城市的迁移正在增加，目标 11 呼吁提供安全和负担得起的住房、改善公共交通、更多公共绿地以及改善城市规划和管理。这是一个重新思考和重新设计植物和城市之间关系的机会，可以通过城市农业以及创造高质量的绿地等举措来实现。未来的绿色屋顶、绿色围墙和城市公园为什么不能收集稀有濒危的农作物和野生植物呢？

联合国可持续发展目标

1. 无贫困	10. 减少不平等
2. 零饥饿	11. 可持续城市和社区
3. 良好健康和福祉	12. 负责任的消费和生产
4. 优质教育	13. 应对气候变化
5. 性别平等	14. 水下生物
6. 清洁饮水和卫生设施	15. 陆生生物
7. 经济适用的清洁能源	16. 和平、正义与强大机构
8. 体面的工作和经济增长	17. 促进目标实现的伙伴关系
9. 产业、创新和基础设施	

目标 13：应对气候变化

气候变化对我们物种的生存构成威胁。技术解决方案，例如从化石燃料向可再生能源的迁移，必须发挥其作用。然而，可呼吸的大气最初是由陆地和海洋的光合作用产生的。因此，森林、稀树草原、草原和精心管理的农业景观是碳固定的基础。让这个世界保持绿色是将气候变化的影响降到最低的最佳方式之一。

目标 15：陆生生物

目标 15 旨在"保护、恢复和促进陆地生态系统的可持续利用，可持续地利用森林，防治荒漠化，阻止和扭转土地退化，阻止生物多样性的丧失"。这些都是巨大的挑战，所有这些都取决于我们对植物多样性的理解和关注。当前的生态修复举措不断增长，但资源投入仍不足。目前最重要的限制是缺乏本土植物的种子。为克服这一限制，可以做很多事情，比如为本土物种建立高度多样性的种子库。我们面临的全球性挑战令人望而生畏。虽然人类几千年来一直依赖植物，但要最大限度地维护我们与植物的关系，还有很多事情要做。作为一名植物学家，从来没有比这更令人兴奋的时刻了。

◡ 工作人员在塞内加尔卢加地区的维督（Widu）苗圃中浇水，这是绿色长城（GGW）倡议的一部分。该项目的目的是创造一条 15 千米宽由不同种类植物组成的绿色林带，横跨非洲 7600 千米，一直延伸到撒哈拉以南。它将从西部的塞内加尔延伸到东部的吉布提，以遏制荒漠化。

◠ 对可持续发展城市的追求，正在推动像中国香港城市绿地这样的创新景观的发展。

词汇表

achene 瘦果
小的，干燥不开裂的果实，只含一粒种子。

adventitious root 不定根
由非根组织（如茎）发育而成的根。

allelopathy 化感作用
植物产生生物化学物质以抑制邻近植物的发育和生长。

alternation of generations 世代交替
生命周期中由单倍体配子体和二倍体孢子体世代相互交替的情况。

anther 花药
花雄蕊中产生花粉的部分。

antheridium (pl. antheridia) 精子器
在苔藓、拟蕨类和蕨类植物中，产生并保存雄性精细胞的器官。

antheridiophore 精子器托
在一些苔藓植物中产生精子器的直立结构。

apomixis (adj. apomictic) 无融合生殖
无性生殖过程中产生了不由精子或卵子形成的胚，其后代是克隆个体。也称无配子生殖。

archegonium (pl. archegonia) 颈卵器
在苔藓、拟蕨类、蕨类和裸子植物中产生和保存雌性卵细胞的器官。

aril 假种皮
种子的外层附属物，常肉质且色彩鲜艳。

bract 苞片
特化的叶，常生于花或花序下方。

cambium 形成层
位于木质部和韧皮部之间的一层细胞，分裂旺盛，形成次生生长。

capitulum 头状花序
菊科植物的花聚集成头状的花序。

carpel 心皮
花中包裹住胚珠的雌性生殖器官。

caryopsis 颖果
禾本科植物的瘦果，其种皮与子房壁融合在一起。

caudicle 花粉块柄
兰科植物中，连接花粉块和蕊柱的结构。

chloroplast 叶绿体
植物执行光合作用的含叶绿素的特化细胞器。

cladode 叶状茎
特化成叶的形态并执行叶的光合作用功能的茎。

collenchyma cells 厚角组织细胞
一种特殊的薄壁细胞，细胞壁选择性纤维素加厚，可以为茎提供柔性支持（参见厚壁组织细胞，sclerenchyma cells）。

corm 球茎
膨大的地下茎，执行贮藏器官功能。

cotyledon 子叶
被子植物的胚叶，通常是发芽后出现的第一片叶。单子叶植物仅有一枚，双子叶植物具两枚。

cyme (adj. cymose) 聚伞花序
主轴止于单独一朵花，随后其下的侧枝继续开花的一种花序类型。

dioecious 雌性异株
雌雄生殖器官分别位于不同植株个体上（参见雌雄同株，monoecious）。

diploid 二倍体
具两套染色体，一套遗传自精子，一套来自卵子（参见单倍体，haploid）。

drupe 核果
肉果的一种类型，具较薄的外果皮和硬质的内果皮，内含一枚种子如李子。小核果是指在聚合果中的小型核果，如树莓。

early wood 早材
生长季初期产生的木材，表现为细胞孔径较大，壁较薄（参见晚材，latewood）。

elaiosome 脂质体
富含脂肪或蛋白质的种子附属物，通常用于吸引蚂蚁传播种子。

endodermis 内皮层
根中包围维管束的一层细胞。

endosperm 胚乳
种子中用于给胚提供能量的营养储备

epiphyte 附生植物
生于其他植物上以获得支撑的非寄生植物。

gamete 配子
有机体成熟的单倍体性细胞，雌性的卵子或雄性精子。不同性别的配子在有性生殖过程中融合形成二倍体后代。

gametophyte 配子体
陆生植物生命周期中单倍体的产配子的世代（参见孢子体，sporophyte）。

gemma (pl. gemmae) 苞芽
在无性生殖过程中，从亲本植物体上分离出来并能

再次发育成新的个体的一群细胞。

genome 基因组
有机体完整的遗传信息的集合，包括 DNA 和基因。

haploid 单倍体
具一套染色体组的个体，是二倍体染色体的一半（参见二倍体，diploid）。

haustorium (pl. haustoria) 吸器
寄生植物特化的茎或根，能够穿透寄主植物吸收养分。

hypanthium 托杯
蔷薇科植物中萼片、花瓣和雄蕊着生的杯状结构。

hypocotyl 下胚轴
植物胚的一部分，位于胚根以上，子叶以下。

indusium 囊群盖
覆盖保护蕨类植物孢子囊群的组织。

inflorescence 花序
植物的花轴上不止一朵花，按花的排列方式不同可加以区分。

integument 种皮
种子外坚韧的外皮。

krummholz 高山矮曲林
在亚高山和近极地环境中，树木在强风胁迫下发育不良的现象。

lamina (pl. laminae) 叶片
叶的扁平部分，光合作用进行的主要场所。

latewood 晚材
生长季晚期产生的木材，特点为细胞孔径小，壁厚（参见早材，early wood）。

lignin 木质素
形成木材的细胞壁层，为

细胞提供支撑。

lignotuber 木块茎
茎基部的膨大结构，其内具芽和营养储藏，当植物受到如火灾等外部力量毁坏时，会从此处长出新的生长。

meiosis 减数分裂
一个二倍体细胞分裂成四个单倍体细胞的过程。其中进行了两次细胞分裂，第一次细胞分裂时，母体和父系遗传物质的染色体发生交换。

meristem 分生组织
未分化组织，其中的细胞不断分裂产生生长。顶端分生组织位于茎尖和根尖。

mesophyll 叶肉
叶内组织，包括栅栏组织和海绵组织。

micropyle 珠孔
花粉管进入种子植物胚珠的狭窄通道，花粉管通过它进入胚珠。

monoecious 雌雄同株
雄性和雌性生殖器官位于同一植株上（参见 dioecious，雌雄异株）。

mycorrhiza (pl. mycorrhizae) 菌根
真菌通过根部与植物形成共生关系。外生菌根中，真菌菌丝不穿透植物的根，而在内生菌根中，菌丝进入根细胞。

nectary 蜜腺
产花蜜给传粉者提供报酬的器官。

nucellus 珠心
胚珠的中心部分，包含胚囊。

palisade mesophyll 栅栏组织
叶肉的上层，由细长细胞组成，其内的叶绿体吸收大部分阳光进行光合作用。

panicle 圆锥花序
多分枝花序，最下部的花是最早开放的。

paraphyletic 并系
有共同祖先和一些但不是全部后代的生物体。

parasite 寄生
以牺牲宿主为代价而获得利益的有机体。

parenchyma cells 薄壁细胞
植物构成基本组织的细胞壁薄的细胞。

petal 花瓣
花的生殖部位外的扁平的、色彩鲜艳的、不受精的结构。

petiole 叶柄
连接叶片与茎的柄。

phloem 韧皮部
植物体内输送糖类的活的维管组织（参见木质部，xylem）。

photosynthesis 光合作用
绿色植物利用阳光的能量将二氧化碳和水转化为糖和氧气的过程。

phyllode 叶状体
特化的扁平叶柄，起叶的作用。

pistil 雌蕊
雌花的雌性部分，包括柱头、花柱和子房。

pit membrane 纹孔膜
管胞细胞壁纹孔中心的相对薄的膜，水可从中通过。

plumule 胚芽
萌发时产生的第一个芽，产生于下胚轴之上并产生子叶。

pneumatophore 呼吸根
一些被水浸没的植物的气生根，例如红树林，气体交换通过它进行。

pollen 花粉
种子植物的微观雄性配子体，由雄球果和花产生，含有雄性生殖细胞。

pollinium (pl. pollinia) 花粉块
在一些花（如兰花）中作为一个单位传播的许多联合在一起的花粉粒。

pome 梨果
包含一个融合的托杯围绕着包含种子的中心核的果实，例如苹果。

raceme (adj. racemose) 总状花序
单花序具单花生于离中心主轴的短茎上。

rachis (pl. rachides) 轴
复合结构的主轴，如蕨类植物叶片的中心轴或花序的长轴。

Radicle 胚根
植物胚的一部分，在萌发时发育成第一个根。

receptacle 花托
承载花器官的茎的扩大的顶端。

rhizobium (pl. rhizobia) 根瘤菌
定植于某些植物（如豆科植物）根瘤内细胞的固氮细菌。

rhizoid 假根
苔藓植物配子体下方的线状单细胞突出物，起根的作用。

rhizome 根状茎
在地下水平生长的根状茎。

samara 翅果
干燥，坚硬的果实，有一个或多个翅膀，以帮助传播。

sclerenchyma cells 厚壁组织细胞
具有木质次生壁的特化薄壁细胞，在茎中提供刚性支持（参见 collenchyma cells，厚角组织细胞）。

seed bank 种子银行
作为保存植物多样性的一种手段而建立的种子储存设施。

self-fertilization 自花授粉
来自同一个体的雄性和雌性生殖细胞融合。没有新的遗传物质引入，但可以产生许多后代。

sepal 花萼
通常为绿色的叶状结构，位于花瓣下方。

serotiny (adj. serotinous) 晚熟
在环境触发下释放种子，例如火灾。

sorus (pl. sori) 孢子囊群
一种蕨类植物的孢子囊。

spathe 佛焰苞
在一些植物中保护穗状花序的大苞片，例如天南星科。

sporangium (pl. sporangia) 孢子囊
苔藓、拟蕨类和蕨类植物形成孢子的结构。

sporophyll 孢子叶
产孢子植物产孢子囊的叶。

sporophyte 孢子体
陆生植物生活史中的二倍体、无性世代（参见 gametophyte，配子体）。

stamen 雄蕊
有花植物的雄性生殖结构，包括花药和柄状花丝。

stolon 匍匐茎
水平于地面生长的茎，在特殊的节上可产生根和分枝，也称走茎。

stoma (pl. stomata) 气孔
通常在叶子背面的微小开口，植物通过它进行气体交换。

strobilus (pl. strobili) 孢子叶球
石松类植物和木贼类植物中具有孢子叶的锥形结构；也指裸子植物中的球果。

style 花柱
雌蕊中子房和柱头之间的部分。

suberin 软木脂
浸渍木栓细胞壁的防水蜡状物质。

syconium (pl. syconia) 隐头花序
内部有许多小花的中空花托，如无花果。

syncarp (adj. syncar-pous) 合果
由具有融合心皮的雌性器官发育而成的果实。

tepal 被片
花萼和花瓣未分化的最外面的器官。

thallose 叶状体植物
无分化成叶或茎的扁平结构。

thermogenesis 生热作用
生物体内的热量产生，例如花。

thigmonasty 倾触性
植物器官对触碰反应的运动，也称为感震性。

torus-margo pit 具缘纹孔
裸子植物管胞中的一种特殊的细胞壁凹坑，它的作用像一个阀门来调节水流。

trichome 毛状体
某些植物的毛状结构，其结构和功能变化很大。

tracheid 管胞
输水的硬管木质部细胞。

xylem 木质部
具有木质细胞壁的维管组织，包括管胞或将水从根部向上输送到植物其他部位的导管。

zoospore 游动孢子
藻类的单倍体扩散细胞，利用一个或多个鞭毛移动。

zygomorphic 两侧对称
两侧对称的花，只能以一种方式切成相等的两半。

zygote 合子
单倍体卵细胞被单倍体精细胞受精后产生的二倍体细胞。

延伸阅读

Arber, A. 1950. *The Natural Philosophy of Plant Form.* Cambridge University Press.

Ambrose, B. A. and Purugganan, M. D. 2012. *The Evolution of Plant Form.* Wiley-Blackwell.

Balick, M. J. and Cox, P. A. 1996. *Plants, People and Culture: The science of ethnobotany.* Scientific American Library.

Beck, C. B. 2005. *An Introduction to Plant Structure and Development: Plant anatomy for the twenty-first century.* Cambridge University Press.

Bell, A. D. 1991. *Plant Form: An illustrated guide to flowering plant morphology.* Oxford University Press.

Cardon, Z. G. and Whitbeck, J. L. (eds). 2007. *The Rhizosphere: An ecological perspective.* Elsevier.

Dacey, J. W. 1980. *Internal winds in water lilies: an adaptation for life in anaerobic sediments.* Science, 210(4473): 1017–1019.

de Kroon, H. and Visser, E. J. W. (eds). 2003. *Root Ecology.* Ecological Studies 168. Springer.

Essig, F. B. 2015. *Plant Life: A brief history.* Oxford University Press.

Evert, R. and Eichhorn, S. 2013. *Raven Biology of Plants.* 8th edn. W. H. Freeman/Palgrave Macmillan.

Fenner, M. and Thompson, K. 2005. *The Ecology of Seeds.* Cambridge University Press.

Glover, B. 2014. *Understanding Flowers and Flowering: An integrated approach.* Oxford University Press.

Goodman, R. M. 2004. *Encyclopedia of Plant and Crop Science.* M. Dekker.

Gregory, P. J. 2006. Plant Roots: Growth, activity and interaction with soils. Wiley-Blackwell.

Hacke, U. (ed.). 2015. *Functional and Ecological Xylem Anatomy.* Springer.

Hickey, M. and King, K. 2001. *The Cambridge Illustrated Glossary of Botanical Terms.* Cambridge University Press.

Isnard, S. and Silk, W. K. 2009. *Moving with climbing plants from Charles Darwin's time into the 21st century.* American Journal of Botany, 96(7): 1205–1221.

Kingsbury, N. 2009. *Hybrid: The history and science of plant breeding.* University of Chicago Press.

Lack, A. and Evans, D. E. 2005. *Plant Biology.* Taylor & Francis.

Langenheim, J. H. 2003. *Plant Resins: Chemistry, evolution, ecology, and ethnobotany.* Timber Press.

Lewington, A. 2003. *Plants for People.* Eden Project Books.

Mabberley, D. 2017. *Mabberley's Plant Book: A portable dictionary of plants, their classification, and uses.* 4th edn. Cambridge University Press.

MacAdam, J. W. 2009. *Structure and Function of Plants.* Wiley-Blackwell.

Murphy, D. J. 2007. *People, Plants and Genes: The story of crops and humanity.* Oxford University Press.

Nabhan, G. 2016. *Ethnobiology for the Future. Linking cultural and ecological diversity.* University of Arizona Press.

Niklas, K. J. 2010. *Plant Biomechanics: An engineering approach to plant form and function.* University of Chicago Press.

Niklas, K. J. and Spatz, H. C. 2012. *Plant Physics.* University of Chicago Press.

Proctor, M., Yeo, P. and Lack, A. 2003. *The Natural History of Pollination.* Timber Press.

Raven, P. H., Evert, R. F. and Eichhorn, S. E. 2017. *Biology of Plants.* 8th edition. Macmillan.

Rosell, J. A., Gleason, S., Méndez-Alonzo, R., Chang, Y. and Westoby, M. 2014. *Bark functional ecology: evidence for tradeoffs, functional coordination, and environment producing bark diversity.* New Phytologist, 201(2): 486–497.

Russell, G. 2003. *Plant Canopies: Their growth, form and function.* Cambridge University Press.

Sperry, J. S. 2003. *Evolution of water transport and xylem structure.* International Journal of Plant Sciences, 164(S3): S115–S127.

Spicer, R. and Groover, A. 2010. *Evolution of development of vascular cambia and secondary growth.* New Phytologist, 186(3): 577–592.

Taylor, E. L., Taylor, T. N. and Krings, M. (2009). *Paleobotany: The biology and evolution of fossil plants.* Academic Press.

Tortora, G. J., Cicero, D. R. and Parish, H. I. 1972. *Plant Form and Function: An introduction to plant science.* Macmillan.

Vogel, S. 2012. *The Life of a Leaf.* University of Chicago Press.

致谢和图片来源

(t = top, m = middle, b = bottom, l = left, r = right)

Illustrations on pages 15t, 18, 25, 30t, 36l, 37l, 38l, 39t, 46br, 48b, 52t, 53tm, 57t&b, 59b, 62, 65b, 94t, 95r, 97t, 98t&b, 100b, 103t&br, 107b, 108b, 112t, 113t, 122b, 123l, 127t, 128b, 141t, 142t, 145t, 146, 152t, 155t, 157b, 165t, 171tr, 182b, 183m, 184, 185t, 195t, 198, 199t, 207t&m, 208, 209, 211m, 229, 278t, 286br, 308t, 346b, 349 by Robert Brandt.

All images copyright the following:

Alamy Stock Photo: 27t Heritage Image Partnership Ltd; 27b Science Photo Library; 50 blickwinkel; 51b Yon Marsh Natural History; 59t Martina Simonazzi; 66b Denis Crawford; 73t Nigel Cattlin; 75 Krystyna Szulecka; 76t Zoonar GmbH; 77b Adrian Weston; 80l Natural Visions; 84b M I (Spike) Walker; 88t Science History Images; 123r blickwinkel; 136tr buccaneer; 164br Zoonar GmbH; 170b Steffen Hauser; 173b imageBROKER; 177t Garden World Images Ltd; 180t Natural Visions; 186t Sabena Jane Blackbird; 189t FloralImages; 197b Bob Gibbons; 202l Science Photo Library; 203b studiomode; 210r Custom Life Science Images; 236tl The Natural History Museum; 246b The Natural History Museum; 258t Premaphotos; 259t Minden Pictures; 262bl Bob Gibbons; 277r Scott Camazine; 288r buccaneer; 293b Andy Catlin; 298t Witold Krasowski; 303t Duncan Usher; 310b Arterra Picture Library; 313t robertharding; 313l Zoonar GmbH; 323b imageBROKER; 329t Richard Mittleman; 330b Stephanie Jackson; 336l Andrew Kearton; 348bl Mediscan; 348br Joerg Boethling; 350b dpa picture alliance.

AL Baker: 231t.

Josef Bergstein (MPI-MP: Research Group Kraemer): 77t.

Stephen Blackmore: 281r, 316t, 317t, 318t, 327t&m, 334b, 336r, 339t, 340b, 344b, 345t, 352t&b, 353t, 355t.

BlueRidgeKitties: 74t.

Craig Boase: 267t.

Joel Brehm & Daniel Schachtman (University of Nebraska-Lincoln. ©2017 The Board of Regents of the University of Nebraska): 88b.

Brendan Choat: 99mr.

Continental: 324t.

Cornell University Plant Anatomy Collection: 43b, 44b, 101tl&ml.

PG Davison: 186bl&br.

Sylvain Delzon: 108m.

Diego Demarco: 213m.

JC Domec: 116br&bl.

LA Donaldson, J Grace & GM Downes: 127ml&bl.

Doranakandawatta: 291b.

Dreamstime: 23t Sociologas; 32b Nancy Kennedy.

Andrew Drinnan: 14b, 24t&b, 34b, 36t, 38r, 40r, 41b, 43tr, 46t, 48tl,bl&br, 53tl,tr&b.

AR Ennos, H-Ch Spatz & T Speck: 121b.

Stefan Eberhard: 11.

Robert Eplee: 81t.

Fred Essig: 211t, 212m&b, 214r.

GAP Photos: 237b JS Sira; 264t Tim Gainey; 270t Marcus Harpur; 296b Jonathan Buckley.

Getty Images: 32t Ed Reschke; 35m Nastasic; 44t Garry DeLong; 46m Photos Lamontagne; 70t Ed Reschke; 112b Dr Richard Kessel & Dr Gene Shih; 113b Nigel Cattlin/Visuals Unlimited, Inc.; 216t Susumu Nishinaga/Science Photo Library; 216b Ed Reschke; 355b SEYLLOU DIALLO/Stringer.

Lorna J Gibson: 105t&m.

Kari Greer and the USDA Forest Service: 132t.

Uwe Hacke & Steven Jansen: 109l,m&r.

Michael Hough (from Master thesis, 2008, State University of New York): 85t.

Ian_MC99: 237t.

Sandrine Isnard & Wendy K Silk: 118t.

Anna Jacobsen: 110tr, 111b.

Steven Jansen: 99br.

Agata Jedrzejuk et al. (The Scientific World Journal, Vol. 12, Article ID 749281): 121tl.

Jon E Keeley (from Israel Journal of Ecology & Evolution, 2012, pp.123–135): 133t.

John Kinross: 188.

C Leitinger: 111t.

Jennifer Mahley: 102b.

Rui Malho: 217b.

Ciera Martinez: 101bl.

Stefan Mayr: 110tl.

MC McCann, B Wells & K Roberts: 106b.

Joel McNeal: 219br.

Nature Photographers Ltd: 303b Paul Sterry.

Olivia Messinger: 252b.

Oak Ridge National Laboratory: 69.

Dr S Orang: 50t.

Neil Palmer/CIAT: 297b, 351bl&br.

Alann J Pedersen: 189b.

G Pilate, et al.: 127mr&br.

Jarmila Pittermann: 95l, 99t, 99bl, 100t, 104b, 110bl,b-m&br, 114tm&tr, 116t, 118b, 119t&b, 125tl.

Libor Pitterman: 115tr&b.

George Poinar, JR Finn & N Rasmussen: 263b.

D. Price-Goodfellow: 7bl, 120r, 170t, 171b, 219bl, 272.

Peter Richardson: 199b.

Chris Rico: 105b.

Julietta Rosell: 114tl&b, 115tl.

Catarina Rydin & Kristina Bolinder: 204bl&br.

Science Photo Library: 20b Dennis Kunkel Microscopy; 22r Steve Gschmeissner; 42 Dr Keith Wheeler; 60l Dr Jeremy Burgess; 60r Dennis Kunkel Microscopy; 61t Dennis Kunkel Microscopy; 63t Omikron; 64 Nigel Cattlin; 66t Biodisc, Visuals Unlimited; 67b Ted Kinsman; 82 Eye of Science; 83t USDA/Science Source; 83b Wim Van Egmond; 90l Astrid & Hanns-Frieder Michler; 90r Eye of Science; 91t Nigel Cattlin; 91b Dennis Kunkel Microscopy; 97b Dr Keith Wheeler; 142b Power and Syred; 145b Biology Pics; 154l Ramon Andrade 3Dciencia; 158t&b Dr Jeremy Burgess; 159tl Power and Syred; 168b Steve Gschmeissner; 194b Noble Proctor; 196b Dr Keith Wheeler; 197t Claude Nuridsany & Marie Perennou; 217t Eye of Science; 265b Photo Insolite Realite; 289t Dr Keith Wheeler.

John D Shaw: 132bl.

Clive Shirley: 190t.

Shutterstock: 3 Africa Studio; 4 Palokha Tetiana; 6tl Dr Morley Read; 6tr Pongwisa Dechapun; 6br LutsenkoLarissa; 7tl Brian Maudsley; 7tr Blue Rose photos; 7br Jakob Fischer; 9 Nagib; 10b Tropper2000; 12 Dr Morley Read; 14t Manfred Ruckszio; 15b Ghing; 16l Pablo Rodriguez Merkel; 17 THPStock; 19t primola; 20t Grimplet; 22l D Kucharski K Kucharska; 25b Lucky-photographer; 29 Catmando; 33t Orest lyzhechka; 33m Velichka Miteva; 33b Ashley Whitworth; 40l robin foto; 43tl Ines Behrens-Kunkel; 45t Glynsimages2013; 46bl Bo Valentino; 47 Manfred Ruckszio; 48t guentermanaus; 52b De Visu; 54 Pongwisa Dechapun; 56 siambizkit; 58t zebra0209; 63b Becca D; 65t Elis Blanca; 67t Olya Detry; 68t Goncharov_Artem; 68b jeep2499; 70b Richard Griffin; 71t Fotos593; 71b Benny Marty; 72t ronstik; 72b Jubal Harshaw; 73b Frank Fennema; 74b panphai; 76b Ethan Daniels; 78t ckchiu; 78b Lee Prince; 79t AAMLERY; 79b Jubal Harshaw; 80r Dr Morley Read; 81b Alexander Mazurkevich; 84t Worachat Tokaew; 86t Iurii Kruglikov; 86b Morphart Creation; 89 Sundry Photography; 94b DmitryKomarov; 97m Iryna Loginova; 101br kpboonjit; 102t Mike Rosecope; 104t Claudio Divizia; 104m grapher_golf; 106t Elena Elisseeva; 107t koliw; 108t Eric Buermeyer; 117t Dean Pennala; 120l Ines Behrens-Kunkel; 121tm Mike Rosecope; 125tr Chris Murer; 126 Igor Normann; 128t lcrms; 130r abdusselam fersatoglu; 131ml hareluya; 131mr JFFotografie; 131br WeihrauchWelt; 132br Kyle T Perry; 134 LutsenkoLarissa; 136tl Bildagentur Zoonar GmbH; 137t ANGHI; 138r SAJE; 139bl NuiGetSetGo; 139bmr Jojoo64; 139mr Puttiporn; 139br Jeff Holcombe; 140t george photo cm; 140bl bonchan; 141bl Rattiya Thongdumhyu; 141br Bihrmann; 143br Unkas Photo; 144t Mr3d; 144bl PJ photography; 144br LeStudio; 147r Gallinago_media; 148tl PFMphotostock; 148tr Brzostowska; 149tr Anton Foltin; 149b Iva Vagnerova; 150l Nomad_Soul; 150r r. classen; 151t AlessandroZocc; 151m Rattiya Thongdumhyu; 151b Vitalii_Mamchuk; 153tl&tr Stephen Farhall; 153m Sina Jasteh; 154r Jaboticaba Fotos; 155b simona pavan; 156l Imladris; 156r Pixeldom; 157t nevodka; 157m Matsuo Sato; 159b Rattiya Thongdumhyu; 160t Korotkov Oleg; 161tl svf74; 161tr Aniroot; 161b Nik Merkulov; 162t smileimage9; 163t pisitpong2017; 163br Pascale Gueret; 166b Jeff Holcombe; 169m marako85; 169br pittaya; 171tl photolike; 172b frank60; 174t&b cpaulfell; 177b alybaba; 178 Brian Maudsley; 180bl Anest; 180br Kenneth Dedeu; 181t Andrew M Allport; 181b Noppharat888; 182t Carlos Rondon; 183t Lebendkulturen.de; 183b Daniel Poloha; 185m Chad Zuber; 185b ChWeiss; 187t IanRedding; 187b Starover

Sibiriak; 190tr Kichigin; 190bl Henri Koskinen; 190br Anest; 192 Sibiriak; 193t Tatjana Romanova; 193ml,mr&br Jubal Harshaw; 193bl Rattiya Thongdumhyu; 196t Konstantin Bratsikhin; 197m Elisa Manzati; 201b Antonio Gravante; 202r bevz tetiana; 203t IreneuszB; 203m Bildagentur Zoonar GmbH; 204tr Fanfo; 205b Sanit Fuangnakhon; 206t aleksandr shepitko; 206m rwkc; 206b Ihor Bondarenko; 212t Manfred Ruckszio; 213b Tim Zurowski; 214l Dobryanska Olga; 215t Suman_Ghosh; 215bl Stephen B Goodwin; 215br Isabelle OHara; 218t Ivaschenko Roman; 218b Nataliia Zhekova; 219t Alter-ego; 220 Blue Rose photos; 222tl&tr arka38; 222b Heiti Paves; 223tl Gurcharan Singh; 223tr Gavin Budd; 224l ingamiv; 224r Dionisvera; 225tl Doug Armand; 225tr Sherjaca; 225b Suttipon Yakham; 226 elementals; 227t Worraket; 227b Protasov; 228t basel101658; 228b Oleksandr Kostiuchenko; 230b Lano Lan; 231b Snow At Night; 232t vilax; 232bl Nick Pecker; 232br tr3gin; 233b Dr Morley Read; 235t Kerrie W; 236t Nella; 236bl Oleksandr Kostiuchenko; 238b Bihrmann; 239b Foto2rich; 240t Kateryna Larina; 240b teekayu; 241b Byron Ortiz; 242 Oleksandr Kostiuchenko; 243tl Swetlana Wall; 243tr Oleksandr Kostiuchenko; 244t Michael Richardson; 244b Dory F; 245tl Wagner Campelo; 245tr IamTK; 247tl Xuanlu Wang; 248r revenaif; 249t Ole Schoener; 249b SeDmi; 250b Joe McDonald; 251b mhgstan; 253m&r kc_film; 254r Karel Gallas; 255t Galina Savina; 255bl Digital Media Pro; 255br EpicStockMedia; 257mr Florian Andronache; 258bl zaferkizilkaya; 258br Vespa;

259b catus; 261tr Laurens Hoddenbagh; 261b Rudchenko Liliia; 262br Armando Frazao; 263t yevgeniy11; 266b Ivaschenko Roman; 267b divedog; 268 puchan; 269l Volcko Mar; 269r Pakhnyushchy; 270m Alexey Wraith; 271l Mit Kapevski; 274 John_T; 275b Henri Koskinen; 279t Abdecoral; 279bl Fernando Tatay; 281l Sigur; 282l songsak; 282r ChristinaDi; 283b Tony BKK; 284tl Nuttapong Wongcheronkit; 284tr Nataliia K; 284b wisawa222; 285l Tukaram. Karve; 285r Taisiia_89; 287m Mirelle; 290 Daimond Shutter; 291t Artistas; 292l Andrew M Allport; 292r Pavel Kovacs; 293t Dennis W Donohue; 294t JayPierstorff; 294m Jarun Tedjaem; 294b Sarah2; 295t D Kucharski K Kucharska; 295m Kazakov Maksim; 295b wasanajai; 296t Manfred Ruckszio; 297m prapann; 298b viks74; 299l Zhukerman; 300t Christian Roberts-Olsen; 300b Vlad Siaber; 301t KarenHBlack; 302t Leonid Ikan; 303m elod pali; 304t emmor; 304m brackish_nz; 304bl Ole Schoener; 304br watcher fox; 305t kalmukanin; 305 Microgen; 306tm Aleks Kvintet; 306tr ueuaphoto; 306b ElenVD; 307tl Alter-ego; 307tr Avigator Thailand; 307bl Anna Kucherova; 307bml Tim UR; 307bmr Bekshon; 307br Atwood; 308b Maksim Aan; 309tl Peter Hermes Furian; 309tr Tim UR; 309bm krungchingpixs; 309br inewsfoto; 310t Sergei25; 311tl HelloRF Zcool; 311tr Martin Fowler; 311bl Filipe B Varela; 312l Fotos593; 312r Jeff Grabert; 313br Elise Lefran; 314 Jakob Fischer; 320t Yellow Cat; 320b BasPhoto; 321b LAURA_VN; 322t nednapa; 322b homydesign; 323t SOMMAI; 323b margouillat photo; 325bl FatManPhoto; 325br

Kovaleva_Ka; 326t El Greco; 326b John Copland; 327b Photology1971; 328tl Reinhold Leitner; 328tml vardy0; 328tm Africa Studio; 328tmr IMG Imagery; 328tr Ragnarock; 328b Mark Winfrey; 329m Dale Stagg; 329b LUNNA TOWNSHIP; 330t Swapan Photography; 331t Manfred Ruckszio; 331bl oksana2010; 331bml NIPAPORN PANYACHAROEN; 331bmr Binh Thanh Bui; 331br Kyselova Inna; 332 Sara Winter; 333t LiliGraphie; 333b Rawpixel.com; 334t Le Do; 335tl cooperr; 335tr Pierre-Yves Babelon; 335b Veniamin Kraskov; 337b KULISH VIKTORIIA; 338t kzww; 338bl Maryan Melnyk; 338bm UMB-O; 339b Giorgio Rossi; 340t Matteo Ceruti; 341tl Orest lyzhechka; 341tr Vasilius; 341b barbajones; 342tl Dionisvera; 342tm Tommy Atthi; 342tr Nattika; 343t Dionisvera; 343m Swapan Photography; 343b Muellek Josef; 344tl Rich Carey; 344tr dolphfyn; 345b Olga Vasilyeva; 346t Yasonya; 347t Grandpa; 347b Andrei Rybachuk; 351t Claudine Van Massenhove; 354 Anna Nikonorova.

Ria Tan: 23b.

Irene Terry: 201m.

Vida van der Walt: 239t.

Jill Walker: 136b, 137l&br, 139bml, 140mr, 143t, 143bl, 147l, 148bl&br, 149tr, 152b, 153b, 160b, 163bl, 167t&b, 169t, 169bl, 176t, 190tl, 223b, 241t, 247r, 248l, 257t, 265tl&tr, 280b, 283t, 301b, 306tl, 309m, 309bl, 311br.

Daniel Wallick: 103bl, 130l.

Wellcome Collection, London: 307m, 316–17, 318b, 319t&b.

Wikimedia Commons: 8 Des Callaghan; 16r Mike Bayly; 19b Christian Fischer; 21t kvd; 21b Hermann Schachner; 26 Jason Hollinger; 28t Plantsurfer; 28bl Peter Coxhead; 28br Matteo De Stefano/MUSE; 31t James St John; 31b Rodney E Gould; 35b ANE; 37r Luis Fernández García; 39b Stefan.lefnaer; 41t LiquidGhoul; 45b Anatoly Mikhaltsov; 48tr Tim Bartel; 51m Melburnian; 58b Verisimilus T; 61b Bernd Haynold; 85b Louisa Howard; 87t Joachim Schmid; 87b William Wergin & Richard Sayre (colorized by Stephen Ausmus); 96t Canley; 96b Falconaumanni; 117b David McSpadden; 124 Stan Shebs; 131tl Harry Rose; 133b Casliber; 138l Christian Fischer; 138t Muriel Bendel; 140ml Kevmin; 162b Schurdl; 164t H Zell; 164bl Robb Hannawacker; 165bl&br Sten Porse; 166t Noah Elhardt; 168t Júlio Reis; 172t C T Johansson; 173tl Scott Zona; 173tr H-U Küenle; 175tl JoshNess; 175tr Qwert1234; 175b Mark Marathon; 176b Robert Kerton, CSIRO; 194t Jeffdelonge; 199m tanetahi; 200t Alex Lomas; 204tl BotBln; 205t gbohne; 205m Hans Hillewaert; 207b Heiti Paves; 208b Abbieeturner; 210l Scott Zona; 213t El Grafo; 228m John Game; 230t Frank Vincentz; 231m Christian Fischer; 233t Frank Vincentz; 234l Beentree; 234r Stan Shebs; 235b (all 4) Frank Vincentz; 243b Tino Ehrhart; 245b Fritzflohrreynolds; 246t Wilferd Duckitt; 247ml Dcrjsr; 249m Hildesvini; 251t Frank Vincentz; 254l Haneeshkm; 256t&m Gideon Pisanty; 256b Manfred Werner; 257ml Gnangarra; 257b joanvicent; 260t Orchi; 260b Dalton Holland Baptista; 261tl Bob Peterson; 262t Orchi; 264b Alex Jones; 275t Dartmouth College Electron

Microscope Facility; 276l James St John; 276r Matteo De Stefano/MUSE; 277l James St John; 278b John Tann; 279br Didier Descouens; 280t Gerhard Elsner; 286t Orchi; 287t Wouter Hagens; 287b Melburnian; 288l Alessandro Wagner Coelho Ferreira; 289b Tomas Figura; 297t Walter Siegmund; 299r JonRichfield; 305b Paul Henjum; 338br LepoRello; 348t Martin Stübler; 350t Miksu; 353b MurielBendel.

Adam Wilson: 191b.

Joseph S Wilson: 238t, 253b.

Emanuele Ziaco: 129.

Vojtěch Zavadil: 201t.

All other images in this book are in the public domain.

Every effort has been made to credit the copyright holders of the images used in this book. We apologize for any unintentional omissions or errors, and will insert the appropriate acknowledgement to any companies or individuals in subsequent editions of the work.

Acknowledgements

Andrew Drinnan would like to acknowledge Susi Bailey for her excellent copy-editing and headlines.

Jarmila Pittermann would like to acknowledge Drs A. Groover, E. Ziaco, F. Biondi, M. Pace, W. Anderegg, A. Jacobsen, S. Mayr, C. Leitinger, C. Brodersen, J. C. Domec, F. Lens and J. Rosell, along with L. Pittermann, A. Baer, C. Martinez, J. Wilson, and K. Cary, for sharing images and/or assisting with content and editing.

版贸核渝字（2018）第 283 号

图书在版编目（CIP）数据

植物的成功秘诀 /（英）斯蒂芬·布莱克莫尔
(Stephen Blackmore) 编著；何毅译 . -- 重庆：重庆
大学出版社，2022.11
书名原文：How Plants Work
ISBN 978-7-5689-3280-6
Ⅰ . ①植… Ⅱ . ①斯… ②何… Ⅲ . ①植物学－普及
读物 Ⅳ . ① Q94-49
中国版本图书馆 CIP 数据核字 (2022) 第 079189 号

植物的成功秘诀
ZHIWU DE CHENGGONG MIJUE

[英]斯蒂芬·布莱克莫尔　编著

何毅　译

责任编辑：王思楠
责任校对：邹　忌
责任印制：张　策
内文制作：常　亭

重庆大学出版社出版发行
出版人：饶帮华
社址：（401331）重庆市沙坪坝区大学城西路21号
网址：http://www.cqup.com.cn
印刷：北京利丰雅高长城印刷有限公司

开本：889mm×1194mm　1/16　印张：22.75　字数：733千
2022年11月第1版　2022年11月第1次印刷
ISBN 9787-5689-3280-6　定价：198.00元